2030

2030

COMO AS **MAIORES TENDÊNCIAS** DE HOJE VÃO **COLIDIR COM O FUTURO** DE TODAS AS COISAS E **REMODELÁ-LAS**

MAURO F. GUILLÉN

ALTA CULT
EDITORA
Rio de Janeiro, 2021

2030

ISBN: 978-65-5520-210-6

Impresso no Brasil — 1a Edição, 2021 — Edição revisada conforme o Acordo Ortográfico da Língua Portuguesa de 2009.

Erratas e arquivos de apoio: No site da editora relatamos, com a devida correção, qualquer erro encontrado em nossos livros, bem como disponibilizamos arquivos de apoio se aplicáveis à obra em questão.

Acesse o site **www.altabooks.com.br** e procure pelo título do livro desejado para ter acesso às erratas, aos arquivos de apoio e/ou a outros conteúdos aplicáveis à obra.

Suporte Técnico: A obra é comercializada na forma em que está, sem direito a suporte técnico ou orientação pessoal/exclusiva ao leitor.

A editora não se responsabiliza pela manutenção, atualização e idioma dos sites referidos pelos autores nesta obra.

Dados Internacionais de Catalogação na Publicação (CIP) de acordo com ISBD

G958d Guillén, Mauro F.

2030: como as maiores tendências de hoje vão colidir com o futuro de todas as coisas e remodelá-las / Mauro F. Guillén ; traduzido por Camila Paduan. - Rio de Janeiro, RJ : Alta Books, 2021.
288 p. : il. ; 16cm x 23cm.

Tradução de: 2030: How today's biggest trends will colide and reshape the future of everything
Inclui bibliografia e índice.
ISBN: 978-65-5520-210-6

1. Negócios. 2. Tendências globais. 3. Análises. I. Paduan, Camila. II. Título.

2021-2014 CDD 658.4012
CDU 65.011.4

Elaborado por Odilio Hilario Moreira Junior - CRB-8/9949

ALTA BOOKS
EDITORA

Rua Viúva Cláudio, 291 — Bairro Industrial do Jacaré
CEP: 20.970-031 — Rio de Janeiro (RJ)
Tels.: (21) 3278-8069 / 3278-8419
www.altabooks.com.br — altabooks@altabooks.com.br

Produção Editorial
Editora Alta Books

Diretor Editorial
Anderson Vieira

Gerência Comercial
Daniele Fonseca

Coordenação Financeira
Solange Souza

Editor de Aquisição
José Rugeri
acquisition@altabooks.com.br

Produtores Editoriais
Ian Verçosa
Illysabelle Trajano
Larissa Lima
Maria de Lourdes Borges
Paulo Gomes
Thiê Alves
Thales Silva

Equipe Comercial
Alessandra Moreno
Daiana Costa
Fillipe Amorim
Kaique Luiz
Tairone Oliveira
Thiago Brito
Vagner Fernandes
Victor Hugo Morais
Viviane Paiva

Equipe Ass. Editorial
Brenda Rodrigues
Caroline David
Luana Goulart
Marcelli Ferreira
Mariana Portugal
Raquel Porto

Marketing Editorial
Livia Carvalho
Gabriela Carvalho
marketing@altabooks.com.br

Atuaram na edição desta obra:

Tradução
Camila Paduan

Revisão Gramatical
Aline Vieira
Maíra Meyer

Copidesque
Vivian Sbravatti

Diagramação
Lucia Quaresma

Capa
Larissa Lima

Ouvidoria: ouvidoria@altabooks.com.br

Editora afiliada à:

ASSOCIAÇÃO BRASILEIRA DE DIREITOS REPROGRÁFICOS

ASSOCIADO Câmara Brasileira do Livro

AGRADECIMENTOS

Nenhum autor é uma ilha, e este livro vem sendo elaborado há muito tempo. Comecei a pesquisar sobre isso há sete anos. Durante esse período, aproveitei o estimulante ambiente intelectual da Wharton School e da Universidade da Pensilvânia, o que me permitiu concentrar na pesquisa que levou a este livro.

Tive a sorte de ser orientado por algumas das pessoas mais prestativas e divertidas de se trabalhar no mundo dos livros: Jane von Mehren, da Aevitas Creative Management; na St. Martin's Press, meu editor, Pronoy Sarkar, o editor de produção Alan Bradshaw e a revisora Sue Warga; e minha equipe de publicitários da FINN Partners, Paul Sliker, Barbara Monteiro, Louisa Baxley e Stacy Topalian. Francis Hoch, no Chartwell Speakers Bureau, também ajudou a divulgar o livro e suas principais ideias. Seu profissionalismo e imenso impulso intelectual foram uma fonte constante de inspiração e encorajamento. Jane me abriu um novo universo de possibilidades no mundo editorial. Pronoy foi o melhor editor que eu poderia ter, concentrado na primazia das ideias e na melhor maneira de transmiti-las.

Sou muito grato aos milhares de alunos, executivos e legisladores que me fizeram perguntas difíceis durante as apresentações baseadas no livro. Também recebi comentários encorajadores de dezenas de milhares de pessoas que participaram de minhas aulas online na Coursera e em Wharton. Benito Cachinero, José Manuel Campa, Carlos de la Cruz, Álvaro Cuervo, Mohamed El-Erian, Julio García Cobos, Geoffrey Garrett, Victoria Johnson, Emilio Ontiveros, Sandra Suárez e Joseph Westphal forneceram-me inúmeras dicas e sugestões excelentes sobre os vários tópicos abordados no livro.

Minha esposa, Sandra, e minhas filhas, Daniela e Andrea, permitiram-me mergulhar no livro e viajar incessantemente para lugares distantes em busca de material. Dedico este livro às três.

SUMÁRIO

ALGUNS FATOS E NÚMEROS

- Berço da próxima revolução industrial: África Subsaariana
- O motivo: 500 milhões de acres de terras agrícolas férteis e ainda não desenvolvidas
- O tamanho do México: 500 milhões de acres
- Porcentagem da riqueza mundial pertencente às mulheres em 2000: 15
- Porcentagem da riqueza mundial pertencente às mulheres em 2030: 55
- Se o Lehman Brothers tivesse sido Lehman Sisters: a crise financeira global teria sido evitada
- Em todo o mundo, o número de pessoas que passaram fome em 2017: 821 milhões
- Em todo o mundo, o número de pessoas que passarão fome em 2030: 200 milhões
- Em todo o mundo, o número de pessoas obesas em 2017: 650 milhões
- Em todo o mundo, o número de pessoas que serão obesas em 2030: 1,1 bilhão
- Porcentagem de norte-americanos que provavelmente serão obesos em 2030: 50
- Porcentagem da superfície terrestre mundial ocupada pelas cidades em 2030: 1,1
- Porcentagem da população mundial vivendo nas cidades em 2030: 60
- Porcentagem das emissões globais de carbono produzidas pelas cidades em 2030: 87
- Porcentagem da população urbana mundial exposta ao aumento do nível do mar em 2030: 80
- O maior mercado consumidor de classe média hoje: Estados Unidos e Europa Ocidental
- O maior mercado consumidor de classe média em 2030: China
- Até 2030, o número de pessoas que serão consideradas de classe média em mercados emergentes: 1 bilhão
- O número de pessoas atualmente consideradas de classe média nos Estados Unidos: 223 milhões
- O número de pessoas que serão consideradas de classe média nos Estados Unidos em 2030: 209 milhões

INTRODUÇÃO

O Tempo Está Passando

As pessoas geralmente veem aquilo que querem ver, e ouvem o que querem ouvir.

– Juiz Taylor, em O Sol É Para Todos, de Harper Lee

O ano é 2030.

De Paris a Berlim, a Europa Ocidental está excepcionalmente quente, sem qualquer previsão de alívio para as temperaturas recordes do verão, fato que a imprensa internacional relata com crescente alarme. Rehema acaba de desembarcar em Nairóbi, sua terra natal, retornando em um voo de Londres, onde passou duas semanas com alguns parentes distantes. Ver a Grã-Bretanha por meio dos olhos dos imigrantes lhe proporcionou uma excelente percepção da diversidade do mundo à sua volta. Caminhando pelo aeroporto, ela reflete sobre como sua terra natal é diferente do país que — menos de um século antes — era uma das incontestáveis potências coloniais do continente. Ela ficou chocada ao ver os britânicos ainda usando dinheiro. No Quênia, os pagamentos eletrônicos são comuns há muito tempo, com o celular substituindo a carteira. Mais tarde, ao voltar para casa, ela faz piada com o motorista de táxi sobre a forma como os britânicos reagiram com estranheza quando ela disse que "frequentava" uma escola online desde os 6 anos, junto com a maioria dos seus amigos da vizinhança.

A milhares de quilômetros de distância, Angel aguarda para passar pela alfândega no aeroporto JFK, em Nova York. Dentro de duas semanas, ela começará um programa de Mestrado em Ciências de dois anos na Universidade de Nova York. Enquanto espera, ela lê o *New York Times* do dia, cuja matéria de capa diz que os Estados Unidos, pela primeira vez em sua história, têm mais avós do que netos — uma realidade que contrasta fortemente com a situação nas Filipinas. Ao que parece, dezenas de milhares de idosos norte-americanos, sob o cuidado de robôs para suas necessidades básicas, estão alugando quartos vagos em suas casas para pagar as contas, especialmente porque suas aposentadorias não mais proporcionam a rede de segurança financeira que eles esperavam. Angel vira a página e encontra uma coluna bastante reacionária, criticando o fato de que as mulheres norte-americanas agora ultrapassam os homens em termos de parcela de riqueza, uma tendência que o autor, de alguma forma, considera perturbadora para o futuro da economia dos EUA. Angel tem tempo de ler a maior parte do jornal, pois a fila para estrangeiros é longa, sinuosa e lenta. Enquanto isso, a fila para cidadãos e residentes permanentes está se movendo bem rápido, e ela ouve uma conversa detalhando como os norte-americanos agora podem simplificar o controle de passaporte usando alguma tecnologia sofisticada de blockchain, uma inovação com um amplo conjunto de benefícios: é possível avaliar um imposto sobre vendas em mercadorias adquiridas no exterior e providenciar a chegada de um veículo autônomo logo após recuperar sua bagagem.

* * *

"A China será a número um em tudo."

Essa é uma frase que se ouve com frequência hoje em dia. Outra é que os Estados Unidos e a China lutarão pela supremacia global em um futuro próximo. Existe um pouco de verdade nessas afirmações, mas elas dificilmente revelam o cenário completo. Em 2014, a Índia surpreendeu o mundo ao colocar, com sucesso, uma sonda espacial na órbita de Marte — o primeiro país a realizar a façanha em sua primeira tentativa. Desde o início da era espacial, menos da metade das missões lançadas pelos Estados Unidos, pela Rússia e pela Europa foram bem-sucedidas, tornando a conquista da Índia verdadeiramente extraordinária. Além disso, a Organização Indiana de Pesquisa Espacial fez história com o baixo orçamento alocado para a missão, apenas US$74 milhões.

Hoje em dia, exatamente qual valor seria necessário para colocar um satélite na órbita do planeta vermelho? Bom, uma única missão de um ônibus espacial pode consumir até US$450 milhões, e foram necessários US$165 milhões para produzir o filme *Interestelar* e US$108 milhões para que *Perdido em Marte* chegasse a um cinema perto de você.

Os indianos demonstraram que também possuem "o necessário", como Tom Wolfe disse uma vez. Eles mostraram que são uma potência tecnológica de primeira classe e podem fazer as coisas com eficiência e pontualidade. A missão de Marte não foi por acaso. Na verdade, essa foi a segunda vez que a Índia esteve à frente das superpotências estabelecidas no mundo. Em 2009, sua primeira missão na Lua produziu a primeira evidência da existência de água, "aparentemente concentrada nos polos e possivelmente formada pelo vento solar", como relatou o *Guardian*. A NASA levou dez anos para confirmar de forma independente a descoberta da Índia.

A maioria de nós cresceu em um mundo onde a exploração do cosmos era considerada uma empreitada onerosa, concebida por cientistas espaciais, financiada por superpotências globais com vastos recursos e realizada por astronautas heroicos e competentes especialistas de missão. A complexidade e o custo comparativos das missões espaciais (e quais países tinham capacidade para realizá-las) eram tidos como certos. Mas essa realidade agora faz parte da história.

Era uma vez um mundo que não era apenas perfeitamente dividido em economias prósperas e retrógradas, mas os bebês também eram abundantes, havia mais trabalhadores do que aposentados e as pessoas desejavam ter suas próprias casas e carros. As empresas não precisavam enxergar além da Europa e dos Estados Unidos para terem sucesso. O dinheiro impresso era a moeda corrente para pagamento de todas as dívidas, públicas e privadas. Na escola, eles nos diziam como deveríamos "participar do jogo", e crescemos pensando que as regras permaneceriam as mesmas quando conseguíssemos nosso primeiro emprego, criássemos uma família, víssemos nossos filhos sair de casa e nos aposentássemos.

Esse mundo familiar está desaparecendo rapidamente, à medida que nos deparamos com uma nova realidade desconcertante, impulsionada por um novo conjunto de regras. Antes que possamos perceber, haverá mais avós do que netos na maioria dos países. Os mercados de classe média da Ásia serão maiores que os dos Estados Unidos e da Europa juntos. As mulheres ganharão salários maiores do que os homens, e viveremos em meio a mais robôs do que trabalhadores nas indústrias, mais computadores do que cérebros humanos, mais sensores do que olhos humanos e mais moedas do que países.

Esse será o mundo em 2030.

Nos últimos anos, realizei pesquisas sobre as perspectivas dos próximos dez anos. Como professor da Wharton School, preocupo-me não apenas com o estado futuro dos negócios, mas também com o modo como os trabalhadores e os consumidores podem ser afetados pela avalanche de mudanças que se aproxima. Fiz inúmeras apresentações sobre o material contido neste livro para públicos muito diversos, como executivos, legisladores, gerentes de nível médio e estudantes de ensino médio e universidades. Também tive acesso a dezenas de milhares de pessoas por meio de mídias sociais e cursos online. Invariavelmente, meu público reage com uma mistura de perplexidade e apreensão com o futuro que esboço para eles. Este livro oferece um roteiro para navegar pelas turbulências à frente.

Ninguém sabe ao certo o que o futuro trará. Se você souber, por favor, me conte — podemos ganhar muito dinheiro juntos. Mas, embora as previsões nunca sejam totalmente precisas, com certeza podemos fazer uma série de suposições relativamente seguras sobre o que pode acontecer na próxima década. Por exemplo, a maioria das pessoas impactadas pelas previsões contidas neste livro já nasceu. Talvez consigamos descrever em termos gerais o que podemos esperar dessas pessoas como consumidores, dada a sua provável escolaridade ou seus padrões atuais de atividade nas mídias sociais. Também podemos calcular com razoável precisão quantas pessoas viverão até os 80 ou 90 anos. E podemos até ter condições de prever, com um grau aceitável de confiança, que uma certa porcentagem de idosos precisará dos cuidados de um profissional de saúde — seja outro humano ou um robô. No que diz respeito a este último, imagine que esses robôs falem idiomas diferentes com uma variedade de sotaques, não dão palpites, não tiram dias de folga e não abusam dos pacientes, financeiramente ou de outra forma.

Este livro quer apontar que o tempo está passando. O ano de 2030 não é um ponto remoto em um futuro imprevisível. Ele está logo ali, e precisamos nos preparar para as oportunidades e os desafios que virão com ele. Em poucas palavras, o mundo como o conhecemos hoje desaparecerá até 2030, e as pessoas perguntarão introspectivamente, uns aos outros: "Onde você estava quando aquele mundo chegou ao fim?"

Para muitos de nós, essas tendências não são apenas confusas, mas extremamente preocupantes. Será que elas significam nossa ruína? Ou elas podem realmente representar mais crescimento do que maldição? Este livro fornece um guia para ajudar os leitores a compreender as implicações de tantas coisas complexas e oferece uma mensagem de otimismo sobre o futuro, conforme lidamos com as ansiedades do presente. Ele apresenta uma ferramenta para ajudar a navegar pelas transformações históricas à frente, sugerindo o que fazer e o que não fazer diante dessas circunstâncias novas e desconhecidas.

O ponto básico é o seguinte: todo fim significa o surgimento de um novo tipo de realidade, repleta de oportunidades — se você ousar cavar a superfície, antecipar as tendências, se envolver em vez de se desconectar e aprender a tomar decisões eficazes por si mesmo, seus filhos, seu parceiro ou cônjuge, sua futura família, sua empresa e assim por diante. Todos serão impactados.

* * *

É útil pensar nas transformações históricas como um processo lento, com cada pequena mudança nos aproximando de uma mudança de paradigma quando, subitamente, tudo está diferente. Tendemos a esquecer que essas pequenas mudanças são cumulativas. Pense nisso como um recipiente sendo enchido lentamente, gota a gota, com esse gotejamento evocando o tique-taque de um relógio, transmitindo uma sensação de passagem do tempo. Quando a água transborda repentinamente, somos pegos de surpresa e o alarme dispara.

Considere que, em 2030, o sul da Ásia e a África Subsaariana disputarão o título de região mais populosa do mundo. Isso é muito diferente dos anos finais do século XX, quando a Ásia Oriental — incluindo a China, a Coreia do Sul e o Japão, entre outros países — era a região que poderia levar esse título. É certo que, com o passar do tempo, menos bebês nascem em países como o Quênia e a Nigéria, mas eles ainda estão nascendo em números muito maiores em comparação com a maior parte do mundo. Além disso, os cidadãos dessas regiões estão vendo sua expectativa de vida aumentar significativamente.

Você pode pensar que o tamanho absoluto da população não importa muito. Bom, multiplique esse número maior de pessoas por quanto dinheiro elas podem ter nos bolsos nos próximos anos. Você verá que, por volta de 2030, os mercados asiáticos, mesmo excluindo o Japão, serão tão grandes que o centro de gravidade do consumo global mudará para o leste. As empresas não terão escolha a não ser seguir as tendências do mercado naquela parte do mundo, com a maioria dos novos produtos e serviços refletindo as preferências dos consumidores asiáticos.

Pare por um momento e pense nisso.

Então, considere o que isso significa, à medida que adicionamos mais algumas tendências interligadas.

Menos bebês na maior parte do mundo significa que estamos marchando gradualmente em direção a uma população que envelhece rapidamente. Grande parte dessa mudança demográfica é motivada pelas mulheres, que estão cada vez mais escolarizadas, seguindo suas carreiras (não apenas tendo empregos) fora de casa — e tendo menos filhos. Antes que você perceba, haverá mais mulheres milionárias do que homens milionários. A riqueza também está se tornando mais urbana: a população das cidades está crescendo a uma taxa de 1,5 milhão por semana. Embora as cidades ocupem apenas 1% da superfície terrestre mundial, elas abrigam 55% da população e representam 80% do consumo de energia (e das emissões de carbono). É por isso que as cidades estão na linha de frente dos esforços de combate às mudanças climáticas.

Enquanto isso, diferentes gerações de pessoas vêm apresentando anseios e ambições divergentes. Muita atenção vem sendo dada aos millennials, que lideram o consumo colaborativo (enquanto renunciam à propriedade), mas eles estão recebendo mais atenção do que merecem. Dentro de uma década, a geração

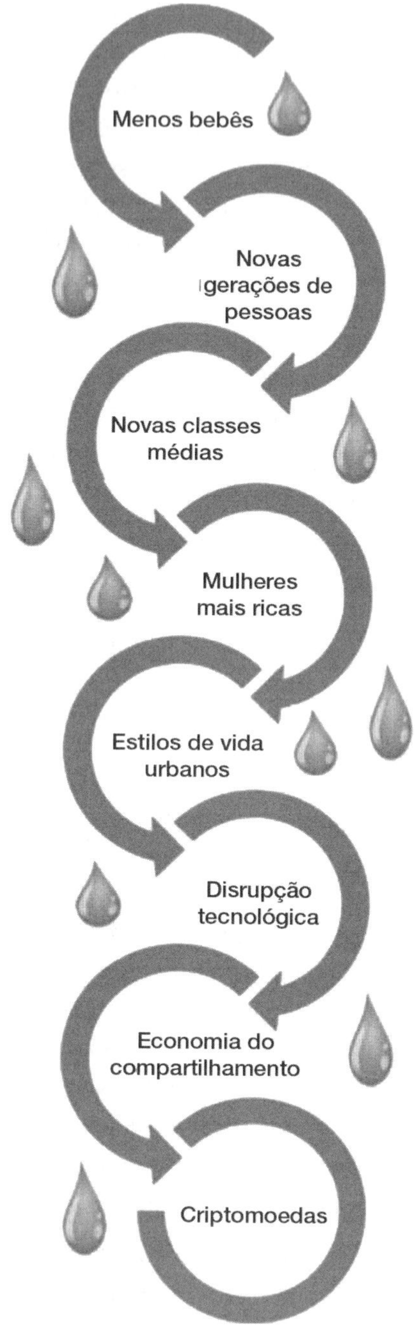

FIGURA 1

mais numerosa será a população acima dos 60 anos, que hoje possui 80% da riqueza nos Estados Unidos e está dando origem ao "mercado cinza" — o maior bloco consumidor de todos. As grandes e pequenas empresas devem redirecionar alguma atenção para os idosos, se desejarem permanecer relevantes com o passar do tempo.

Veja a Figura 1. Ela descreve um processo de pequenas mudanças concatenadas. Isoladamente, nenhuma delas resultará em uma mudança de proporções verdadeiramente globais. Você pode ser perfeitamente capaz de lidar com as mudanças se mantiver cada uma delas separada das outras. Os seres humanos são ótimos em compartimentalização mental. É um mecanismo subconsciente de defesa psicológica. Nós o usamos para evitar a dissonância cognitiva — o desconforto e a ansiedade causados por tendências, eventos, percepções ou emoções conflitantes. O ponto principal da compartimentalização mental é manter as coisas separadas para que não fiquemos sobrecarregados por suas interações.

O envelhecimento da população está se generalizando nos Estados Unidos e na Europa Ocidental. Enquanto isso, as gerações mais jovens estão impulsionando a ascensão da classe média na maioria dos mercados emergentes. Eles são um tipo de consumidor muito diferente daquele que o mundo conhece atualmente. São mais ambiciosos em seus hábitos, por exemplo. À medida que a classe média se expande, mais e mais mulheres acumulam riquezas como nunca antes, com ambos os gêneros adotando estilos de vida urbanos e impulsionando o maior influxo de migração já testemunhado nas cidades por todo o mundo. E as cidades criam um volume crítico de inventores e empreendedores, com a intenção de romper o *status quo* com inovação e tecnologia. Por sua vez, as tecnologias interrompem velhos hábitos e estilos de vida, criando novas maneiras de pensar e se envolver em todas as coisas, desde residências e escritórios a carros e itens pessoais. Isso, por sua vez, levará a concepções monetárias alternativas, mais distribuídas, descentralizadas e mais fáceis de usar. Algumas dessas tendências já estão em andamento, mas não atingirão seu volume crítico até por volta de 2030.

Essa representação *linear* das mudanças que estão ocorrendo ao nosso redor fornece uma sequência de capítulos organizada e conveniente para este livro. Mas não é assim que o mundo funciona.

Antropólogos e sociólogos há muito estabeleceram que os humanos reduzem a complexidade do mundo em categorias, o que nos permite resolver as coisas, desenvolver estratégias, tomar decisões e continuar nossas vidas. Essas categorias servem como quadros de referência, ajudando-nos a navegar na natureza muitas vezes ambígua da paisagem ao nosso redor. Elas nos asseguram que permaneçamos no controle.

As empresas e as organizações também pensam dessa forma. Elas compartimentalizam tudo. Classificam os clientes em pequenas caixas, como "usuários primários", "usuários iniciais" ou "retardatários" e os rotulam como "impulsivos", "sensíveis a preços" ou "leais", dependendo de como se destacam da multidão. Elas classificam os produtos como "estrelas", "vacas leiteiras", "cães" ou "pontos de interrogação", dependendo da sua participação no mercado atual e do crescimento potencial futuro. E consideram os funcionários "estrelas", "membros da equipe", "ambiciosos", "trabalham pelo dinheiro", "desajustados e descontentes" ou pior, dependendo de suas atitudes, seu comportamento e seu potencial.

Compartimentalizar, no entanto, as deixam cegas para novas possibilidades.

Deixe-me dar um exemplo. Além da lâmpada elétrica, do telefone e do carro, uma das grandes invenções do final do século XIX foi o conceito de aposentadoria: um período dedicado aos nossos hobbies, nossa família e nossa chance de refletir sobre tudo o que realizamos. Herdamos daquele século um conceito de vida como uma progressão de estágios distintos — infância, trabalho e aposentadoria — dos quais esperamos desfrutar ao longo do caminho.

Com o declínio no número de bebês e a nova dinâmica entre as gerações, nossa sociedade futura pode muito bem ter que repensar algumas suposições de como tradicionalmente vivemos. Os idosos também são consumidores, com estilos de vida distintos, e podem ser usuários iniciais de tecnologia tanto quanto os millennials, se não mais. Pense em realidade virtual, inteligência artificial ou robótica e em como essas tecnologias revolucionarão o final de nossas vidas. Talvez tenhamos que desfazer a antiga ordem. Diferentemente do passado, podemos nos matricular na escola e desenvolver novas habilidades muitas e muitas vezes antes de nos darmos por vencidos. Considere esta manchete publicada no The *New York Times* em 2019: "Com falta de crianças, uma escola sul-coreana matricula avós analfabetas"[1].

---

1 NT: tradução livre do original em inglês "Running Out of Children, a South Korean School Enrolls Illiterate Grandmothers".

Insisto em que evitemos o pensamento linear, às vezes chamado de pensamento "vertical", como na Figura 1. Em vez disso, sugiro que abordemos o problema lateralmente. Desenvolvido pelo inventor e consultor Edward de Bono, o conceito de pensamento lateral "não se preocupa em brincar com as peças existentes, mas em tentar trocar essas peças". Ele envolve, essencialmente, a reformulação de perguntas e o ataque lateral aos problemas. As inovações ocorrem não quando alguém trabalha dentro do paradigma estabelecido, mas quando as suposições são abandonadas, as regras são ignoradas e a criatividade foge ao nosso controle. Os artistas Picasso e Braque foram pioneiros no cubismo, afastando-se das suposições e regras aceitas sobre proporção e perspectiva. O mesmo fez Le Corbusier, quando lançou a arquitetura modernista, eliminando paredes para formar grandes espaços abertos, criando janelas que se estendem por toda a fachada do edifício e expondo a elegância intrínseca do aço, do vidro e do cimento, sem tentar escondê-la atrás de ornamentos desnecessários. "A verdadeira viagem da descoberta consiste não em buscar novas paisagens, mas em ter olhos novos", escreveu Marcel Proust.

De fato, os efeitos benéficos do pensamento lateral podem ser aumentados ainda mais por meio da "visão periférica", um conceito desenvolvido pelos meus colegas da Wharton, George Day e Paul Schoemaker. Muito similar à visão humana, as empresas e outros tipos de organizações não podem ser eficazes se não sentirem, interpretarem e agirem em relação aos sinais fracos vindos da periferia de sua área de interesse imediata. A Kodak, fundada em 1888, obteve lucros enormes vendendo filmes fotográficos e outros produtos relacionados ao longo do século XX. Embora, a partir do início dos anos 1990, seus engenheiros tivessem plena consciência das enormes possibilidades da fotografia digital, a alta gerência estava mais voltada para o curto prazo, acreditando que as pessoas continuariam preferindo as imagens impressas. O resultado? Em 2012, a Kodak entrou em falência. Como dito pelo juiz Taylor, no livro de Harper Lee, *O Sol É Para Todos*, "As pessoas geralmente veem aquilo que querem ver, e ouvem o que querem ouvir"[2] — elas são cegas para o inesperado, o incomum.

Considere a Figura 2 uma representação gráfica alternativa do que está acontecendo no mundo.

As setas mais grossas do bloco, apontando no sentido horário ao redor do aro do gráfico, retratam a representação linear da cadeia de tendências concatenadas. É essencialmente o mesmo que o apresentado na Figura 1, mas organizado de maneira

2 NT: tradução livre do original em inglês "People generally see what they look for, and hear what they listen for".

circular. Concentrar-se apenas nas conexões lineares ao redor do gráfico induz em erro. Cada uma das tendências nas oito bolhas interage com as outras sete. Explorarei cada uma dessas conexões laterais nos capítulos a seguir, guiando os leitores por essas tendências interligadas, mostrando a eles como elas estão ocorrendo em todo o mundo — e especialmente como elas convergirão em 2030.

Um exemplo de pensamento lateral em ação é o Airbnb, que concorre com hotéis em termos de negócios, mas também tenta roubar clientes dos bancos. Como? Muitos idosos percebem, em algum momento, que suas economias não serão suficientes para sustentá-los até a aposentadoria. Mas eles possuem um bem muito valioso: suas residências. Existem duas maneiras convencionais de fazer dinheiro com sua residência sem vendê-la. A abordagem antiquada é obter um crédito imobiliário com um banco, mas isso carrega o estigma da dívida e o estresse dos pagamentos mensais. Outra possibilidade é obter uma hipoteca reversa (abrir mão do patrimônio), mas assim os filhos não herdarão a casa da família.

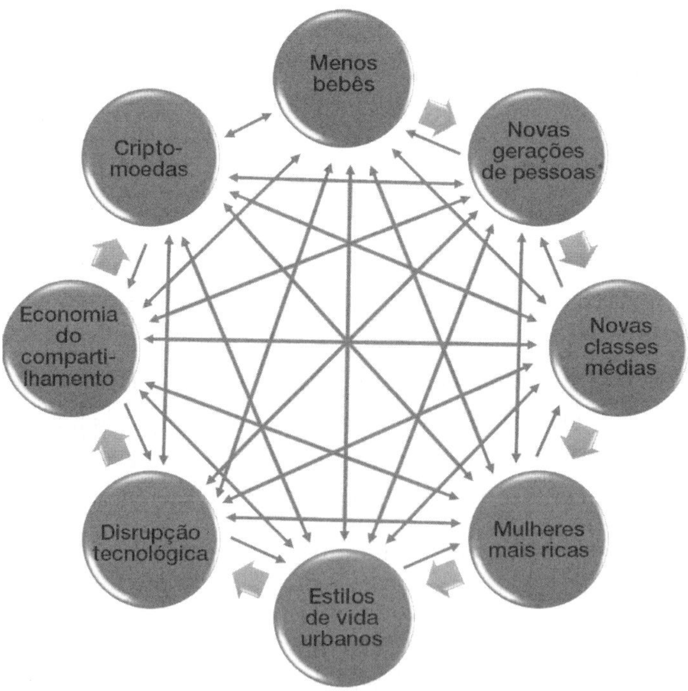

FIGURA 2

É aí que entra o Airbnb. Pais cujos filhos saíram de casa podem alugar os quartos extras, que não são mais ocupados, para os viajantes que ficarão na região por um tempo, um acordo que oferece flexibilidade a ambas as partes. Ou, se esses mesmos pais estão sempre viajando ou visitando seus filhos, frequentemente não estando em casa, eles podem optar por alugar a casa inteira para estadias de curta duração. De uma forma ou de outra, eles estão recebendo dinheiro *e* mantendo a casa. O Airbnb não teria tanto sucesso se não fosse por uma série de tendências convergentes: fertilidade em declínio, expectativa de vida mais longa, dúvidas sobre a viabilidade futura de pensões públicas, maior utilização de smartphones e aplicativos e um interesse crescente em compartilhar, em vez de possuir. Vou guiá-lo por esses desenvolvimentos inter-relacionados, mostrando como eles se desenrolam e como todos alcançarão um volume crítico até 2030. Este novo mundo apresenta oportunidades e ameaças. Indivíduos, empresas e organizações terão seus próprios pontos fortes e fracos ao enfrentá-los. No entanto, como mostro na conclusão, todos nós precisaremos abordar esse novo mundo de maneira diferente daquela que usamos no passado. As páginas finais oferecem princípios e abordagens que podemos usar para entender essa nova realidade — e prosperar com as oportunidades criadas por ela.

Lembre-se, tudo está se desenrolando em nossa vida, e isso não demorará a acontecer.

1

SIGA OS BEBÊS

"Seca" Populacional, o Baby Boom Africano e a Próxima Revolução Industrial

Um bebê vem ao mundo não apenas com uma boca e um estômago, mas também com um par de mãos.

- Edwin Cannan, economista e demógrafo britânico

O ritmo do crescimento populacional parece assustador. Em 1820, havia um bilhão de pessoas na Terra. Um século depois, esse número já estava em 2 bilhões. Após um breve hiato resultante da Grande Depressão e da Segunda Guerra Mundial, a taxa de crescimento ganhou uma velocidade de tirar o fôlego: 3 bilhões em 1960, 4 bilhões em 1975, 5 bilhões em 1987, 6 bilhões em 2000 e 7 bilhões em 2010. "Controle populacional ou corrida para o esquecimento?"[1] foi um *slogan* da capa do *The Population Bomb*[2], o influente livro dos professores Paul e Anne Ehrlich, da Universidade de Stanford, publicado em 1968. Desde então, governos de todo o mundo e grandes setores da opinião pública ficaram seriamente alarmados com o que consideram inevitável: saturaremos o planeta e nos destruiremos (e milhões de espécies vegetais e animais) no processo.

A realidade é que até 2030 estaremos enfrentando uma "seca" de bebês.

Nas próximas décadas, a população mundial crescerá menos da metade do que cresceu entre 1960 e 1990. Em alguns países, a população realmente diminuirá de tamanho (ausência de taxas muito altas de imigração). Por exemplo, desde o início

1 NT: tradução livre do original em inglês "Population control or race to oblivion?".

2 NT: sem tradução para o português.

da década de 1970, as mulheres norte-americanas tiveram, em média, menos de dois bebês ao longo da vida reprodutiva — uma taxa insuficiente para garantir a substituição geracional. O mesmo acontece em muitos outros lugares ao redor do mundo. Pessoas de diversos países, como Brasil, Canadá, Suécia, China e Japão estão começando a se perguntar quem cuidará dos idosos e pagará por suas aposentadorias.

À medida que as taxas de natalidade diminuem no leste da Ásia, na Europa e nas Américas, combinadas com um declínio muito mais lento na África, no Oriente Médio e no sul da Ásia, o equilíbrio global do poder econômico e geopolítico muda. Reflita: para cada bebê nascido hoje em dia nos países desenvolvidos, mais de nove nascem nos mercados emergentes e nos países em desenvolvimento. Em outras palavras, para cada bebê nascido nos Estados Unidos, 4,4 estão nascendo na China, 6,5 na Índia e 10,2 na África. Além disso, as melhorias na nutrição e na prevenção de doenças nas regiões mais pobres do mundo possibilitaram que um número crescente de bebês chegassem à idade adulta e se tornassem pais. Há meio século, uma em cada quatro crianças com menos de 14 anos morria em países africanos como Quênia e Gana, enquanto hoje essa mortalidade acontece em menos de uma em cada dez. Essas rápidas mudanças nas populações relativas de várias partes do mundo estão sendo impulsionadas não apenas por quem está tendo mais filhos, mas também por aqueles cuja expectativa de vida está aumentando mais rapidamente. Por exemplo, na década de 1950, a expectativa era de que as pessoas nascidas nas regiões menos desenvolvidas do mundo vivessem uma média de trinta anos a *menos* do que aquelas nascidas nas regiões mais desenvolvidas. Hoje a diferença é de dezessete anos. Entre 1950 e 2015, as taxas de mortalidade caíram apenas 3% na Europa, mas impressionantes 65% na África. Os países mais pobres estão se igualando em termos de expectativa de vida graças à menor mortalidade em todas as faixas etárias.

Para avaliar o impacto mundial dessas mudanças demográficas, veja a Figura 3. Ela mostra a porcentagem da população total do mundo em diferentes regiões, entre 1950 e 2017, com previsões para o ano 2100, calculadas pelas Nações Unidas.

Concentre sua atenção em 2030. Nesse ano, o sul da Ásia (incluindo a Índia) consolidará sua posição como a região número um em termos de tamanho populacional. A África se tornará a segunda maior região, enquanto o Leste Asiático (incluindo a China) será relegado para o terceiro lugar. A Europa, que em 1950 era a segunda maior, cairá para o sexto lugar, atrás do Sudeste Asiático (que inclui Camboja, Indonésia, Filipinas e Tailândia, entre outros países) e da América Latina.

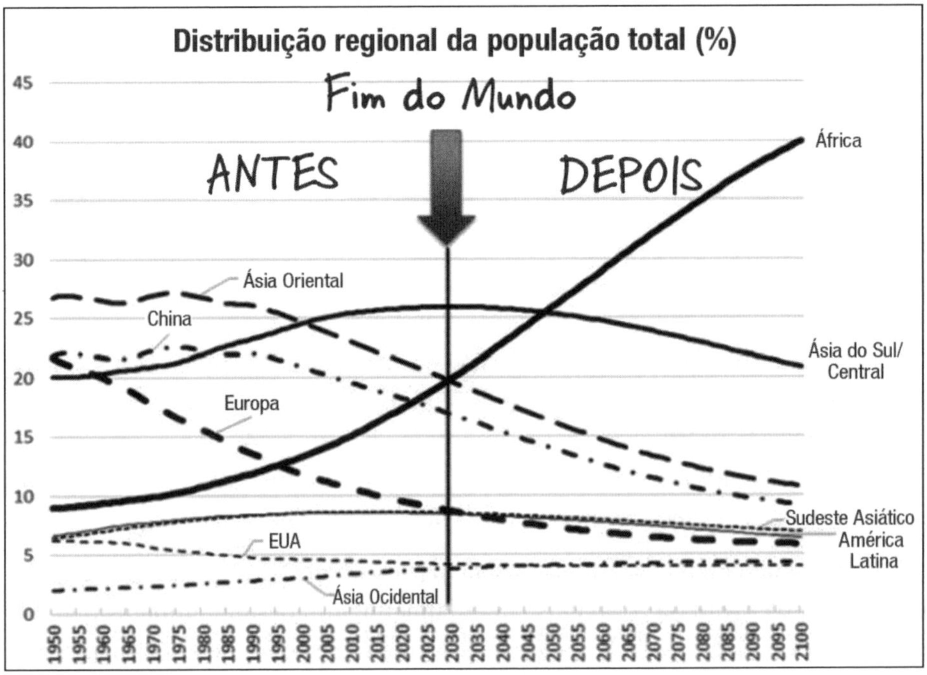

FIGURA 3

A migração internacional pode mitigar parcialmente essas mudanças históricas, redistribuindo as pessoas das regiões do mundo com um excesso de bebês para outras regiões que apresentam um déficit. De fato, isso aconteceu muitas vezes ao longo da história, como quando muitos europeus do sul migraram para o norte da Europa durante as décadas de 1950 e 1960. Desta vez, no entanto, a migração não contrabalanceará as previsões do gráfico anterior. Digo isso porque muitos governos parecem ter a intenção de construir muros, seja à moda antiga (com tijolo e argamassa) ou utilizando tecnologias como lasers e detectores químicos para monitorar as passagens fronteiriças, ou ambos.

Mas mesmo que os muros nunca sejam construídos ou algo os torne ineficazes, minhas previsões indicam que o impacto da migração pode não representar um grande impacto nessas tendências populacionais. Dados os atuais níveis de migração e crescimento populacional, a África Subsaariana — os cinquenta países africanos que não fazem fronteira com o Mar Mediterrâneo — se tornará a segunda região mais populosa do mundo até 2030. Vamos supor, por um momento, que a migração dobre de volume nos próximos vinte anos. Mas o dobro da migração adiará esse cálculo até o ano de 2033. Ela não inviabiliza as principais tendências populacionais que levam ao fim do mundo como o conhecemos, mas apenas as adiam em aproximadamente três anos.

Mulheres e Bebês Dominam o Mundo

Então, o que está por trás da diminuição global da fertilidade? É difícil responder a essa pergunta. Afinal, conceber bebês envolve um método amplamente conhecido, fácil de usar e extremamente popular. Deixe-me começar a responder à pergunta falando sobre minha própria árvore genealógica. Uma das minhas trisavós, na Espanha, passou por vinte e uma gestações, dando à luz dezenove bebês. O primeiro nasceu quanto ela tinha 21 anos e o último, quando tinha 42. Conforme o país se desenvolveu e as mulheres obtiveram melhor acesso à educação, as famílias se tornaram menores, chegando a um ou dois filhos por mulher.

É importante entender que, em outras partes do mundo, incluindo a África, o Oriente Médio e o Sul da Ásia, existem atualmente milhões de mulheres que dão à luz cinco, dez ou até mais bebês ao longo da vida. Em média, no entanto, o número de bebês por mulher também está diminuindo nos países em desenvolvimento com o passar do tempo e, pelas mesmas razões, começou a despencar no mundo desenvolvido duas gerações atrás. As mulheres agora desfrutam de mais oportunidades fora de casa. Para aproveitar essas oportunidades, elas continuam estudando e, em muitos casos, buscam o ensino superior. Isso, por sua vez, significa que elas adiam a gravidez. A mudança nos papéis das mulheres na economia e na sociedade em geral é o fator mais importante por trás do declínio da fertilidade no mundo todo. As mulheres estão determinando cada vez mais o que acontece em todo o mundo.

Considere o caso dos Estados Unidos, onde as prioridades das mulheres mudaram rapidamente. Na década de 1950, as mulheres norte-americanas se casavam, em média, aos 20 anos. Já os homens, aos vinte e dois. Atualmente, a média está entre vinte e sete e vinte e nove, respectivamente. A idade média das mães de primeira viagem também aumentou para vinte e oito. Grande parte dessa mudança foi motivada pela maior escolaridade. Hoje em dia, mais mulheres se formam no ensino médio e ingressam no ensino superior. Nos anos 1950, cerca de 7% das mulheres entre 25 e 29 anos tinham diploma universitário, metade do número correspondente de homens. Atualmente, a proporção de mulheres com diploma universitário é de quase 40%, enquanto que, para os homens, esse número é de apenas 32%.

A Diminuição do Nosso Interesse em Sexo

A evolução das populações humanas tende a ser confusa. Durante milênios, o crescimento populacional foi moldado pela disponibilidade de alimentos, pela ocorrência de guerras, pela disseminação de doenças e pelo impacto de desastres naturais. Filósofos, teólogos e cientistas lutam há séculos com a questão de quantos seres humanos podem ser sustentados com os recursos da Terra. Em 1798, o reverendo Thomas Robert Malthus, um economista e demógrafo britânico, alertou sobre o que mais tarde ficaria conhecida como "armadilha malthusiana", ou nossa tendência de nos reproduzirmos excessivamente e esgotar nossas fontes de sustento. Durante a vida de Malthus, a população do mundo ficou abaixo de 1 bilhão (em comparação aos 7,5 bilhões de hoje). De acordo com ele, os humanos eram seus piores inimigos, por causa de seus impulsos sexuais irrestritos. Na sua opinião, o crescimento populacional descontrolado resultaria em fome e doença, porque o suprimento de alimentos não conseguiria acompanhar o ritmo da população. Malthus e muitos de seus contemporâneos temiam que a espécie humana estivesse em risco de extinção devido ao excesso de reprodução. "O poder da população", escreveu ele, "é tão superior ao poder na Terra para produzir subsistência para o homem que a morte prematura deve, de uma forma ou de outra, visitar a raça humana."

Com o benefício da retrospectiva, podemos dizer hoje que Malthus subestimou o potencial de invenção e inovação, o que levou a melhorias fenomenais nos rendimentos agrícolas. Ele também minimizou as imensas possibilidades de se expandir o suprimento de alimentos por meio do comércio internacional, graças ao transporte transoceânico mais rápido e mais barato. No entanto, ele estava certo ao enfatizar que a população e o alimento são dois lados da mesma moeda.

Se Malthus subestimou o impacto potencial da inovação na produção e distribuição de alimentos, ele não imaginou como a tecnologia moderna poderia reduzir nosso apetite por sexo. A conexão entre os dois é surpreendentemente simples. Quanto maior o número de formas alternativas de entretenimento que temos disponíveis, menos frequentemente praticamos sexo. A sociedade moderna oferece uma variedade de opções de entretenimento, de rádio e TV a videogames e mídias sociais. Em alguns países desenvolvidos, incluindo os Estados Unidos, as taxas de atividade sexual vêm diminuindo nas últimas décadas. Um estudo abrangente publicado no *Archives of Sexual Behavior*[3] constatou que "os adultos norte-americanos fizeram sexo

3 NT: periódico acadêmico revisado por pares em sexologia. É a publicação oficial da Academia Internacional de Pesquisa Sexual.

cerca de nove vezes menos por ano no início de 2010, em comparação com o final dos anos 1990", um declínio sentido principalmente entre os norte-americanos casados e aqueles com um parceiro estável. Fazendo os devidos ajustes em termos de idade, "os nascidos na década de 1930 (geração silenciosa) eram o que faziam sexo com mais frequência, enquanto os nascidos na década de 1990 (*millennials* e pós-*millennials*) são os que fazem sexo com menos frequência". O estudo concluiu que "os norte-americanos estão fazendo sexo com menos frequência devido a... um número crescente de indivíduos sem um parceiro estável ou conjugal e um declínio na frequência sexual entre aqueles que possuem parceiros".

Um exemplo curioso que demonstra o efeito das formas alternativas de entretenimento sobre nosso apetite sexual envolve um apagão. Em 2008, na ilha de Zanzibar, na costa leste da África, uma queda de energia particularmente desagradável durou um mês inteiro. Ela afetou apenas a parte da ilha onde as casas estavam conectadas à rede. O resto da população continuou a usar seus geradores a diesel. Essa situação proporcionou aos pesquisadores um "experimento natural" exclusivo para estudar o efeito do apagão no comportamento da fertilidade das pessoas, porque o "grupo de tratamento" dos clientes da rede elétrica ficou sem eletricidade por um mês, enquanto o "grupo de controle", que usou geradores a diesel, não sofreu qualquer problema. Nove meses depois, cerca de 20% mais bebês do que o normal nasceu no grupo de tratamento, o que não ocorreu no grupo de controle.

O Dinheiro Faz o Mundo Girar

O dinheiro, previsivelmente, também desempenha um grande papel em nossas decisões sobre fertilidade. Em 2018, o *New York Times* encomendou uma pesquisa para descobrir por que os norte-americanos estão tendo menos filhos ou até mesmo nenhum filho. Quatro dos cinco principais motivos tinham a ver com dinheiro. "Os salários não estão crescendo proporcionalmente ao custo de vida e, considerando principalmente os empréstimos estudantis, é realmente muito difícil manter sua situação financeira — mesmo se você tiver uma formação universitária, trabalhar em um emprego formal e tiver duas fontes de renda", observou David Carlson, um homem casado de 29 anos, cuja esposa também trabalha. Os jovens de famílias de baixa renda também têm medo de ter filhos, forçados a escolher entre formar uma família ou gastar dinheiro com outras coisas de valor. Por exemplo, Brittany Butler, natural de Baton Rouge, Louisiana, é a primeira em sua família a se formar na faculdade. Aos 22 anos, suas prioridades são se formar em serviço social, pagar seus empréstimos estudantis e morar em um bairro seguro. Os bebês podem esperar.

Na década de 1960, Gary Becker, economista da Universidade de Chicago, propôs uma maneira inovadora de pensar sobre as decisões de fertilidade das pessoas: os pais fazerem cálculos compensatórios entre a *quantidade* e a *qualidade* dos filhos que desejam ter. Por exemplo, à medida que a renda familiar aumenta, as pessoas podem comprar um segundo ou terceiro automóvel, mas não compram uma ou duas dúzias deles se suas finanças continuarem a melhorar indefinidamente. Também não compram uma dúzia de geladeiras ou máquinas de lavar. Becker argumentou que, em vez de aumentar a quantidade, o aumento da renda leva as pessoas a se concentrarem na qualidade, ou seja, eles substituem seus carros usados por sedãs ou SUVs mais novos, maiores ou mais luxuosos. No caso de crianças, isso se traduz em prestar mais atenção e dedicar mais recursos a um número menor de crianças. "A interação da quantidade e qualidade das crianças", escreveu ele, "é a razão mais importante pela qual o preço efetivo das crianças aumenta com a renda", o que significa que, à medida que os pais veem seus ganhos subirem, eles preferem investir mais em cada criança, oferecendo-lhes melhores oportunidades na vida.

As ideias de Becker sobre o comportamento humano lhe renderam o Prêmio Nobel de Economia de 1992 e, embora seu tratamento de um assunto tão complexo como a fertilidade tenha negligenciado o papel das preferências e normas e valores culturais, ele apontou uma importante tendência social. Atualmente, muitos pais preferem investir mais de seu tempo e recursos em um número menor de filhos e oferecer-lhes a melhor chance possível de sucesso, seja iniciando um plano de poupança para a faculdade ou pagando por atividades extracurriculares. Como explica Philip Cohen, sociólogo da Universidade de Maryland: "Queremos investir mais em cada criança para oferecer-lhes as melhores oportunidades de competir em um ambiente cada vez mais desigual." Nessa perspectiva, as crianças são projetos de investimento, com valores atuais líquidos e taxas de retorno.

Para entender como os pais tomam decisões sobre o número de filhos que gostariam de ter, é instrutivo calcular quanto gastam com cada um deles. Em 2015, o governo federal calculou que a família norte-americana média gastava a impressionante quantia de US$233.610 para criar um filho até os 17 anos. Esse valor pode facilmente dobrar se incluirmos o pagamento da faculdade. No meu computador, tenho uma planilha na qual listo nossa renda familiar e nossas despesas a cada ano.

É impressionante notar que eu e minha esposa podemos acabar gastando mais de meio milhão de dólares com cada uma de nossas duas filhas, supondo que elas se formem em uma faculdade cara. Criei uma segunda planilha com as mesmas informações, excluindo minhas filhas dos cálculos. Na parte inferior dessa segunda planilha, em vez de duas filhas altamente instruídas, temos uma Lamborghini e uma casa de férias na costa de Jersey.

Os "Big Brothers" do Governo Podem Influenciar Nossas Decisões Sobre Fertilidade?

Alguns anos atrás, o governo de Singapura tentou colocar essa questão à prova. Ele temia que os casais dessa pequena e rica nação insular, onde três quartos da população são de etnia chinesa, deixassem de ter filhos em favor dos "cinco C's" — caixa (dinheiro), carro, cartão de crédito, condomínio e clube de campo. As autoridades escreveram uma carta a uma amostra de casais sem filhos, argumentando que era necessário que o país tivesse uma população jovem para sustentar o crescimento de sua economia em expansão. A missiva incluía uma oferta incomum: férias gratuitas em Bali, que o governo pensou que ajudariam os casais a entrar no clima. Os casais, ansiosos por uma chance de passar algum tempo em uma bela praia, aproveitaram a oportunidade. Mas, apesar de terem aproveitado as férias, não cumpriram a sua parte do acordo — nenhum bebê nasceu, pelo menos não o suficiente para satisfazer as autoridades do governo. O programa-piloto foi interrompido após nove meses.

A República Popular da China também tentou mudar as tendências da população com sua política draconiana de filho único. No final da década de 1970, diante de uma economia coletivista atrasada e desorganizada, os reformadores chineses, liderados pelo visionário Deng Xiaoping, concluíram que o rápido crescimento populacional do condado só poderia levar à pobreza continuada. Eles estudaram cuidadosamente a história chinesa: a população de seu país cresceu aproximadamente no mesmo ritmo da Europa Ocidental entre 1500 e 1700, mas muito mais rápido durante os anos 1700, um longo período de paz e prosperidade que permitiu que a produção agrícola se expandisse de uma maneira sem precedentes. Durante esse período, a produção dos campos de arroz e trigo aumentaram de duas a até três vezes, e novas culturas transplantadas das Américas, como milho e batata-doce, ajudaram a aumentar a produtividade. Isso aumentou o padrão de vida em regiões da China ainda mais cedo do que na Inglaterra, o berço da Primeira Revolução Industrial. Entre 1800 e

1950, o crescimento da população realmente *desacelerou* na bacia hidrográfica do Rio Yangtzé. Muito disso também se deveu a fatores como exploração agrícola excessiva, turbulência política, guerras civis e intervenções e invasões estrangeiras.

Mas então, apesar da terrível fome causada pelo Grande Salto Adiante da década de 1950 e do deslocamento da Revolução Cultural da década de 1960, a República Popular da China adicionou entre 120 e 150 milhões de pessoas durante cada uma das três décadas, entre 1950 e 1979. A China estava, então, perto de se tornar o primeiro país a ter uma população superior a 1 bilhão. Deng e seus colegas reformadores concluíram que, se algo não fosse feito, o país enfrentaria uma ruína econômica. Em 1979, a política coercitiva de filho único foi lançada.

Porém, os formuladores de políticas desconheciam o fato de que a fertilidade na China estava caindo vertiginosamente desde os anos 1960, com a maior parte dessa diminuição causada pelos mesmos fatores das outras partes do mundo: urbanização, educação das mulheres e sua participação no mercado de trabalho e a crescente preferência por dar melhores oportunidades de vida às crianças, em vez de se ter um grande número delas. Eles não pensaram lateralmente sobre o problema. Considere os seguintes dados: em 1965, a taxa de fertilidade na China urbana era de cerca de 6 filhos por mulher. Em 1979, quando a política do filho único entrou em vigor, ela já havia caído para cerca de 1,3 filho por mulher, bem abaixo do nível de substituição de pelo menos 2 filhos por mulher. Enquanto isso, na China rural, a fertilidade pairava em torno de 7 filhos por mulher em meados da década de 1960, um número que diminuiu para cerca de 3 em 1979. Durante o período da política do filho único, a taxa urbana caiu de 1,3 para 1,0, enquanto a taxa rural diminuiu de 3 para 1,5. Como apontaram os demógrafos que escrevem no *China Journal:* "A maior parte do declínio da fertilidade da China não pode ser atribuída à política do filho único." A desaceleração foi motivada pelas decisões das pessoas sob as circunstâncias em evolução, não pelos burocratas do governo. "A campanha do filho único se baseou em política e pseudociência, não em necessidade, e muito menos em questões demográficas", concluíram os especialistas.

Em 2015, a China eliminou completamente a política. Agora o crescimento da população na segunda maior economia do mundo será retomado? O ganhador do Nobel e economista Amartya Sen observa que "o progresso das mulheres superou a política do filho único da China". O acesso à educação e às oportunidades de trabalho continua se expandindo para as mulheres chinesas, o que significa que é improvável um aumento no número de crianças. Como ponto de comparação, nas vizinhas

Taiwan e Coreia do Sul — onde essa política nunca existiu — a taxa de fertilidade gira em torno de 1,1 filho por mulher, bem abaixo do atual nível de 1,6 da China. No final, o *slogan* popular "O desenvolvimento econômico é o melhor contraceptivo" provou ser tão verdadeiro na China quanto em outras partes do mundo.

Ironicamente, o maior impacto da política do filho único será geracional. Em 2030, a China terá 90 milhões *a menos* de pessoas entre 15 e 35 anos, e 150 milhões *a mais* de pessoas com idade superior a sessenta. O país está passando pelo maior e mais rápido processo de envelhecimento populacional do mundo. Analisaremos as implicações dessas enormes mudanças geracionais no Capítulo 2.

O Surpreendente Beneficiário da Política do Filho Único da China

Hoje em dia, as notícias estão cheias de histórias sobre déficits comerciais, roubo de tecnologia e espiões chineses disfarçados de empresários. "Uma em cada cinco empresas diz que a China roubou sua propriedade intelectual"[4], dizia uma manchete de 2019 na revista *Fortune*. Parece que, de acordo com muitos, a China quer alcançar os Estados Unidos e outros países ocidentais, e que a próxima gigante global está a caminho de nos ultrapassar por bem ou por mal.

Alguns políticos ou jornalistas consideram que a política do filho único da China representou um golpe de sorte extraordinário para o consumidor norte-americano. Em um exemplo interessante de pensamento lateral, os economistas encontraram uma conexão improvável entre fertilidade e economia. Embora fosse lei, a política do filho único criou um desequilíbrio de gênero de cerca de 20% mais homens jovens do que mulheres, impulsionado pela preferência cultural por meninos. "Uma proporção distorcida entre os sexos está causando estragos nos casamentos chineses"[5], dizia uma manchete de 2017 no *Economist*. "Na China", ecoou o *New York Times*, "um dia dos namorados solitário para milhões de homens"[6]. Os pais, então, decidiram tomar as rédeas da situação. "Devido à intensificação da concorrência no mercado de casamentos, as famílias com um filho aumentam suas taxas de poupança, na esperança de melhorar as chances de encontrar uma esposa para ele", concluíram os

4 NT: tradução livre do original em inglês "One in Five Companies Say China Has Stolen Their Intellectual Property".

5 NT: tradução livre do original em inglês "A Distorted Sex Ratio Is Playing Havoc with Marriage in China".

6 NT: tradução livre do original em inglês "In China, A Lonely Valentine's Day for Millions of Men".

economistas Shang-Jin Wei e Xiaobo Zhang, depois de analisar exaustivamente uma grande quantidade de dados. "O aumento na proporção entre os sexos, de 1990 a 2007, pode explicar cerca de 60% do aumento real na taxa de poupança das famílias durante esse período." Esse fenômeno tem sido tão difundido que a China exportou não apenas uma variedade de produtos manufaturados, mas também seus excedentes de poupança. O consumo voraz dos norte-americanos foi financiado principalmente por meio da poupança das famílias. Sem o desequilíbrio de gênero chinês e seu alto nível de poupança associado, os norte-americanos teriam que pagar taxas de juros mais altas em suas hipotecas e crédito ao consumo nas últimas duas décadas. Por exemplo, se as taxas de juros de um crédito hipotecário fixo de trinta anos tivessem sido em média 6% nos últimos vinte anos, em oposição aos 5%, a mensalidade teria sido cerca de 25% maior, restando muito menos dinheiro para outras aquisições. Assim, o custo de aquisição de uma casa em São Francisco tem realmente algo a ver com o preço do chá na China, como diz o velho ditado.

O desequilíbrio de gênero chinês também afetou o consumo na nova economia digital. Considere quanto dinheiro as pessoas gastam em serviços de namoro digital de vários tipos. As plataformas de namoro têm, atualmente, centenas de milhões de clientes em todo o mundo, que gastam um total de cerca de US$5 bilhões por ano. As pessoas estão utilizando essas plataformas em busca de possíveis cônjuges, relacionamentos afetivos ou encontros casuais. Mas as diferenças nos padrões de consumo por nação são reveladoras. Na China, apenas 2% dos gastos totais destinam-se a aplicativos de encontros casuais, enquanto que, na Europa e nos Estados Unidos, 21% dos gastos são destinados a plataformas que oferecem exatamente isso, como Ashley Madison, C-Date, First Affair, Victoria Milan e Tinder. Por outro lado, 85% dos gastos na China destinam-se a serviços de *matchmaking*, ou "casamenteiros", como Baihe e Jiayuan, em comparação com apenas 40% na Europa e nos Estados Unidos. Essa disparidade é facilmente explicada. Para os homens chineses, encontrar uma parceira para um relacionamento longo (em oposição aos encontros casuais) é mais importante, pois o desequilíbrio de gênero criou uma espécie de crise nacional. Também não é de se espantar que as mulheres chinesas se tornaram muito mais seletivas. Em um experimento envolvendo perfis falsos de homens e mulheres em uma das maiores plataformas de namoro da China, "homens de todos os níveis de renda visitaram nossos perfis femininos de diferentes níveis de renda a taxas aproximadamente iguais", descobriram os autores. "Por outro lado, uma taxa mais alta de mulheres de todos os níveis de renda visitaram nossos perfis masculinos com renda mais alta... nossos perfis masculinos com nível mais alto de renda receberam dez vezes mais visitas do que aqueles com nível mais baixo."

Curiosamente, em outros países, o desequilíbrio de gênero vai na direção oposta. Na Rússia, há um déficit de homens jovens, porque muitos deles morrem prematuramente, principalmente devido ao consumo excessivo de álcool. O problema parece ser tão grave que, em algumas regiões da Sibéria, a escassez de homens em idade núbil levou as mulheres a pressionar o governo para legalizar a poligamia. Segundo Caroline Humphrey, antropóloga da Universidade de Cambridge, as mulheres siberianas estão cada vez mais convencidas de que "metade de um homem bom é melhor que nenhum homem". Elas argumentam que "a legalização da poligamia seria uma bênção: daria a elas direitos ao apoio financeiro e físico de um homem, legitimidade para seus filhos e direitos a benefícios estatais". Nem é preciso dizer que a solução ideal seria a China e a Rússia negociarem entre si, dado que a China tem mais homens e a Rússia, mais mulheres. Infelizmente, o desequilíbrio de gênero chinês é sete vezes maior que a lacuna de gênero russa, porque a população chinesa é muito maior. Isso é trabalho para os aplicativos casamenteiros.

As Novas Crianças da Área: o Baby Boom Africano

Embora as populações não estejam sendo renovadas na Europa, nas Américas e no Leste da Ásia, elas estão crescendo na África Subsaariana, porém muito mais lentamente do que no passado. Mesmo assim, sua população deve crescer dos atuais 1,3 bilhão para 2 bilhões até 2038 e 3 bilhões até 2061. Algumas pessoas preveem que uma grande guerra ou uma epidemia devastadora pode atrapalhar o impulso demográfico da África. O conflito armado que resultou no maior número de mortos da história foi a Segunda Guerra Mundial, que exterminou 50 a 80 milhões de vidas, mas afetou a África apenas tangencialmente. Até o momento, a epidemia global de AIDS resultou em 36 milhões de mortes, das quais dois terços ocorreram na África, sendo África do Sul, Nigéria, Tanzânia, Etiópia, Quênia, Moçambique, Uganda e Zimbábue os países que mais sofreram. No entanto, a Figura 3 mostra, ao representar a distribuição regional da população, que, durante as décadas de 1980 e 1990, quando a epidemia era mais letal, a curva populacional para a África quase não se alterou. Assim, apenas uma guerra ou epidemia massiva que custasse centenas de milhões de vidas alteraria significativamente o crescimento demográfico do continente em relação a outras partes do mundo.

Você pode estar pensando que a África não é capaz de acomodar seu crescimento populacional projetado. Considere, no entanto, quão *grande* é a África. As representações cartográficas do continente em nossos livros escolares subestimam muito seu tamanho real em relação ao Hemisfério Norte. A Figura 4 mostra que a massa terrestre da África é quase tão grande quanto o território da China, da Índia, da Europa Ocidental e Oriental, dos Estados Unidos e do Japão juntos.

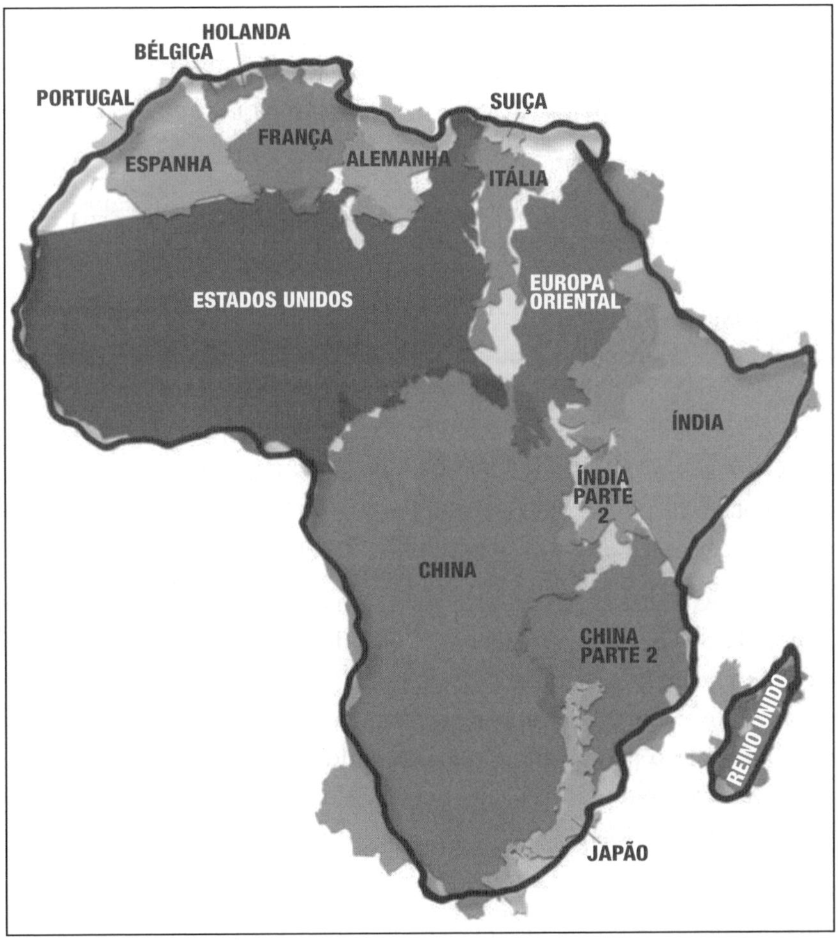

FIGURA 4

Sem dúvida, existem grandes desertos praticamente inabitáveis na África. Mas isso também é verdade para cada um desses outros países no mapa (exceto o Japão). Até a Europa tem desertos — o famoso filme *Lawrence da Arábia* foi filmado não na Península Arábica, mas principalmente no sul da Espanha. Mas, mesmo levando em consideração a vastidão dos desertos africanos, o continente contém a terra mais subdesenvolvida, porém fértil, para o desenvolvimento agrícola do planeta. Dado o tamanho da África, sua superpopulação parece improvável. Atualmente, o continente possui 1,3 bilhão de pessoas. Outros países neste mapa têm populações que excedem 3,5 bilhões. Hoje, a densidade populacional por quilômetro quadrado é mais de três vezes maior na Ásia do que na África, e quatro vezes na Europa.

O crescimento populacional da África cria alguns problemas complexos. O continente abriga alguns dos focos mais turbulentos de conflitos religiosos e étnicos do mundo. Décadas de guerras civis intermitentes, alimentadas pela Guerra Fria, causaram estragos na infraestrutura do continente. Em particular, as instituições políticas e sociais — das estruturas governamentais ao judiciário e à sociedade civil — sofreram imensamente ou nunca se desenvolveram, resultando na maior concentração de "estados falidos". Cerca de metade dos 54 estados soberanos da África são assolados pelo caos político, pela anarquia e pela ilegalidade. Grande parte da migração das áreas rurais para as cidades, e das cidades para fora do país, principalmente para a Europa, se deve a conflitos e violência, que colocam em risco não apenas a segurança pessoal, mas também o desenvolvimento econômico.

Portanto, a África não é isenta de riscos, mas os possíveis retornos para sua própria população crescente são enormes. Devido à sua população cada vez maior, a África não pode mais ser ignorada. Para o bem ou para o mal, suas fortunas serão importantes a nível global. Se tudo correr bem, a África será uma inspiradora fonte de dinamismo para o benefício de todo o mundo. Se as coisas piorarem, as consequências negativas serão sentidas globalmente. A demografia não impõe um destino, mas molda a vida das pessoas.

Alimentando a População Africana como uma Excelente Oportunidade

A maioria das pessoas acredita que as maiores oportunidades de negócios estão no setor de serviços e podem ser exploradas por meio de plataformas ou aplicativos tecnológicos. Vamos pensar lateralmente sobre o crescimento da população africana.

Segundo o Banco Mundial, a agricultura africana se tornará um setor de trilhões de dólares até 2030. É uma verdadeira mina de ouro em formação, que pode muito bem transformar toda a economia global. O futuro dos bebês africanos, a maioria deles nascidos em áreas rurais, depende da transformação de seu setor agrícola. Apesar de sua enorme massa terrestre e abundância de água, o continente é atualmente um importador de alimentos. E enquanto as indústrias extrativas, como produção de cacau, mineração e petróleo, são fundamentais para as economias nacionais há mais tempo, o maior crescimento africano no futuro próximo resultará da expansão da agricultura e dos serviços e manufatura associados, atendendo à crescente população do continente. O desafio agrícola é duplo: cultivar até 500 milhões de acres de terra — mais ou menos o tamanho do território do México — *e* melhorar bastante a produtividade.

A África está prestes a testemunhar uma dupla revolução agrícola e industrial, semelhante ao que aconteceu na Europa, nas Américas e no Leste da Ásia nos séculos passados. Considere os benefícios de se criar uma dinâmica virtuosa em torno de um setor agrícola em expansão. Um agricultor precisa de melhores insumos, como sementes e fertilizantes, para aumentar sua produtividade e desfrutar de um melhor padrão de vida. Seu sucesso, por sua vez, estimula a criação de empregos na vila em apoio à agricultura, incluindo aqueles de reparo de tratores e outras máquinas. À medida que a agricultura de subsistência evolui para a agricultura de alto rendimento, os excedentes são transportados para as cidades em crescimento, reduzindo, assim, a quantidade de alimentos importados. A transformação dos produtos alimentares essenciais em produtos de panificação, frutas enlatadas ou pratos preparados cria ainda mais empregos — talvez dezenas de milhões deles em todo o continente, dando origem a uma economia industrial próspera e a um crescente setor de serviços, que distribui e vende os bens processados entre a população urbana. Essa é, em poucas palavras, a próxima revolução agrícola-industrial africana.

Para concretizar esse potencial, muitos tipos diferentes de organizações e empresas estão trazendo novas ideias e novas práticas para a agricultura africana. Por exemplo, a African Agricultural Technology Foundation[7] apresentou as técnicas de teste de solo e seleção de sementes aos agricultores de subsistência. De acordo com o pessoal de campo da fundação, "alguns agricultores riram da sugestão de que, se eles preparassem os campos adequadamente, usassem as sementes e os fertilizantes adequados, sua colheita se multiplicaria dez vezes. É um idioma que eles nunca

7 NT: Fundação Africana de Tecnologia Agrícola, em tradução livre.

ouviram antes". Considere o caso do Samuel Owiti Awino. Sua fazenda na região do lago Victoria, no Quênia, foi assolada pela escassez de chuvas e pela destrutiva erva daninha erva-bruxa. Desesperado, ele tentou todos os artifícios possíveis para produzir uma safra alta o suficiente para sustentar sua família e vender o restante no mercado local. "Quando você está doente e não sabe o que o aflige, tomará qualquer mistura na esperança de que uma delas acabe curando você", diz ele. "Na agricultura, isso é o que vinha fazendo há muito tempo." Awino ficou surpreso quando seu lote de demonstração produziu o dobro do milho produzido pelo seu melhor lote.

Ao contrário do que disseram os alarmistas, que cunharam o termo "bomba populacional", o crescimento demográfico pode, na verdade, incentivar a África a melhorar seu setor agrícola, o que, por sua vez, criaria empregos e estimularia as atividades econômicas relacionadas, não apenas na África, mas também em outras partes do mundo. Melhorias no manejo, na irrigação e na distribuição do solo podem proporcionar enormes benefícios.

O caminho da África rumo ao futuro consiste em transformar agricultores de subsistência, como Awino, em agricultores sofisticados. Uma maneira engenhosa de transformar o *boom* populacional africano em oportunidade envolve o cultivo, a colheita e o processamento de uma planta prodigiosa chamada mandioca. Esse tubérculo, que é nativo da América do Sul, é extremamente resistente à seca, pode ser colhido a qualquer momento, em uma janela flexível de dezoito meses, e exige trabalho manual para ser plantado, fornecendo aos habitantes locais uma fonte de renda. Em todo o mundo em desenvolvimento, a mandioca já é a terceira principal fonte de carboidratos, depois do arroz e do milho. Atualmente, é usada principalmente para produzir farinha ou cerveja. Na África Subsaariana, pelo menos 300 milhões de pessoas dependem da mandioca para suprir suas necessidades alimentares diárias. Além disso, a mandioca naturalmente não tem glúten e possui uma carga de açúcar menor que o trigo, tornando-a uma alternativa saudável aos grãos e uma melhor fonte de carboidratos para os diabéticos. À medida que o continente aperfeiçoa a colheita da mandioca, uma parte de sua produção também pode ser transformada em produtos de maior valor agregado para exportação: é um dos ingredientes dos compensados de madeira, além de ser usada como substância de enchimento para muitos produtos farmacêuticos, incluindo pílulas, comprimidos e cremes, e pode ser transformada em biocombustível.

Perceber as imensas possibilidades da produção de mandioca requer experiência e equipamentos. Na região central da Zâmbia, Celestina Mumba passa muitas horas por semana mostrando a outros produtores de mandioca como melhorar a colheita por meio de técnicas simples, como a seleção de sementes e o espaçamento entre plantas. Ela se tornou especialista nisso, e agora passa a maior parte do tempo ajudando outros agricultores a usar os melhores métodos disponíveis. A mais de 3 mil quilômetros de distância, na Nigéria, o pastor Felix Afolabi fundou a Afolabi Agro Divine Ventures para orientar jovens produtores de mandioca e obter arados, grades, pulverizadores de barras, plantadores, colheitadeiras, tratores e escavadeiras, necessários para mecanizar a agricultura nigeriana. Empresários da agricultura, como Mumba e Afolabi, são os pioneiros da revolução agrícola-industrial africana.

Embora muitos dos recursos humanos, tecnológicos e financeiros necessários para desenvolver ainda mais a produção de mandioca em toda a África Subsaariana estejam disponíveis localmente, empresas e organizações sem fins lucrativos estrangeiras também podem oferecer uma contribuição essencial. Dado seu alto teor de água, a mandioca precisa ser processada dentro de 24 a 48 horas após a colheita, de modo que o equipamento necessário deve estar disponível nas proximidades das plantas. A Companhia de Desenvolvimento e Comércio Agrícola da Holanda (DADTCO), uma empresa social com fins lucrativos, comprometida em aliviar a pobreza das comunidades, oferece aos pequenos agricultores africanos unidades de processamento, refino e secagem, instaladas dentro de contêineres montados em caminhões, que se deslocam de vila em vila. A colheita pode começar assim que esse equipamento móvel for posicionado. Em pouco tempo, esses agricultores, ou outros empreendedores locais, podem usar esses recursos para produzir alimentos.

Em um futuro próximo, a expansão da produção de mandioca pode muito bem fornecer aos bebês rurais de hoje os empregos de que precisarão para ganhar a vida. E se a África se tornasse uma potência na indústria global de cerveja? Algumas das maiores empresas do mundo, entre elas a SABMiller e a Diageo, já estão fornecendo aos produtores de mandioca a matéria-prima para a fabricação de cerveja, reduzindo, assim, o custo de seu produto final e a dependência geral da África das onerosas importações estrangeiras. Se a cerveja à base de mandioca for comprovadamente econômica e sustentável em termos ambientais, várias cervejas africanas estarão disponíveis em breve no seu *pub* ou bar local, a preços competitivos. Cuidado, Anheuser-Busch!

A Savana do Silício

Além da próxima revolução agrícola-industrial, a África entrou no século XXI mais rapidamente do que todas as outras nações do mundo em uma área: a tecnologia de telecomunicações móveis. E essa transformação já está mudando vidas em todo o continente. Veja a história, contada no *Irish Times*, de Naomi Wanjiru Nganga, que mora na favela de Korogocho, em Nairóbi. Ela tem 34 anos e problemas de saúde, sustenta seus quatro filhos recolhendo caixas de papelão descartadas e vendendo-as no mercado local. Seu único dispositivo tecnológico é um telefone celular bastante básico, que ela usa não apenas para se comunicar, mas também para fazer e receber pagamentos, incluindo uma bolsa mensal de uma instituição de caridade irlandesa. Ela é beneficiária direta da rápida implantação das redes móveis. O Quênia surpreendeu o mundo há uma década, ao se tornar um dos líderes mundiais em pagamentos móveis, com três quartos da população usando-os assiduamente. Não é de surpreender que Nairóbi agora seja apelidada de "Savana do Silício". É por isso que acredito que, se você deseja abrir uma janela para dar uma espiada no ano de 2030, deve viajar para a África.

A tecnologia móvel provou ser especialmente útil no setor de saúde. No Quênia, por exemplo, a maior parte da população rural mora a pelo menos uma hora de ônibus do médico ou posto médico mais próximo. Para resolver a questão do acesso, muitos serviços móveis foram lançados, desde linhas diretas médicas e ferramentas de diagnóstico precoce até formação, avisos de medicamentos e acompanhamentos. Hoje, 90% da população têm um telefone celular. Os registros telefônicos no Quênia são mais abrangentes que os censos oficiais. As agências governamentais usam os dados do telefone celular em vez da folha de pagamento ou dos registros escolares para planejar a política e o alcance da assistência médica.

Como muitos outros países — ricos e pobres —, o Quênia enfrenta uma escassez de profissionais de saúde qualificados, custos crescentes e demanda em disparada. Existem centenas de projetos e programas de saúde eletrônica que beneficiam um número cada vez maior de residentes rurais. O modelo de uso da tecnologia de telecomunicações móveis nos cuidados com a saúde, como visto no Quênia, pode oferecer uma solução tecnológica eficiente e inclusiva para questões de acesso à saúde, algo que outras nações podem imitar — mesmo em um país como os Estados Unidos, onde a assistência médica tem sido um eterno ponto de discussão política e os custos dos cuidados parecem aumentar ano após ano.

Ansiedade e Rancor Relacionados à Imigração

Em 2030, a população humana estará distribuída em todo o mundo de maneiras muito diferentes das atuais, com um número muito maior de pessoas na África e no sul da Ásia do que em outras partes do mundo. E, embora o número de pessoas que migram de um país para outro mude, as causas não mudam: a migração tende a se tornar um fenômeno proeminente sempre que os bebês forem abundantes em uma região do mundo, mas escassos em outra, ou na esteira de crises como guerras civis, instabilidade política, fome, emergências econômicas ou desastres naturais. Ultimamente, a migração internacional é considerada uma "avalanche" que precisa de contenção. Os líderes políticos estão pedindo muros. Os países estão saindo de acordos comerciais e de organizações políticas/econômicas como a União Europeia. Os cidadãos estão saindo às ruas com placas declarando que os imigrantes não são bem-vindos. Mas e se o medo de que os imigrantes nos roubem os empregos e drenem os recursos do governo estiver errado e míope?

O senso comum é que os imigrantes substituem os operários e roubam os bons empregos na indústria. Na realidade, a maioria dos imigrantes não competem por empregos com os locais, como concluíram as Academias Nacionais de Ciências, Engenharia e Medicina dos EUA em vários relatórios de referência. O motivo é que a maioria dos imigrantes são pessoas que têm poucas habilidades ou habilidades de alto nível e, como resultado, não têm boas perspectivas de emprego em seus países de origem. Por outro lado, seus compatriotas com níveis intermediários de habilidades — como trabalhadores manuais ou mecânicos — têm muitas oportunidades de emprego disponíveis em suas comunidades de origem e, portanto, tendem a não migrar. Nas economias desenvolvidas, como Estados Unidos, Japão e Europa, empregos pouco qualificados ainda são abundantes, especialmente na agricultura e nos setores de serviços, assim como a demanda por trabalhadores altamente qualificados. Enquanto isso, a maioria das perdas de empregos nos países desenvolvidos ocorreu no setor industrial, entre trabalhadores de habilidade intermediária, porque é mais fácil e mais econômico automatizar seus empregos. Nos países ricos, faz mais sentido econômico implantar uma tecnologia para substituir empregos que exigem níveis intermediários de habilidade, precisamente porque os salários são altos o suficiente para incentivar a automação e é relativamente fácil automatizar as tarefas (como veremos no Capítulo 6). Assim, a ansiedade e o rancor gerados pelas perdas de emprego devem ser principalmente direcionadas à mudança tecnológica, não à imigração. Minha colega da Wharton, Britta Glennon, descobriu que restringir o número de vistos disponíveis para cientistas e engenheiros na verdade acaba com os empregos nos Estados Unidos, porque as empresas movem seus laboratórios de pesquisa e desenvolvimento para o exterior, a fim de aproveitar o banco de talentos. Os maiores beneficiários da restrição à imigração? China, Índia e Canadá — os países para os quais são movidas essas atividades de P&D.

Quando decompomos as estatísticas de quantas pessoas nascidas no exterior estão empregadas nos Estados Unidos, por nível de escolaridade, vemos que os imigrantes tendem a não roubar os empregos dos norte-americanos. Cerca de 42% de todos os trabalhadores que abandonaram o ensino médio são imigrantes e, entre os que possuem diploma de doutorado, 29% são estrangeiros. Por outro lado, apenas 15% das pessoas com diploma de ensino médio, 10% das pessoas com alguma educação universitária, mas sem diploma, e 14% das pessoas com diploma de bacharel são imigrantes. Enquanto isso, o Departamento do Censo dos Estados Unidos relata que o número de empregos gerenciais e técnicos altamente qualificados aumentou, enquanto o número de empregos para pessoas menos qualificadas e trabalhos burocráticos, caracterizados por níveis intermediários de habilidade, diminuiu drasticamente — devido à automação.

Se nos aprofundarmos nos dados sobre ocupações específicas, encontraremos mais evidências de que a maioria dos imigrantes não compete por empregos com os habitantes locais. De acordo com o Urban Institute[8], os três principais grupos ocupacionais entre imigrantes nos Estados Unidos, sem diplomas de ensino médio, são camareiras e empregadas domésticas, cozinheiros e trabalhadores rurais. Enquanto isso, trabalhadores nativos sem diploma de ensino médio são mais numerosos entre caixas, motoristas de caminhão e outros veículos, e porteiros. A concorrência direta por empregos entre imigrantes e nativos é bastante limitada.

A migração ajudará a superar algumas das dificuldades associadas ao envelhecimento da população. As Nações Unidas chamam de "migração de substituição". Os dados da Secretaria de Estatísticas Trabalhistas dos Estados Unidos sugerem que, quando a geração do *baby boom* se aposentar, a economia norte-americana precisará de um fluxo maior de imigrantes para cobrir a demanda por dezenas de ocupações, de auxiliares de enfermagem e auxiliares de saúde em casa a trabalhadores da construção civil, cozinheiros e desenvolvedores de software. Em 2030, mais da metade desses e de outros empregos nos Estados Unidos serão ocupados por trabalhadores estrangeiros.

8 NT: órgão norte-americano que realiza pesquisas de políticas econômicas e sociais.

Outra maneira de avaliar se a imigração prejudica a situação econômica dos habitantes locais é examinar os ganhos. Os salários para os habitantes locais devem diminuir se os imigrantes competirem pelos mesmos empregos. Depois de examinar cuidadosamente as evidências, as Academias Nacionais de Ciências, Engenharia e Medicina dos EUA concluíram que "o impacto da imigração no salário nativo em geral pode ser pequeno e próximo de zero". Mais importante, a maioria das pesquisas encontrou "efeitos negativos maiores para grupos desfavorecidos [como minorias étnicas] e mais para imigrantes do que para os nativos em geral". Isso pode explicar o paradoxo de por que proporções significativas de imigrantes recentes na Europa e nos EUA votam em candidatos que demonizam a imigração. É evidente que o grupo nativo mais exposto aos efeitos da imigração é aquele que abandonou o ensino médio, que também tende a ser a favor de controles de imigração mais rígidos, um grande fator nas eleições nos dias de hoje.

Embora as evidências sugiram que os imigrantes não concorrem com os locais em termos de empregos, ainda é possível que a imigração represente uma perda líquida para o país de destino se os recém-chegados se beneficiarem desproporcionalmente dos serviços de assistência social do governo. De fato, grande parte do rancor popular contra os imigrantes na Europa e nos Estados Unidos se baseia na acusação de que eles representam um fardo fiscal, uma vez que, como beneficiários de serviços sociais, recebem mais do que o valor com o qual contribuem como trabalhadores. Mais uma vez, a evidência contradiz esse senso comum. Cerca de 72% de todos os imigrantes internacionais no mundo estão em idade ativa, em comparação com 58% da população total. De acordo com um estudo da prestigiada Organização para Cooperação e Desenvolvimento Econômico (OCDE), os imigrantes representaram 47% do aumento da força de trabalho nos Estados Unidos e 70% na Europa desde 1990, e tendem a pagar um valor mais alto em impostos do que recebem em benefícios de programas governamentais. "Em qualquer idade", observou o relatório das Academias Nacionais, "os membros adultos da segunda geração [de imigrantes] geralmente tiveram um impacto fiscal líquido mais positivo para todos os níveis do governo combinados do que os adultos da primeira ou terceira gerações." Entre 1994 e 2013, a proporção de impostos sobre benefícios "aumentou para os grupos de primeira e segunda geração", indicando que, com o tempo, os imigrantes estão contribuindo mais, do ponto de vista fiscal, por meio da folha de pagamento e do imposto de renda, do que estão recebendo em benefícios de programas governamentais. Vale ressaltar que o impacto fiscal dos imigrantes é mais positivo no nível federal — dado que a maioria deles está em idade ativa — do que nos níveis estadual e local, que financiam a educação de seus filhos. A Academia Nacional concluiu que "um imigrante e um nativo com características semelhantes [por exemplo, idade, educação, renda] provavelmente terão o mesmo impacto fiscal".

Imigrantes Não Roubam Empregos — Eles *Criam* Empregos

As empresas Google, Intel, eBay, Facebook, LinkedIn e Tesla têm duas coisas em comum: transformaram a economia norte-americana e foram fundadas ou cofundadas por imigrantes. A economia global não seria a mesma sem elas. Cerca de 23% de todos os empreendimentos de alta tecnologia nos Estados Unidos é fundado por imigrantes, e a proporção é significativamente maior em certos estados — 40% na Califórnia, 42% em Massachusetts e 45% em Nova Jersey, segundo a Fundação Kauffman e o Bay Area Council Economic Institute[9].

Os imigrantes fundaram 44 dos 87 "unicórnios" norte-americanos — empresas privadas avaliadas em US$1 bilhão ou mais — desde 2016, conforme relatado pela National Foundation for American Policy[10], um órgão de pesquisa apartidário. Dos empreendedores que fundaram esses 44 empreendimentos, 23 vieram inicialmente para os Estados Unidos para cursar graduação ou pós-graduação, sendo a maioria deles provenientes da Índia, do Canadá, do Reino Unido, da Alemanha e de Israel. David Hindawi, por exemplo, nasceu em Bagdá em 1944, em uma família judia iraquiana. Seus pais o levaram para Israel em 1951, onde serviu na força aérea israelense. Em 1970, veio para os Estados Unidos para cursar um doutorado na Universidade da Califórnia em Berkeley. Em 2007, David uniu esforços com seu filho, Orion, para fundar a Tanium, uma empresa de cibersegurança que logo cresceu para empregar quinhentas pessoas.

Os imigrantes são um benefício para a economia, pois estão mais inclinados a se tornar empreendedores. Um abrangente relatório das Academias Nacionais constatou que "os imigrantes são mais inovadores que os nativos", conforme medido pelo número de pedidos de patente, por exemplo. "Os imigrantes parecem inovar mais do que os nativos, não por causa de uma maior capacidade inerente, mas devido à sua concentração nos campos da ciência e da engenharia", concluiu o estudo. "A imigra-

9 NT: Instituto Econômico do Conselho da Área da Baía, em tradução livre. Principal órgão de pesquisa sobre questões econômicas e políticas na área da Baía de São Francisco/Vale do Silício

10 NT: Fundação Nacional para Políticas Norte-Americanas, em tradução livre.

ção é puro empreendedorismo", escreveu o cofundador do LinkedIn, Reid Hoffman, em um artigo escrito em 2013 para o *Washington Post*. "Você abandona tudo o que é familiar para começar de novo. Para ter sucesso, você precisa desenvolver alianças. Você deve adquirir habilidades. Você terá que improvisar em algumas ocasiões. É uma proposta ousada."

Além do empreendedorismo, pense na contribuição dos imigrantes para o setor de saúde norte-americano. De acordo com um estudo realizado em 2016 pela Universidade George Mason, os imigrantes representam cerca de 13% da população total dos Estados Unidos, mas são 28% dos médicos e cirurgiões, 22% dos auxiliares de enfermagem, psiquiatria e saúde doméstica e 15% dos enfermeiros registrados. Eles são mais da metade dos cientistas médicos empregados em biotecnologia. O principal fator por trás dessas porcentagens é que a maioria desses imigrantes foi treinada como profissionais de saúde em seus respectivos países de origem. Embora alguns dos que possuem um diploma estrangeiro precisem adquirir habilidades mais avançadas antes de trabalhar nos Estados Unidos, devido aos nossos padrões mais altos de formação profissional, a verdade é que os Estados Unidos ainda não produzem profissionais em número suficiente para atender à demanda. Obviamente, os profissionais de saúde imigrantes não estão competindo com os norte-americanos por empregos.

Outro indicador útil são os ganhadores do Nobel nas ciências. Entre os 85 cidadãos norte-americanos que ganharam os prêmios de química, física e fisiologia ou medicina desde 2000, 33, ou quase 40% deles, eram estrangeiros. Para que os Estados Unidos mantenham sua condição de país mais inovador do mundo, a imigração tem um papel a desempenhar, principalmente porque a economia com base no conhecimento continua a crescer.

A Academia Nacional já havia concluído, em um relatório de 1997, que o efeito líquido da imigração na economia norte-americana era positivo. Em seu relatório de 2017, observou-se que, não existindo a imigração para os Estados Unidos, "o PIB seria nitidamente muito menor e talvez o PIB *per capita* também fosse — em grande parte porque os Estados Unidos teriam uma população mais velha, com uma porcentagem consideravelmente menor de indivíduos ativos no mercado de trabalho". A chegada de imigrantes tende a reduzir os preços de "cuidados infantis, preparação de alimentos, limpeza e reparo de casas e construção". Dada a importância do mercado imobiliário para a economia dos EUA, o relatório também observou que a vinda dos imigrantes e seus descendentes oferece uma demanda adicional por moradias que é muito bem-vinda. Também é difícil imaginar quantas famílias norte-americanas de classe média, com dois pais que trabalham fora, poderiam se dedicar às suas carreiras sem os imigrantes para ajudar na criação de seus filhos. Em 2030, a economia dos EUA será ainda mais impulsionada pelo dinamismo criativo da imigração do que é hoje — a menos que os construtores de muros consigam colocar em prática o que desejam.

Nossos Vieses Cognitivos Contra a Imigração

A imigração só é controversa porque tendemos a nos concentrar mais no lado negativo do que no positivo. Os psicólogos Amos Tversky e Daniel Kahneman sugeriram que, em muitas áreas da vida, tomamos más decisões porque nosso pensamento é obscurecido pelo "viés de aversão à perda". Depois de realizar muitos experimentos, eles concluíram que as pessoas tendem a preferir evitar perdas em vez de obter ganhos equivalentes. Por mais surpreendente que possa parecer, a maioria das pessoas acha mais atraente evitar perder 10 dólares do que arriscar a ganhar esses mesmos 10 dólares.

Para sua tese de mestrado na Universidade de Bergen, a economista comportamental norueguesa Thea Wiig conduziu um experimento apresentando a algumas pessoas estatísticas sobre o emprego de imigrantes (mostrando os possíveis ganhos sociais decorrentes da imigração) e sobre o impacto da imigração em programas de assistência social (mostrando as potenciais perdas). Ela descobriu que "as perdas parecem maiores do que os ganhos" na mente das pessoas, o que contribuiu para uma atitude negativa em relação à imigração. "As pessoas são suscetíveis a concepções negativas, dando ênfase aos custos da imigração", ela escreveu. Mais especificamente, "informações comportamentais sobre a taxa de emprego de imigrantes na Noruega, que é de 60%, fazem com que os indivíduos avaliem suas preferências pela política de imigração com mais rigor". A implicação dessa pesquisa é que as preferências sobre a imigração e, portanto, a gama de políticas plausíveis, podem ser moldadas e até manipuladas, uma vez que observamos que "as pessoas estão mais dispostas a renunciar aos benefícios da imigração do que a arcar com os custos decorrentes dela". À medida que nos aproximamos de 2030, é importante reconhecer quão competente — e influente — tem sido o enquadramento negativo da imigração, e como ela efetivamente dominou aqueles que promoveram seus benefícios. Em um artigo para a *New Yorker*, o jornalista James Surowiecki argumenta que a retórica de que "estamos perdendo nosso país" é tão convincente porque apela ao nosso viés de aversão à perda, o que deu uma margem eleitoral aos candidatos favoráveis à anti-imigração.

Outra pesquisa que explora o viés de aversão à perda ressalta o comportamento dos próprios imigrantes. Ao analisar as diferenças de comportamento entre nativos, indivíduos nascidos no exterior que decidem imigrar e estrangeiros que permanecem em seu país de origem, um estudo descobriu que, desses três grupos, os migrantes têm a maior tolerância ao risco. Isso pode explicar por que tantos imigrantes se tornam empreendedores. Mas também é importante observar que os imigrantes em potencial respondem mais fortemente às más notícias sobre as condições econômicas futuras do que às boas, como todo mundo. Além disso, a imigração é impulsionada mais fortemente pela dificuldade econômica no país de origem do que pelas oportunidades no país de destino, observa Mathias Czaika em outro estudo. Essa descoberta mostra que a maioria dos imigrantes não está apenas tentando melhorar o padrão de vida que eles tinham no país de origem. A maioria deles está escapando de condições econômicas inóspitas, até mesmo desesperadoras.

A propriedade (ou a falta dela) também é um fator importante na imigração, uma vez que afeta as atitudes em relação ao risco. Em um estudo publicado no *Proceedings of the National Academy of Sciences*[11], William Clark e William Lisowski descobriram que os imigrantes ponderam cuidadosamente os ganhos e as perdas ao se decidirem mudar para um país diferente. As pessoas que possuem uma casa ou quaisquer outros tipos de propriedade são menos propensas a mudanças dentro de seu próprio país ou para outros países. É por isso que a redistribuição de terras nos países pobres reduziria mais efetivamente as taxas de migração do que muros nas fronteiras.

A realidade é que existem muitas razões para se concentrar no lado positivo da imigração. Um relatório de 2018 elaborado pelos conselheiros da Administração da Seguridade Social alertou que, até 2030, o nível mínimo de "adequação financeira de curto prazo" do fundo fiduciário não seria atingido, pois o governo está usando esse fundo para continuar pagando benefícios, em vez de garantir a viabilidade do sistema a longo prazo. O *USA Today* saudou o relatório com a manchete "A previdência e a Medicare estão morrendo lentamente, mas ninguém em Washington levanta um dedo"[12].

11 NT: publicação oficial da Academia Nacional de Ciências dos Estados Unidos.

12 NT: tradução livre do original em inglês "Social Security and Medicare Are Slowly Dying, But No One in Washington Will Lift a Finger".

Acontece que a imigração não representa uma ameaça, mas uma oportunidade lateral para garantir a viabilidade futura dos sistemas de pensão. Os imigrantes pagam bilhões de dólares anualmente em impostos previdenciários sobre a folha de pagamento, mesmo estando em situação irregular e usando números falsos de Seguridade Social. O órgão de pesquisa New American Economy estima que, embora 8 milhões de trabalhadores em situação irregular tenham contribuído com cerca de US$13 bilhões em impostos sobre a folha de pagamento em 2016, eles geralmente não podem reivindicar benefícios da Seguridade Social. E são os imigrantes com baixos salários os que mais contribuem, porque a contribuição para a Seguridade Social de 6,2% se aplica apenas aos primeiros US$128.400 em renda. "A deportação de imigrantes em situação irregular teria um impacto negativo, a curto e longo prazo, nos fundos da Seguridade Social, que estão diretamente relacionados ao crescimento da população", diz Monique Morrissey, economista do Economic Policy Institute[13]. Em seu relatório, os conselheiros da Administração da Seguridade Social observaram os motivos pelos quais uma onda crescente de imigração pode ser potencialmente vantajosa: "O custo homem/hora diminui com o aumento da imigração líquida total, pois a imigração ocorre em idades relativamente jovens, aumentando, assim, o número de trabalhadores ativos cobertos pela Seguridade Social antes de se aumentar o número de beneficiários."

A conclusão é que o enquadramento é importante. Se você pensar lateralmente, poderá transformar um problema em uma grande oportunidade. Quanto mais nos concentramos nas oportunidades, maiores são nossas chances de nos adaptarmos com sucesso aos desafios de 2030.

A Fuga de Capital Humano é um Mito?

Até os mais fortes oponentes da imigração concordam que são necessários estrangeiros altamente qualificados para preencher as lacunas da economia norte-americana. Mas isso significa que estamos nos aproveitando dos países mais pobres, uma vez que eles perdem alguns de seus melhores talentos para nós? Na década de 1950, os britânicos cunharam o termo "fuga de capital humano" para criticar a perda de profissionais para os Estados Unidos e o Canadá, onde médicos, engenheiros e outras pessoas altamente qualificadas encontravam empregos mais bem remunerados do que

13 NT: Instituto de Política Econômica, em tradução livre. Órgão de pesquisa norte-americano que realiza pesquisas econômicas e analisa o impacto econômico de políticas e propostas.

em sua terra natal. Nas últimas três ou quatro décadas, um processo semelhante de migração de talentos privou os países em desenvolvimento, incluindo Bangladesh, Nigéria e Filipinas, de parte de seu capital humano mais precioso. De acordo com AnnaLee Saxenian, geógrafa e cientista política da Universidade da Califórnia em Berkeley, o ciclo de empobrecimento causado pela fuga de capital humano pode ser transformado em um círculo virtuoso de "circulação de cérebros", em benefício dos países de origem e de destino.

Miin Wu, por exemplo, veio de sua terra natal, Taiwan, para os Estados Unidos, com o objetivo de fazer um doutorado em engenharia elétrica na Universidade de Stanford. Depois de se formar, em 1976, ele foi trabalhar para as lendárias empresas Siliconix e Intel. Dez anos depois, ele cofundou a VLSI Technology, no Vale do Silício, uma empresa dedicada ao projeto e à fabricação de circuitos integrados. No final da década de 1980, Taiwan havia se tornado um ímã para a fabricação de *chips*, então, ele decidiu usar suas conexões norte-americanas para iniciar a Macronix, uma das primeiras empresas de semicondutores do país e a primeira empresa de Taiwan a ser listada na Nasdaq. Sua vida tornou-se uma viagem permanente através do Pacífico. O empreendedorismo de Wu tira partido e beneficia tanto o seu país de origem quanto o país adotado por ele.

Como Wu, James Joo-Jin Kim deixou a Coreia do Sul e foi para os Estados Unidos na década de 1960, em busca de educação. Quando chegou à Wharton School, "ambas as regiões da península coreana haviam sido devastadas pela guerra, e vocês mal podem imaginar como a perspectiva era sombria para todos os coreanos. Estávamos desesperadamente pobres e nossa nação estava em frangalhos". Depois de concluir seu doutorado e trabalhar como professor universitário, ele fundou, em 1969, a Amkor Technology, uma fornecedora de serviços de teste e embalagem de produtos semicondutores que, em 2018, registrou US$4,2 bilhões em vendas. Além disso, a Amkor emprega cerca de 30 mil pessoas em suas fábricas em todo o leste da Ásia e Portugal, além de várias instalações nos Estados Unidos. O nome da empresa já diz tudo: é um jogo de palavras com "América" e "Coreia". A Amkor ajudou a Coreia do Sul a se tornar a potência tecnológica que é atualmente. "Nós sobrevivemos, perseveramos e depois prosperamos", diz Kim.

Empresários visionários como Wu e Kim demonstram o poder do impacto da imigração em muitas nações. Graças aos custos de transporte mais baixos e à comunicação mais fácil por meios digitais, um empresário agora pode operar uma empresa que abrange uma dupla de países distantes, como Índia e Estados Unidos, ou China e Estados Unidos, explorando os recursos complementares encontrados em cada um. A colaboração em tempo real, em tarefas rotineiras e complexas, é agora possível em todos os continentes. Como resultado, são criados empregos tanto no país de origem dos imigrantes como em seu país de destino. E, embora até recentemente o mercado de tais colaborações tenha sido sobretudo os Estados Unidos, o crescimento futuro dos mercados consumidores chinês e indiano criará enormes oportunidades para esse tipo de empreendedor ou empresa transnacional no futuro.

Além disso, os benefícios dessa circulação de capital humano em todo o mundo, descrita por Saxenian, são múltiplos. Ela atrai imigrantes altamente qualificados para uma economia como a norte-americana, que muitas vezes enfrenta escassez de mão de obra, e cria empregos para os norte-americanos em algumas das indústrias do futuro. Mas o mais importante é que ela cria uma ponte entre os Estados Unidos e alguns dos maiores mercados emergentes do mundo, algo que provavelmente trará enormes dividendos à medida em que o centro de gravidade da atividade econômica e do consumo muda do Atlântico Norte para a Ásia e, eventualmente, a África.

O Banco Mundial avaliou a enorme escala de colaboração internacional, por meio das chamadas redes da diáspora de empresários e engenheiros que vieram para os Estados Unidos a fim de estudar. Dependendo do país de origem, entre metade e três quartos deles retornaram aos seus países natais, onde muitos criaram suas startups. Entre os que permaneceram nos Estados Unidos, metade viajou de volta ao seu país de origem a negócios pelo menos uma vez por ano. Os efeitos benéficos das redes da diáspora de migrantes altamente qualificados foram maiores em Israel, Taiwan e Índia. A tecnologia da informação é o setor da economia que melhor se presta a esse tipo de desenvolvimento transnacional, talvez por causa de suas baixas necessidades de capital.

Embora as oportunidades embutidas na imigração sejam enormes, o mesmo ocorre com as potenciais armadilhas se os nativos perceberem que estão sendo prejudicados. Existe uma enorme necessidade de um debate sereno sobre as melhores políticas para se determinar o volume, o momento e a composição da imigração, a fim de maximizar as oportunidades para os países de origem e de destino e para que a globalização não deixe milhões de pessoas para trás, à medida que perdem seus empregos e suas comunidades declinam. Pesquisas mostram que os sistemas com base em cotas não parecem ser a melhor alternativa para atingir esse objetivo, enquanto os que têm base na demanda e na qualificação de mão de obra têm melhores chances de sucesso. O Canadá é, talvez, o melhor exemplo entre eles: atraiu com sucesso imigrantes altamente qualificados, oferecendo aos estudantes universitários estrangeiros um caminho para obterem um visto de trabalho após a graduação. O Conference Board do Canadá, uma associação de empregadores, estimou, em 2018, que a taxa de crescimento econômico nas próximas duas décadas diminuiria em um terço se a imigração fosse reduzida: "Se a imigração fosse interrompida, o Canadá sofreria um encolhimento em sua força de trabalho, um fraco crescimento econômico e maiores desafios para o financiamento de serviços sociais, como assistência médica." As economias mais vibrantes em 2030 serão aquelas que conseguirem tirar proveito das contribuições dinâmicas dos imigrantes e, ao mesmo tempo, cuidar daqueles que são prejudicados pela constante transformação da economia.

Bebês, Migração e Oportunidade

Seguindo os bebês, este capítulo abordou como será 2030. Os jovens consumidores do futuro próximo já nasceram e alguma medida de migração compensará o rápido envelhecimento da população em algumas partes do mundo. Enquanto isso, a apreensão e até mesmo o rancor aumentarão, à medida que o custo de adaptação à nova realidade cresce para as pessoas que ficam para trás. O resultado dessas forças contraditórias dependerá de como passamos das ansiedades do presente para as oportunidades do futuro.

Para muitos países do mundo, incluindo os Estados Unidos, a solução estará em equilibrar as necessidades e as aspirações dos diferentes grupos de gerações. Segmentos populacionais mais jovens e mais velhos encaram os desafios de maneiras muito diferentes, como seria de esperar. Onde um vê valor, o outro tende a ver uma perda. O Capítulo 2 mostra como as oportunidades embutidas nas mudanças populacionais em larga escala podem ser aproveitadas.

2

GRISALHO É O NOVO PRETO

Idosos Experientes em Tecnologia, Adiamento da Aposentadoria e a Nova Classificação de "Velho" e "Novo"

A minha geração, diante de uma escolha entre crença religiosa e desespero existencial, escolheu a maconha. Agora estamos em nosso estágio Cabernet.

— Peggy Noonan, jornalista e autora

Hoje, os 2,3 bilhões de millennials do mundo — nascidos entre 1980 e 2000 — são o foco da atenção mundial. Suas mentes, suas carteiras e seus votos — são tudo o que as empresas e os políticos querem deles. De acordo com a Morgan Stanley[1], os millennials são atualmente "a faixa etária mais importante para a atividade econômica", pois formam famílias, têm bebês e gastam dinheiro para se estabelecer na vida.

Isso é um equívoco.

Para começar, os millennials não são diferentes das gerações anteriores em sua heterogeneidade. As pessoas nessa faixa etária têm diferentes formas e tamanhos. Alguns são altamente educados, outros não são. Alguns são ricos, outros lutam para fechar a conta. Alguns são consumidores narcisistas, outros abominam o comercialismo. A mídia gosta de generalizar suas atitudes ou seu comportamento, geralmente de maneira sensacionalista:

1 NT: empresa global de serviços financeiros sediada em Nova York.

"Os millennials estão acabando com os jantares românticos."

"Os millennials arruinaram oficialmente o *brunch*."

"Os millennials estão acabando com a indústria cervejeira por causa de sua obsessão pelos *rosés*."

"Os millennials estão acabando com a indústria de guardanapos."

"Os millennials estão acabando com o mercado de filmes."

"Os millennials acabarão com a propriedade imobiliária?"

"Por que os millennials não fazem sexo?"

Mas há outra razão, muito mais fundamental, pela qual o alarde em torno dos millennials é exagerado. Ao contrário do senso comum, os millennials *não* são o segmento de mercado que mais cresce no mundo. Na realidade, o segmento que mais cresce, por idade, pode surpreendê-lo. Eles geralmente são negligenciados pelas empresas, mas são cortejados por políticos (porque têm mais probabilidade de votar) e possuem pelo menos metade do patrimônio líquido em todo o mundo — cerca de 80% nos Estados Unidos. Eles são a população daqueles com mais de 60 anos e, em 2030, o mundo terá mais 350 milhões deles, principalmente na Europa, na América do Norte e na China. Nos Estados Unidos, essa faixa etária inclui os baby boomers e a Geração Silenciosa (aqueles que cresceram durante a Depressão e viveram ou lutaram durante a Segunda Guerra Mundial. Tom Brokaw os chamou de "Geração Grandiosa"). O historiador norte-americano Neil Howe, em um artigo escrito para a Forbes, observa que "a riqueza relativa dos idosos de hoje é historicamente sem precedentes". Howe sabe uma coisa ou outra sobre o assunto: ele cunhou o termo "millennial".

Dados do Sistema de Reserva Federal dos Estados Unidos indicam que "a [Geração] Silenciosa detém aproximadamente 1,3 vezes a quantidade de riqueza que os Boomers, mais que o dobro da [geração] X e 23 vezes a dos Millennials". De acordo com Howe, "Os profissionais de *marketing* são atraídos por seu poder aquisitivo recente e estão investindo milhares de dólares em publicidade para atrair consumidores mais velhos, na casa dos 60 e 70 anos". A revista publicitária do setor, *Advertising Age*, "publicou uma série de campanhas de marcas globais como Nike e Poland Spring com octogenários". E é um mito que os custos de saúde associados à população idosa nos Estados Unidos estejam aumentando. Na verdade, a maior parte do aumento dos gastos com saúde desde 2002 ocorreu na população entre 18 e 64 anos de idade.

Como Pensar Sobre as Gerações

Estamos em um momento sem precedentes na história: várias gerações de tamanho relativamente semelhante estão dividindo o palco e competindo por influência. As gerações são importantes porque se comportam de maneiras específicas, relacionadas a quando atingiram a maioridade e a sua situação no momento atual. "A criação de uma visão de mundo é obra de uma geração e não de um indivíduo", escreveu o romancista John Dos Passos. "Mas cada um de nós, para o bem ou para o mal, adiciona nosso tijolo ao edifício."

Atualmente, as empresas enfrentam um problema duplo: estão intrigadas com o comportamento dos millennials como consumidores e incertas sobre como abordar uma geração mais velha, que vive e gasta mais do que qualquer outra até então (a noção de uma aposentadoria confortável que é iniciada a partir dos 65 anos, um marco familiar, pode não ser mais relevante). Para complicar ainda mais a questão, existe algum ponto em comum entre esses grupos geracionais? "Está na moda atacar os boomers", escreveu Linda Bernstein, em um artigo de 2016 para a *Forbes*. Muitos jovens estão zangados com os baby boomers, culpando-os por tudo, desde a crise financeira e as mudanças climáticas até o fato de a economia ser imprevisível. Há também uma ruptura do ponto de vista político. Embora, em média, os jovens tendam a ser mais progressistas, eles veem entre seus pais e avós um amplo apoio a políticos populistas, novas formas de nacionalismo e muros para impedir a entrada de que não é desejado. Além disso, a crise financeira de 2008 colocou em dúvida a velha ideia de que cada geração sucessiva estava preparada para se sair melhor do que seus pais em termos financeiros. Mas os dedos são apontados nos dois sentidos, à medida que as gerações trocam acusações de autonegociação e narcisismo.

O que é fundamentalmente novo nessa dinâmica entre gerações é que, à medida que nos aproximamos de 2030, as definições convencionais de "jovem" e "velho" se tornarão obsoletas. Não podemos mais assumir que dinamismo é sinônimo de juventude e declínio está associado exclusivamente à velhice. Novos desenvolvimentos tecnológicos transformarão completamente a maneira como lidamos com a aposentadoria e os cuidados geriátricos. Pare por um momento para imaginar um mundo em que nossos pais e avós estão entre as pessoas mais ativas e produtivas do planeta. Imagine os millennials, criados em um mundo altamente tecnológico, elaborando negócios conscientemente destinados a beneficiar uma população com mais de 60 anos. Considere a possibilidade de um mundo onde a idade não é um fator na contratação de alguém de qualquer idade — onde um novo contratado de 70 anos, por exemplo, pode não ser incomum. Como se materializará o poder aquisitivo desse grupo acima de 60 anos, estimado em 15 trilhões de dólares por ano?

O grisalho é o novo preto?

O sociólogo alemão Karl Mannheim foi o primeiro a apontar a importância das gerações. Em seus escritos datando de um século atrás, ele definiu as gerações como grupos de pessoas unidas pelo tempo e pelo espaço, que se comportam de maneiras únicas, *que duram uma vida inteira*, formando um tipo de significado coletivo ligado a certas experiências: a Depressão, a Segunda Guerra Mundial, o movimento dos direitos civis, a internet ou as mídias sociais, por exemplo. Isso é diferente de uma "coorte etária", que simplesmente indica nascer dentro de um período arbitrário, como uma década, sem qualquer característica unificadora atribuída a ela.

Os membros de uma determinada geração desenvolvem uma consciência compartilhada, apesar das diferenças em, digamos, condições socioeconômicas ou valores culturais. Mannheim se referia a esses subgrupos como uma "unidade geracional". Por exemplo, considere as diferenças dentro da "Geração de Direitos Civis" norte-americana em termos de suas visões sobre a sociedade, sua relação próxima com a causa e seu nível de engajamento político.

Mas há um outro lado das gerações que foi conceitualizado pela primeira vez nos anos 1970, pelo antropólogo e sociólogo francês Pierre Bourdieu. Em vez de identificar um evento histórico, Bourdieu se concentrou em "predisposições". Na sua opinião, cada geração desenvolve "práticas ou aspirações naturais e razoáveis que outra [geração] considera impensáveis ou escandalosas". Em outras palavras, um elemento da rotina cotidiana (o que ele chamou de "hábito") e da socialização diferencia cada geração.

Esse elemento de identidade é essencial para entender o impacto das gerações na economia, especialmente em termos de poupanças e consumo. Considere as implicações das diferentes gerações que competem para promover suas próprias agendas econômicas e políticas. Em seguida, considere que dentro de cada uma dessas gerações existem diversos subconjuntos com suas próprias preocupações e necessidades.

Vamos também ponderar como o envelhecimento de uma determinada geração afeta atitudes ou comportamentos ao longo do tempo. Quaisquer que sejam suas diferenças no nascimento, as pessoas de uma geração convergem para um conjunto de valores à medida que envelhecem?

Não Desperdice Bajulação com o Consumidor Grisalho

"Estou esperando pelo início da crise, os cabelos ficando grisalhos, o início do declínio físico", escreve o jornalista e editor britânico Stefano Hatfield. "Também estou esperando os anunciantes falarem comigo, mirando em mim com um olhar e uma entonação inspiradores." Pesquisas indicam que 96% dos britânicos acima dos 50 anos se sentem ignorados pelos anunciantes. "Os boomers têm o dinheiro, mas parece que os anunciantes não se importam", disse um artigo recente publicado pela AARP[2]. Se as pessoas que completam 50 anos se sentem assim, imagine como se sentem as pessoas com mais de 60 ou 70 anos. Enquanto o crescimento populacional de jovens tem seus altos e baixos, a população de pessoas com mais de 60 anos está crescendo em todo o mundo.

Vamos aos números.

Na China, aproximadamente 54 mil pessoas *por dia* comemoram seu 60º aniversário. Nos Estados Unidos, o número é de cerca de 12 mil. Em todo o mundo, são impressionantes 210 mil. Esses são números a que poucos empreendedores e empresas podem resistir. Em 2030, o número de pessoas nessa faixa etária em todo o mundo será de cerca de 1,4 bilhão, acima do atual 1 bilhão — os Estados Unidos terão 14 milhões a mais (em um total de 90 milhões), o México terá 6 milhões a mais, o Reino Unido terá 3 milhões a mais, a Índia terá 50 milhões a mais e a China terá 113 milhões a mais. Mesmo os países subdesenvolvidos testemunharão grandes aumentos, especialmente em termos relativos. Por exemplo, Bangladesh saltará de 13 milhões para 21 milhões de pessoas acima dos 60 anos.

A principal estatística para quem analisa as consequências sociais das mudanças demográficas é a proporção da população total que esse grupo representará. Até 2030, esse grupo atingirá 38% no Japão, 34% na Alemanha, 28% no Reino Unido, 26% nos Estados Unidos e 25% na China. Os sistemas de pensão e saúde serão capazes de lidar com isso?

Essa é uma boa pergunta, mas observe esses mesmos números, lateralmente, pelas lentes da oportunidade. Em 2018, a *Forbes* chamou o envelhecimento da população de "uma bênção para os negócios". Por sua vez, o *Economist* argumentou recentemente que "os consumidores mais velhos reformularão o cenário dos negócios". Estamos no início da era do "mercado grisalho", um mercado que cresce em poder de compra,

2 NT: grupo de interesse norte-americano, cuja missão é "capacitar as pessoas a escolherem a forma como lidam com a idade".

especialmente nas economias emergentes. No entanto, o Boston Consulting Group estima que apenas uma em cada sete empresas esteja preparada. Não é segredo que a maioria dos departamentos de tecnologia e marketing e vendas de empresas estabelecidas e de startups é composta por jovens que, sem surpresa, têm pontos cegos na identificação de oportunidades no mercado grisalho. Mas isso é um erro. Não apenas o mercado grisalho está mais saudável agora do que nas gerações anteriores, mas algumas estimativas colocam o poder de compra dos consumidores grisalhos em US$20 trilhões em 2030.

Atender às necessidades e aos desejos dos consumidores grisalhos não é fácil. Como observa Maria Henke, vice-reitora sênior da Escola de Gerontologia da Universidade do Sul da Califórnia: "Os idosos são um público difícil. Há um excesso de bajulação direcionado a eles. Eles já viram de tudo quando se trata de publicidade." Afinal, se você é um baby boomer, nascido entre 1944 e 1964, pense em todas as revoluções publicitárias que já testemunhou, de *jingles* de rádio a marketing viral. A fadiga acontece quando se pensa: "Eu realmente preciso disso?"

Mas o desafio vai muito além de encontrar a estratégia certa de comunicação e publicidade. Algumas pessoas envelhecem mais rápido que outras. Suas necessidades e preferências evoluem de maneira diferente — e elas não necessariamente se sentem ou pensam como "velhas". Hatfield observa, de forma muito perspicaz, que "a maior parte da mídia e, particularmente, da indústria publicitária, geralmente não percebeu que os cinquenta de hoje não são os cinquenta dos nossos pais". O problema reside em supor que as pessoas se enquadram em categorias compartimentalizadas, definidas pela idade. Coco Chanel disse a famosa frase: "Ninguém é jovem após os 40 anos, mas pode-se ser irresistível em qualquer idade." No entanto, "propagandas voltadas para consumidores mais velhos tendem a ser condescendentes, na melhor das hipóteses, e ofensivas, na pior delas", observa Jeff Beer, da *Fast Company*. Sarah Rabia, diretora global de estratégia cultural da TBWA, uma agência de publicidade, resume adequadamente o dilema: "Ou você é mais inclusivo, não define por idade, mas analisa valores e semelhanças entre o seu público, porque há muitas coisas que um boomer e um millennial têm em comum, ou você fica totalmente concentrado nesse público, mas com um tom otimista, moderno e progressivo."

Em um estudo abrangente, "a grande maioria das pessoas disse que envelhecer bem significa passar tempo com pessoas que são mais jovens e mais velhas que você", observa Nadia Tuma, vice-presidente sênior de pesquisa da McGann, a agência de publicidade global. "Trata-se das conexões entre gerações, algo muito mais poderoso do que apenas encontrar um bom hidratante." Este é um ponto importante: as categorias herdadas do passado não serão mais úteis em 2030. "É quase como se a demografia que criamos fosse uma barreira para entendermos as pessoas em um nível mais profundo", conclui Tuma.

Deixe-me dar outro exemplo que ilustra a dificuldade de se entender o consumidor grisalho. Bens de consumo duráveis — como eletrodomésticos, ferramentas e carros — representam um desafio único. Por definição, eles são projetados e fabricados, idealmente, para durar cinco, dez ou até vinte anos. Durante esse período, as necessidades e as habilidades de um usuário que envelhece com o tempo podem mudar, tornando o produto obsoleto *para esse tipo de usuário*. Não devemos esquecer que os consumidores grisalhos preferem não substituir bens duráveis com a mesma frequência que as pessoas mais jovens, principalmente se precisarem garantir que suas economias durem até a aposentadoria. Pense em qual pode ser a máquina de lavar ideal para uma pessoa de 60 anos de idade. Aquelas com aberturas frontais ainda serão fáceis de usar, e consomem menos energia do que outros tipos de máquinas. Mas, aos 70 ou 80 anos, uma pessoa pode achar mais conveniente uma máquina de lavar com abertura superior (embora a conta de energia fique um pouco mais cara). Os botões devem ser mais fáceis de manusear, e os ícones e textos precisam ser mais legíveis. "Uma tampa fácil de segurar [em uma lavadora com abertura superior] é fundamental para quem tem problemas com as mãos", observa um artigo sobre máquinas de lavar adequadas ao público grisalho. "Além disso, quanto mais profunda e ampla for a tampa, mais facilmente pessoas com problemas de visão vão localizá-la."

Existem dois caminhos possíveis para garantir aos idosos que os produtos estão sendo adaptados às suas necessidades. A primeira abordagem é oferecer opções de locação (em oposição à compra), que permitem aos consumidores trocar de produto a cada poucos anos, sendo mais atraentes financeiramente para pessoas que podem não sobreviver à vida útil do produto. A segunda envolve o projeto funcional de produtos que antecipam o declínio da saúde, das habilidades físicas ou cognitivas nas pessoas que os usam. No caso das máquinas de lavar, é totalmente possível acomodar algumas variações nas preferências do usuário ao longo das gerações, com vários tipos de visores e controles digitais, por exemplo.

Prioridades do Público Grisalho

As oportunidades de lançamento de novos produtos e serviços para o mercado grisalho são formidáveis. A chave é entender como as pessoas mais velhas gastarão seu dinheiro. A qualidade de vida não é nenhuma surpresa, é uma prioridade alta. De acordo com a AARP, a maioria dos idosos está otimista em relação à sua qualidade de vida em geral, incluindo bem-estar financeiro, saúde mental e física, recreação e lazer e vida familiar. Quase três em cada quatro esperam que sua qualidade de vida melhore ou permaneça a mesma (embora o otimismo comece a diminuir depois dos setenta). Cada vez mais, ela é definida como independência, autonomia, mobilidade e conectividade. E não se trata apenas de lidar com as consequências do declínio físico e cognitivo. Trata-se também de combater a solidão e encontrar um sentimento contínuo de alegria na vida. Talvez o diretor de cinema sueco Ingmar Bergman tenha capturado melhor esses desafios no filme *Morangos Silvestres* (1957), no qual um médico rabugento de 78 anos embarca em um passeio de carro por 700 quilômetros para receber um prêmio honorário vitalício. Ao longo do caminho, ele encontra pessoas que o lembram de incidentes incômodos e frustrações permanentes, com alguns se juntando a ele em sua jornada de reavaliação e autodescoberta. A odisseia revelou a extensão de sua solidão.

À medida que o mercado grisalho emerge, os setores de saúde, assistência domiciliar, vida assistida e outras indústrias de serviços semelhantes estarão prontas para prosperar em 2030. O lazer e o entretenimento também serão grandes. Mas talvez as oportunidades mais interessantes estejam no espaço da qualidade de vida, que se beneficiará de soluções criativas e inovadoras.

Pense nos sapatos. Existem muitas opções em termos de desenho, qualidade e preço, sem mencionar o gosto e as preferências. O setor está repleto de milhares de empresas e marcas, e nenhuma, exceto a Nike, possui uma significativa participação de mercado. Agora adicione as necessidades do mercado grisalho. Sapatos que melhoram a dor no joelho e no quadril já vêm apresentando uma alta demanda. É essencial projetar sapatos que sejam elegantes e fáceis de usar. Os consumidores fisicamente saudáveis podem não pensar nisso, mas há também uma demanda por se modelar de forma diferente os pés de sapato esquerdo e direito, de acordo com a necessidade. Esses tipos de detalhes voltados para o consumidor podem levar milhões de clientes em potencial a empresas dispostas a aceitar essas mudanças demográficas emergentes em sua estratégia de marca. E as experiências na loja? Eis alguns exemplos do que os varejistas poderiam fazer: abrir as lojas mais cedo, já que os idosos tendem a acordar cedo, e oferecer descontos durante esse horário diferenciado, criar um programa de fidelidade, verificar se há lugares suficientes para todos se sentarem e contratar pessoas treinadas para entender as necessidades e preocupações do mercado grisalho.

Outra oportunidade está no setor de saúde e boa forma. Academias e estúdios de ioga cresceram rapidamente em locais próximos de onde trabalham os jovens. Por exemplo, o localizador online de academias próprias para idosos — locais acessíveis, por dentro e por fora, para uma população demográfica ativa, porém envelhecida —, do International Council on Active Aging®, mostra apenas cinco academias desse tipo no código postal 77494, em Katy, no Texas, para cerca de 105 mil residentes, duas no meu código postal, no centro da Filadélfia, onde vivem 20 mil pessoas, e apenas uma em Lexington, Virgínia, um dos locais com as populações mais jovens dos Estados Unidos. No Condado de Sumter, na Flórida, que tem a população com a maior média de idade, existem apenas sete academias próprias para idosos para 125 mil residentes. Este é o momento de pensar em abrir mais delas nas áreas onde as pessoas idosas moram (ou gostariam de morar).

E quanto às compras online? Existe um grande debate sobre se os idosos buscarão os sites de comércio eletrônico como uma maneira mais conveniente de comprar, especialmente por perderem sua função motora e mobilidade. Segundo a eMarketer, os norte-americanos com 60 anos ou mais estão apenas alguns pontos percentuais atrás das outras gerações quando se trata de usar o Amazon Prime, pesquisar um produto online antes de comprar na loja física ou comprar em um marketplace online. No entanto, é muito menos provável que eles usem um smartphone para concluir uma compra ou para saber mais sobre um produto por meio das mídias sociais. Embora eles não sejam considerados retardatários digitais, os consumidores grisalhos mostram alguns sinais de preferência pelas compras por proximidade — pequenas lojas locais, onde podem encontrar a assistência personalizada de que gostam. Dados da consultoria Nielsen mostram que os idosos visitam todos os tipos de lojas, especialmente supermercados, com muito mais frequência do que outras faixas etárias. Mas um canal não se opõe ao outro. De fato, o comércio eletrônico e as compras físicas podem ser complementares, embora seja necessário ter em mente que um grande segmento de idosos se torna sensível aos preços, a fim de garantir que suas economias durem.

Gastos desnecessários ou com outras coisas que não as necessidades de moradia, alimentação, serviços públicos, saúde, transporte e educação são outra área de crescimento do consumo grisalho. Nos Estados Unidos, os gastos desnecessários atingem seu pico para pessoas entre os trinta e poucos e os cinquenta e poucos, representando cerca de 40% do total de gastos. Os idosos reduzem gradualmente seus gastos não essenciais devido à diminuição da mobilidade e à maior necessidade de serviços de assistência. Para quem tem mais de 75 anos, eles caem para menos de 33%.

Se você estiver pensando globalmente nos gastos desnecessários dos idosos, há uma complicação. Na Europa, no Canadá e no Japão, a proporção de gastos arbitrários é até doze pontos percentuais mais altos do que nos Estados Unidos, devido aos custos mais baixos com assistência médica. Em outras palavras, a cobertura dos cuidados de saúde afeta os gastos não essenciais. Por exemplo, o idoso médio acima de 65 anos, nos Estados Unidos, aloca 14% dos seus gastos com saúde, enquanto que, no Reino Unido, esse gasto equivale a menos de 3%. Isso permite aos idosos britânicos que gastem, respeitando as devidas proporções, o dobro dos norte-americanos em coisas como vestuário, restaurantes e viagens.

Quando se trata de lazer, um erro comum é pensar que os idosos gastam mais do que as outras faixas etárias porque têm mais tempo livre. Na realidade, os consumidores grisalhos não necessariamente gastam mais do que as outras faixas etárias em viagens e entretenimento e, quanto mais saudáveis e em boa forma se sentem, mais se envolvem em outras atividades, como o trabalho (pelo menos em meio período), buscando oportunidades na economia gig (ou *gig economy*) ou atuando como voluntários. Além disso, a categoria "lazer" é tão heterogênea que, na verdade, esconde algumas tendências importantes. Vamos começar pensando no que as pessoas fazem em seu tempo de lazer. Os idosos passam mais tempo assistindo à TV, lendo, relaxando ou pensando na vida do que as pessoas na casa dos quarenta e cinquenta. No que diz respeito ao lazer pago, os idosos de hoje estão mais dispostos a gastar seu dinheiro em viagens do que as gerações anteriores, porque são mais saudáveis e estão em melhor forma física. Os gastos gerais dos idosos com o turismo são mais altos na Europa, na China e no Japão do que nos Estados Unidos, o que significa que há mais potencial de crescimento futuro nos Estados Unidos do que em outros lugares, supondo que os custos com saúde não aumentem. E, levando em conta que muitos idosos preferem viagens com distâncias mais curtas, a demanda grisalha por turismo criará empregos principalmente em seu país de residência.

Fortuna no Topo da Pirâmide Etária

Muitas empresas encontraram a receita do sucesso concentrando-se no mercado grisalho, e algumas, na recessão, evitaram a falência, reinventando-se à sua imagem. Considere a Philips, uma das empresas multinacionais mais antigas, maiores e mais conceituadas do mundo. Gerard Philips cofundou a empresa em 1891 com seu pai, Frederick, na Holanda. Em 1895, ela estava à beira da falência. Logo, Gerard contratou seu irmão, Anton, formado em engenharia. A empresa então mudou de foco, trazendo um rigor científico ao projeto de seus produtos. O espírito de inovação estava com eles, pois os holandeses haviam sido pioneiros na revolução científica nos anos 1600. Seguiu-se uma série de invenções inovadoras: a lâmpada de filamento de tungstênio (1907), o barbeador elétrico (1939), a fita cassete compacta (1963), o videocassete (1972), o disco compacto (1983), o sistema GSM para telecomunicações móveis (também em 1983) e o DVD player (1998), para citar apenas alguns.

No entanto, a Philips ainda teve problemas durante as décadas de 1980 e 1990, sob a pressão de concorrentes de baixo custo japoneses, sul-coreanos e chineses. Um crescente rio de bilhões de dólares em tinta vermelha tomou conta da empresa. A alta gerência tentou de tudo para voltar à lucratividade. Eles contrataram alguns dos melhores consultores. Reestruturaram suas fábricas, ajustaram sua logística mundial. Renovaram seu marketing. Reorganizaram a empresa, usando estruturas de comunicação dupla e equipes multifuncionais, onde engenheiros e equipe de marketing trabalham juntos para oferecer os tipos de produtos que os clientes realmente desejam. Nada parecia funcionar.

A Philips teve seis CEOs em três décadas (em termos comparativos, eles tiveram apenas cinco durante seus primeiros cem anos). Então, Frans Van Houten foi nomeado CEO em 2011. Ele era da casa: havia trabalhado na Philips a vida toda e seu pai fazia parte do conselho de administração da empresa. Mas ele não repetiu os erros de seus antecessores. Em vez de nadar contra as mutáveis correntes das tendências econômicas e demográficas globais, ele decidiu que a empresa deveria segui-las. As lâmpadas e os aparelhos de TV, o ganha-pão da empresa, estavam se tornando menos rentáveis ano após ano. O que uma marca global como a Philips fez? Van Houten propôs uma direção diferente: foco nos produtos eletrônicos relacionados à saúde, produtos com utilização intensiva e personalizados, como escâneres e equipamentos de imagem, para os quais a demanda estava crescendo, à medida que as populações em todo o mundo envelheciam. Atualmente, a divisão médica da Philips responde por mais de dois terços de sua receita corporativa, e os lucros dispararam.

Reinventando a "Velhice"

"Minha mãe recém-aposentada é uma idosa bastante experiente em tecnologia", escreve Jennifer Jolly, colaboradora do *USA Today*. "Ela é uma boa jogadora de Words with Friends[3], sabe como postar fotos no Facebook... e tira uma selfie decente de vez em quando", explica ela. "Ao que parece, essas doses digitais aparentemente simples da vida cotidiana podem, em breve, ser exatamente o que o médico prescreverá para adultos mais velhos e para as pessoas que os amam". Um estudo publicado no *Journal of Gerontology*, liderado por Sheila Cotten, professora da Universidade Estadual do Michigan, descobriu que os idosos norte-americanos que usam a internet apresentam taxas mais baixas de depressão. Os idosos não se surpreenderam com o resultado da pesquisa. Aos 70 anos, Annena McCleskey está se recuperando de uma cirurgia de substituição do quadril. "Eu não queria estar isolada, onde ficasse longe dos meus amigos e de todo o resto", disse ela. A internet "trouxe minha família, meus amigos e meus jogos até mim".

O mantra da "tecnologia muda tudo" é certamente verdadeiro quando se trata de envelhecimento. Para começar, os avanços nos campos da medicina, nutrição, biotecnologia, entre outros, estão ajudando mais pessoas a aproveitar a vida por um longo período de tempo. Em 2030, um idoso de 70 anos viverá como uma pessoa de 50 anos vive hoje.

Contra o senso comum de que os campos emergentes da realidade virtual, inteligência artificial e nanotecnologia, para citar alguns, estão sendo liderados pelas vontades e necessidades dos jovens, a maioria das inovações e descobertas empolgantes da atualidade estão, atualmente, sendo impulsionadas pelas necessidades da população acima dos 60 anos.

Considere o exemplo da Rendever, uma startup voltada para o desenvolvimento de aplicativos de realidade virtual (RV), com o objetivo de ajudar os idosos a superarem seu senso de isolamento. "A Rendever está desenvolvendo experiências de RV especificamente para apoiar idosos que não podem mais se aventurar do lado de fora e explorar o mundo sozinhos", diz o CEO e cofundador Kyle Rand. "Com a RV, basta colocar um fone de ouvido para estar em qualquer lugar do mundo... você joga bingo, faz trabalhos manuais e, de repente, está no topo da torre Eiffel." O isolamento acelera o declínio cognitivo e aumenta a hipertensão, entre outros problemas de saúde. Mas o truque é usar a RV para criar uma situação social, um jogo.

---

3 NT: jogo de palavras para vários jogadores, semelhante ao clássico jogo de tabuleiro Scrabble

"Nas comunidades para idosos, eles terão seis residentes usando fones de ouvido e experimentando a mesma coisa, ao mesmo tempo", diz Rand. "A tecnologia de rede permite que eles compartilhem essas experiências em grupo." Eles usam a "terapia de reminiscência" para reduzir os níveis de estresse. "Levar alguém de volta a um elemento familiar de um local significativo da sua vida anterior, de uma maneira imersiva" pode ser reconfortante.

Outra possibilidade tentadora de melhorar a qualidade de vida dos idosos é o desenvolvimento de exoesqueletos (pense no Homem de Ferro, mas para os avós), adaptados a necessidades específicas, como subir escadas, levantar sacolas de compras, arrumar camas ou se recuperar de uma fratura de quadril. Lembre-se de que os idosos estão interessados em qualidade de vida, autonomia e autoconfiança. A Innophys, uma startup japonesa, vendeu mil unidades de seu Exo-Muscle, um suporte robótico para as costas que ajuda as pessoas a levantar pesos, como uma sacola de compras ou uma mala, com preços a partir de US$6 mil. "A parte principal dos exoesqueletos é o controle: o dispositivo precisa entender quando iniciar o movimento", diz o CEO Takashi Fujimoto. Outras empresas também estão desenvolvendo sensores que detectam sinais elétricos do sistema nervoso para rastrear os movimentos musculares.

O Japão lidera o mundo da robótica para idosos, uma vez que abriga um dos maiores mercados grisalhos do mundo em termos absolutos e relativos. No Japão, encontrar cuidadores a preços acessíveis tornou-se um desafio. Isso é ainda mais exacerbado pela falta de imigração (na maioria dos países, incluindo os Estados Unidos, cerca de 90% dos serviços remunerados de cuidados com idosos são feitos por imigrantes). Até 2025, o Japão precisará de mais 1 milhão de enfermeiras, que o país atualmente não possui. Os japoneses vão lidar com essa escassez recorrendo a robôs? Empresas como a Toyota desenvolveram protótipos de "robôs de apoio para humanos", que podem administrar medicamentos, trazer um copo de água ou fechar as cortinas por comando de voz. Outro exemplo é a Paro, uma foca robótica, que proporciona conforto aos pacientes confinados à cama. Seus poderes calmantes são fenomenais: não apenas os pacientes relatam reduções nos quadros de ansiedade e depressão, mas, para aqueles que sofrem de demência, a interação com a foca robótica os desencorajou a perambular para longe das áreas em que são monitorados. Atualmente, ela está sendo usada em até trinta países. A Dinamarca possui a Paros em 80% de suas casas de repouso estatais. Você pode estar se perguntando por que criar uma foca e não, digamos, um cachorro ou um gato. O raciocínio, ao que parece, é bastante humano: um cão ou um gato foi a primeira escolha óbvia, mas o inventor,

Dr. Takanori Shibata, observou que os pacientes os comparavam com a coisa real e "suas expectativas eram muito altas". Além disso, "amantes de cachorros não gostam de gatos robôs, e amantes de gatos não gostam de cachorros robôs". Por outro lado, a maioria das pessoas não tem um ponto de comparação para uma foca.

Embora os Estados Unidos, de maneira geral, estejam atrás do Japão em robótica voltada aos mais velhos, eles têm se esforçado para aderir à inovação tecnológica. A Brookdale Senior Living, a maior rede de comunidades de idosos com mais de 100 mil habitantes, vem apostando alto nos assistentes digitais habilitados por voz, que são particularmente úteis para pacientes com artrite ou degeneração macular. O ElliQ, o robô da Brookdale, incentiva os idosos a serem ativos por meio de jogos online, chats por vídeo, conexão com TED Talks e outras atividades sociais. Idosos que interagem com robôs parecem menos deprimidos e mais engajados. A Brookdale chama sua nova iniciativa de "robôs de braços abertos".

Os japoneses também estão buscando aplicações da tecnologia robótica para outras faixas etárias. O robô Nao Evolution VS interage com crianças em tratamento hospitalar de longo prazo, treina diabéticos para monitorar e gerenciar seus níveis de açúcar no sangue, realiza sessões de fisioterapia e ensina várias disciplinas acadêmicas. Aparentemente, as crianças gostam muito de interagir com os robôs, talvez mais do que com os cuidadores humanos.

Algumas pessoas podem achar que um futuro no qual os robôs cuidarão de idosos e crianças seja uma aberração. Francamente, não temos alternativa, por dois motivos: hoje não nascem bebês em número suficiente para realizar todas as tarefas necessárias, e há um esforço, impulsionado pelos governos ao redor do mundo, para interromper o fluxo de imigração que, como já mencionei, normalmente cumpria esse papel no passado.

E os idosos estão começando a estudar e a empreender. Na casa dos sessenta, Michael Taylor decidiu buscar novos horizontes. "Perguntei a mim mesmo: o que eu quero fazer quando crescer?" Ele fez bacharelado e mestrado em decoração de interiores e abriu seu próprio negócio. "Em 1997, pessoas entre 55 e 64 anos representavam apenas 15% dos empreendedores em expansão", observou um artigo da revista *Entrepreneur*. "Em 2016, esse número alcançou 24%, segundo o Kauffman Index of Entrepreneurship." Levando em consideração o tamanho futuro da população idosa e sua expectativa de vida mais longa, metade de todos os empresários pode estar nessa faixa etária até 2030.

A Carteira Grisalha

Além dos cuidados com a saúde, o varejo e a robótica, os setores da economia global mais rapidamente impactados após o envelhecimento da população serão as finanças. Para simplificar, as necessidades, preferências e atitudes das pessoas com relação ao dinheiro mudam à medida que elas envelhecem. Um estudo recente de dois economistas do Federal Reserve Bank de San Francisco ilustra a dinâmica. Eles observaram uma correlação muito alta no mercado de ações dos EUA entre os índices preço/lucro (P/L) das ações registradas e o envelhecimento da população. Os índices P/L são o preço de uma ação dividido pelo lucro por ação. Altos índices P/L indicam que os investidores estão dispostos a pagar uma quantia generosa para possuir uma parte dos lucros que a empresa está obtendo. Isso significa que eles estão otimistas com relação a essas ações, pois acreditam que a empresa se sairá bem no futuro. Eles descobriram que, entre os anos 1950 e o início de 2010, os índices P/L médios para todas as empresas registradas nos Estados Unidos seguiram um padrão: eles caíam à medida que a população envelhecia e subiam à medida que ela se tornava mais jovem.

O que isso significava? Qual a relação entre o envelhecimento e os preços das ações?

Existem duas razões para a correlação no longo prazo. Do ponto de vista do investimento, as pessoas geralmente se tornam mais avessas ao risco à medida que envelhecem. Os jovens tendem a investir suas economias em classes de ativos que oferecem crescimento em valor, o que traz maior risco. As ações são uma dessas classes de ativos. À medida que as pessoas completam 50 ou 60 anos, elas começam a reequilibrar suas carteiras, comprando mais títulos, que por sua vez são menos arriscados. Finalmente, quando se aproximam da aposentadoria, começam a fazer saques em dinheiro ou adquirem uma anuidade (uma quantia fixa de dinheiro paga em intervalos).

Há também uma correlação entre idade e consumo. As pessoas mudam seu comportamento de compra à medida que envelhecem. Elas não trocam mais seus carros ou eletrodomésticos e tendem a não comprar casas. Na verdade, eles realmente reduzem. Dado que o comportamento relacionado a investimentos e compras muda ao longo da vida de alguém, não é surpresa que as avaliações do mercado de ações reflitam os dados demográficos. Pensando em 2030, uma coisa parece provável: à medida que as populações envelhecem em todo o mundo, os preços das ações em relação aos lucros da empresa não serão tão altos quanto têm sido tradicionalmente.

No entanto, se até lá testemunharmos uma transformação na maneira como pensamos sobre o envelhecimento, e se tirarmos proveito das oportunidades nele incorporadas, o vínculo entre o mercado de ações e o envelhecimento poderá se tornar virtuoso.

Quando se trata de serviços bancários, os efeitos do envelhecimento serão bastante extensos. Para começar, é provável que a demanda por hipotecas e crédito ao consumidor diminua, mas haverá um desejo maior por produtos que permitam às pessoas reduzir os riscos associados ao investimento de suas economias, de forma que durem mais. Além disso, há uma demanda crescente entre os idosos pelo uso de suas próprias casas para gerar renda. O Airbnb, como veremos no Capítulo 7, é uma dessas possibilidades. Em muitas partes do mundo, os bancos agora oferecem "hipotecas reversas", ou acordos nos quais os proprietários podem concordar hoje em vender suas casas para o banco quando falecerem, em troca de um montante fixo em dinheiro no início da hipoteca reversa ou uma série de pagamentos mensais. O proprietário pode ficar em casa *e* receber alguma renda pela propriedade.

Atualmente, os bancos tradicionais estão sob grande pressão para recuperar a confiança, incorporar tecnologia e oferecer produtos inovadores. O envelhecimento gera ainda outro desafio — uma taxa de poupança em declínio, já que pessoas acima de uma certa idade tendem a ser devedores ao invés de poupadores. Acontece que receber depósitos de clientes é a fonte mais barata de fundos que os bancos tradicionalmente têm. Como resultado, os consumidores podem acabar tendo que pagar juros mais altos quando fizerem empréstimos.

Pelo lado positivo, o envelhecimento da população estimulará a demanda por serviços de consultoria, gestão de ativos e anuidades, entre outros produtos. O problema é que os bancos não são os únicos a oferecer esses tipos de produtos de alta margem de lucro. Todos os tipos de intermediários financeiros e startups "*fintech*" estão agora competindo pelo mercado grisalho. A indústria das fintechs precisa "ir além da criação de soluções tecnológicas para jovens de 18 a 35 anos, para se concentrar em soluções que atendam às necessidades de todos, à medida que envelhecemos", diz Theodora Lau, fundadora da Unconventional Ventures e ex-diretora de inovação de mercado da AARP. A fintech representa uma excelente oportunidade para integrar serviços através de gerações. "O ponto central dessa estratégia é ajudar o ecossistema que apoia os idosos, incluindo seus cuidadores", argumenta ela.

Outra questão incômoda que a fintech pode resolver é o que fazer quando o cônjuge responsável pelas finanças da família fica incapacitado ou morre, como enfatiza o jornal *American Banker*. O que os 40 milhões de viúvos norte-americanos que não têm o menor conhecimento sobre finanças devem fazer quando a outra metade não está mais lá para administrá-las? Brad Kotansky enfrentou esse problema quando seu pai faleceu. "Levei três anos para montar as peças do quebra-cabeça... havia uma enorme quantidade de coisas acumuladas ao longo de oitenta anos... o primeiro passo para mim foi falar com minha mãe", que havia deixado o marido administrar as finanças da família. Ele decidiu fundar o Onist em 2017, um aplicativo que ajuda os membros da família e outras partes interessadas a compartilhar dados e documentos financeiros como testamentos, procurações e títulos de propriedade, para que possam organizar as finanças da família após a morte de um parente. A empresa vende seu software para bancos e outras instituições financeiras.

Ou pense em outra situação muito frequente: um idoso perde o emprego e não está financeiramente preparado para a aposentadoria precoce. Explorar as opções oferecidas pela Seguridade Social e pelo Medicare pode ser uma tarefa assustadora, e descobrir sob coação um plano financeiro viável é difícil. Tudo isso pode ser dificultado pela queda na autoestima que pode acompanhar a perda de um emprego. Ramya Joseph iniciou a Pefin quando seu pai perdeu o emprego. Cada um dos 5 mil clientes da empresa é modelado individualmente, usando inteligência artificial e big data para fornecer planejamento financeiro automatizado, consultoria e opções de investimento. "Em última análise, embora o dinheiro seja o veículo, trata-se de pessoas que alcançam o que mais importa para elas na vida, e depois treinam e aconselham continuamente", observa a CEO Catherine Flax. "Quando recebo uns dólares extras, devo poupar, pagar dívidas, otimizar meu plano de aposentadoria 401(k)[4]?" A empresa também vende seu software para grandes fundos de pensão.

Talvez uma das áreas mais importantes a se ter em mente no futuro seja o abuso financeiro, um problema crescente que tende a afetar desproporcionalmente os idosos. De forma alarmante, parentes, amigos, vizinhos, cuidadores, advogados, funcionários de bancos e líderes comunitários religiosos são os que mais frequentemente cometem esse tipo de crime. Empréstimos predatórios e roubo de identidade também são alarmantes. De acordo com a National Adult Protective Services Association[5], 1 em cada 20 idosos denuncia abusos financeiros, mas apenas 1 em cada 44 casos de abuso é relatado. O National Coalition on Aging[6] estima que os abusos e fraudes

4 NT: Tipo de plano de aposentadoria patrocinado pelo empregador, adotado nos Estados Unidos e em outros países, que recebe esse nome em razão da seção do Código Fiscal norte-americano em que está previsto.

5 NT: Associação Nacional de Serviços de Proteção a Adultos, em tradução livre.

6 NT: Coalizão Nacional sobre o Envelhecimento, em tradução livre..

financeiros custam pelo menos US$3 bilhões e talvez até US$36 bilhões anualmente, apenas nos Estados Unidos. A ampla gama de estimativas mostra que muito pouco é conhecido sobre essa epidemia crescente. A AARP relata que a perda por vítima é, em média, de US$120 mil. Como sempre, a tecnologia pode ser a salvação, com aplicativos que ajudam pessoas de todas as idades a acompanhar seus rendimentos, gastos, economias e ativos, mas também pode agravar o problema. É difícil conter o cibercrime financeiro, um sinal de que as recompensas por encontrar uma solução são enormes. Talvez os robôs possam ser programados para cuidar de quem precisa, sem roubá-los.

E a fintech também pode ajudar idosos desavisados, ludibriados por esquemas enganosos. "Minha mãe era contadora, não era alguém sem astúcia financeira", diz Howard Tischler, cofundador e CEO da EverSafe. Como a mãe dele era praticamente cega, "ela contratou uma pessoa para pagar suas contas, que preenchia para ela mesma um cheque toda semana. No fim, ela perdeu todas as suas economias. Até eu perceber que ela estava tendo problemas de memória [e ser diagnosticada com Alzheimer], eu não fazia ideia de que ela estava sendo explorada". A cofundadora da EverSafe é Liz Loewy, que dirigia a Elder Abuse Unit[7] na Procuradoria Geral de Manhattan. Entre outros casos de destaque, ela processou Anthony D. Marshall, o único filho da filantropa e socialite Brooke Astor. Ele passou dois meses na prisão por roubar milhões de sua mãe. O motivo? Ele soubera que sua herança seria reduzida pela metade, para US$14,5 milhões, uma pequena proporção de sua fortuna de US$100 milhões. Sua mãe não conseguiu se defender, uma vez que o mal de Alzheimer havia consumido sua capacidade de discernimento.

A EverSafe também usa o aprendizado de máquina para detectar alterações incomuns no comportamento financeiro que podem ser atribuídas ao abuso por terceiros. "O conceito básico era poder entregar um relatório pessoal de atividades suspeitas ao consumidor e seus entes queridos ou profissionais, para que eles pudessem ser alertados de que algo estava acontecendo — antes que houvesse uma crise", explica Tischler. "Levamos em conta os padrões observados por Liz nos processos de abuso financeiro mais antigos, adicionamos observações de algoritmos de aprendizado de máquina e alertamos sobre questões como falta de depósitos — em entidades como Seguridade Social ou pensões —, bem como mudanças repentinas nos gastos, atividades incomuns de investimento e aberturas de contas não autorizadas, para citar algumas."

7 NT: Unidade de Abuso de Idosos, em tradução livre.

O Mercado de Trabalho Grisalho

No filme de 2015, *Um Senhor Estagiário*, o viúvo de 70 anos Ben Whittaker (interpretado por Robert De Niro) pergunta: "Como vou passar o resto dos meus dias? Você escolhe. Golfe. Livros. Filmes. Pinocle. Tentei fazer ioga, aprendi a cozinhar, comprei algumas plantas, [*começa a falar em mandarim*] fiz aulas de mandarim. [*Em inglês*] Acredite, eu tentei de tudo." Ele acaba ingressando em uma startup de moda online do Brooklyn, sob um novo programa para atrair talentos seniores liderados pela fundadora e CEO Jules Ostin (Anne Hathaway). Entre diversas voltas e reviravoltas, Ben se torna o conselheiro e confidente mais próximo de Jules.

Pense em quanto talento desperdiçamos ao não utilizarmos completamente o conhecimento e a experiência das gerações que envelhecem, à medida que seus números aumentam cada vez mais. Pare por um momento e ouse imaginar um mundo diferente, onde nossos avós estão entre os membros mais ativos e produtivos da sociedade.

Quando o estadista prussiano Otto von Bismarck implementou o primeiro plano nacional de seguro social para idosos, ele estava tentando "domesticar" a classe trabalhadora, oferecendo-lhes algo pelo que esperar. Ele apresentou uma das grandes invenções do final do século XIX, que — juntamente com o telefone, o motor de combustão interna e as fibras artificiais — revolucionaria a modernidade. Em conjunto com a educação universal, outra inovação do século XIX, os programas de aposentadoria levaram a uma compartimentalização radical da vida das pessoas em três estágios distintos: aprender, trabalhar e descansar. Não era mais uma questão de escolha pessoal: o governo lhe dizia o que fazer, dependendo da sua idade, e as normas sociais reforçaram esse modelo de vida regulamentado.

É espantoso perceber que durante muito tempo o governo, a lei e até a cultura popular nos disseram que pessoas acima de uma certa idade não podem mais fazer contribuições genuínas à sociedade e à economia. Pessoas acima de 65 anos (ou algum outro número arbitrário) eram consideradas parte da população "passiva", nem tomadores nem doadores.

Mas, especialmente por causa do aumento da expectativa de vida — em 2030, uma pessoa com 60 anos de idade pode esperar viver por mais 22 anos; no mundo desenvolvido, esse número cresce para 25 anos — é hora de reconsiderar esse chamado lugar-comum. "O desejo de trabalhar, em parte, vem da situação financeira", diz Catherine Collinson, CEO do Transamerica Center for Retirement Studies[8], "mas também vai além disso, para um desejo de se envolver no mundo". Da mesma forma, as empresas estão se conscientizando da perda que sofrem quando um trabalhador experiente se aposenta. "Quando os baby boomers se aposentam, seu conhecimento institucional vai embora com eles", diz Susan Weinstock, vice-presidente da AARP. "Os trabalhadores mais velhos são de grande valor para os empregadores." A Boeing, a Michelin e a UPS trouxeram de volta os aposentados recentes durante os períodos de maior demanda por seus produtos ou serviços.

Existem outros benefícios potenciais. Pesquisas mostram que a diversidade em termos de gênero ou etnia tende a reduzir a coesão e o desempenho do grupo, mas aumenta a criatividade e a solução de problemas não rotineiros. Embora o impacto da idade tenda a ser desfocado por sua associação com o emprego, há alguns relatos de que grupos formados por uma coorte de idades variadas podem ser mais criativos. Por exemplo, a BMW, empresa alemã de automóveis, descobriu que as equipes de trabalho que mesclam gerações se saem melhor quando se trata de gerar ideias e resolver problemas. "Uma equipe multigeracional oferece formas diversificadas de analisar um projeto ou problema", argumenta Helen Dennis, especialista no assunto. "Quanto mais ideias você tiver, maior a vantagem que tem para realizar seu objetivo." *Um Senhor Estagiário* captou brilhantemente como a interação das gerações no local de trabalho pode levar a situações em que todos saem ganhando — além de muitas risadas. Mas e as consequências não intencionais?

Uma consequência amplamente imprevista do trabalho após a idade da aposentadoria tem sido a crescente relutância dos governos da Europa e dos Estados Unidos em assumir total responsabilidade pelo bem-estar das pessoas que já passaram de uma certa idade. A conversa sobre gastos desnecessários e "grisalho é o novo preto" também tem o efeito de convencer os políticos de que os idosos podem se sair bem sem a ajuda do governo. Por exemplo, as dificuldades fiscais dos governos, a ideologia da autossuficiência e o poder dos gastos desnecessários de um grande segmento da população idosa reforçam, em alguns trimestres, a noção de que as aposentadorias estatais não apenas não podem, mas também não devem ser a única fonte de suporte. Hoje em dia, em uma extensão muito maior do que em décadas passadas, os políticos acreditam que os idosos devem cuidar de seus próprios destinos — digamos, gerando renda adicional ao alugar quartos em suas casas ou dirigir para a Uber, como veremos no Capítulo 7. Uma vez que a população de mais de 60 anos se expande em todo

8 NT: Centro Transamérica de Estudos sobre a Aposentadoria, em tradução livre.

o mundo, isso certamente se tornará objeto de debates acalorados, especialmente à medida que as coortes menores e mais jovens de contribuintes — millennials e geração Z — opinam politicamente.

E os Millennials Também Envelhecerão

Em 2040, os primeiros millennials vão se aposentar. Inicialmente denominada geração Y, são frequentemente definidos como a coorte etária nascida entre 1980 e 2000, embora alguns a identifiquem mais estritamente como os nascidos entre o início da década de 1980 e o final da década de 1990. Eles são muito mais que uma mera faixa etária, pois nasceram em uma época em que as tecnologias da informação e comunicação estavam passando por um salto quântico que transformou o mundo. Nem todos os millennials, no entanto, são "nativos digitais", uma vez que apenas a segunda metade desta geração nasceu na era digital conectada como a conhecemos hoje. Pode-se dizer que os millennials foram criados, se não nascidos, digitais.

Poucos millennials já compraram um CD, muito menos uma fita cassete, revelaram filmes fotográficos, usaram fitas corretivas para desfazer um erro de datilografia, pediram instruções para chegar a algum lugar, assistiram à TV aberta, enviaram um fax ou usaram um telefone público. Eles mal conseguem imaginar como era a vida antes do 3G, e muito menos do 1G. Sob tais condições, as amizades de infância não são limitadas pela geografia e os relacionamentos íntimos foram transformados pelo impacto mediador das mídias sociais e dos aplicativos de namoro. O mundo de 2030 e além será em parte moldado pela atitude e pelo comportamento dos millennials e, portanto, precisamos entender essa geração fundamental para prever como será o mundo daqui a uma década.

Algumas análises iniciais sobre os millennials foram controversas e causaram um alvoroço. Por exemplo, Jean Twenge argumenta, em seu livro de 2006, *Generation Me: Why Today's Young Americans Are More Confident, Assertive, Entitled – and More Miserable than Ever Before*[9], que os millennials são a geração mais narcisista de todos os tempos e que seus pais são a razão disso. "Estamos fazendo um tremendo desserviço às crianças quando as levamos a acreditar que, só porque são especiais para nós (seus pais), o resto do mundo as tratará dessa maneira", escreveu ela. "O melhor ensinamento que eles podem receber não é o narcisismo ou até mesmo a autoestima, mas seu amor e apoio — e a mensagem de que trabalho árduo e perseverança são

9 NT: sem tradução para o português.

mais importantes para o sucesso do que a autoconfiança." Outros críticos destacaram aspectos diferentes, como o desejo de contribuir para a sociedade, perseguir novas experiências ou priorizar trabalhos que satisfaçam suas paixões, em vez de oferecer segurança financeira. Embora um estudo de 2016 tenha constatado que os millennials tiveram uma pontuação no Narcissistic Personality Inventory[10] mais alta do que seus pais, a comparação não é particularmente justa, principalmente quando consideramos que as atitudes das pessoas em relação à vida mudam com a idade.

De fato, os demógrafos e historiadores William Strauss e Neil Howe — que se tornaram consultores de sucesso de empresas, governos e universidades após escreverem a primeira análise sobre os millennials — argumentam que essa geração parece ser tão altruísta quanto a Geração Silenciosa. Eles caracterizam os millennials norte-americanos como resguardados, confiantes, orientados para o trabalho em equipe, convencionais, pressionados e focados na conquista de metas. Outros, como David Burstein, pensam que os millennials são movidos por uma espécie de "idealismo pragmático", que os leva a usar ferramentas práticas para tornar o mundo um lugar melhor, sem se deixarem iludir por abordagens radicais ou revolucionárias à mudança social. Talvez isso explique por que o movimento Occupy Wall Street foi relativamente pequeno e teve vida curta.

O problema com essas caracterizações dos millennials — sejam elas lisonjeiras ou não — é que elas parecem se aplicar principalmente a "adolescentes brancos e ricos [e jovens adultos] que realizam grandes coisas à medida que crescem nos subúrbios", como argumenta o jornalista Eric Hoover. Eles são jovens "que combatem a ansiedade ao se inscrever em faculdades super seletivas e que fazem várias tarefas com facilidade, enquanto seus pais passam tranquilamente de helicóptero acima deles". Os millennials de origens socioeconômicas menos privilegiadas são certamente diferentes em suas atitudes e comportamento. No geral, "os millennials norte-americanos são a primeira geração a ter apenas 50% de chance de estar financeiramente melhor do que seus pais", observa Jia Tolentino no *The New Yorker*. Seu bem-estar futuro não está garantido em uma economia global cada vez mais competitiva. Bajulá-los, como muitos profissionais de marketing parecem estar empenhados em fazer, pode realmente piorar suas perspectivas econômicas.

10 NT: Inventário de Personalidade Narcísica, em tradução livre.

De acordo com as estatísticas reunidas pelo Conselho de Consultores Econômicos da Casa Branca durante a Presidência de Obama, os millennials norte-americanos estão, em média, menos interessados em ter suas próprias casas ou seus automóveis, continuam a viver com os pais até os 20 anos ou, em alguns casos, até os trinta, e adiam ou renunciam ao casamento. Um em cada quatro nem se importa em obter uma carteira de motorista. Veremos mais detalhadamente esses surpreendentes padrões comportamentais no Capítulo 7.

Um estereótipo completamente incorreto sobre os millennials norte-americanos é que eles pulam compulsivamente de um emprego para outro. Na realidade, os millennials tendem a passar mais tempo em cada emprego que ocupam do que a geração X, embora prefiram fazer um trabalho significativo do que seguir o percurso profissional mais rápido para o topo. Algumas pesquisas indicam que sua preferência pelo trabalho em equipe é motivada pelo uso intensivo das mídias sociais, o que também os faz ansiar por mais interação com os supervisores e exige um equilíbrio saudável entre trabalho e lazer.

Por trás das preferências de trabalho dos millennials, destaca-se o fato de que sua experiência inicial no mercado de trabalho foi manchada pela crise financeira de 2008 e pela subsequente recessão (embora o impacto tenha sido diferente em todo o mundo. Na maioria dos mercados emergentes, este foi um período de crescimento econômico sustentado). Assim, existem duas realidades na população de millennials global: a dos criados nos países ricos, onde a renda da classe média está estagnada há duas ou três décadas, e a dos que foram criados no mundo emergente e em desenvolvimento, para quem as oportunidades econômicas são muito melhores do que as que existiam para seus pais ou avós. E, dentro da unidade geracional de millennials europeia e norte-americana, há uma subunidade nascida em famílias abastadas e outra subunidade nascida de pais de baixa renda ou pais cujos empregos na classe média podem ter desaparecido como consequência da globalização e das mudanças tecnológicas. Assim, empresas e empreendedores devem adotar com cautela qualquer generalização sobre o comportamento dos millennials como consumidores e suas implicações para o futuro.

Igualmente problemáticas são as conclusões tiradas de pesquisas comportamentais. A melhor fonte de valores culturais internacionais, a World Values Survey[11], descobriu que os millennials adotam valores de autoexpressão mais elevados do que

11 NT: Pesquisa de Valores Mundiais, em tradução livre.

a maioria das outras gerações no mundo como um todo e em cada região dentro dele. Essa diferença é causada por terem mais meios materiais, habilidades intelectuais mais altas e maior conectividade social do que seus ancestrais. Por sua vez, isso leva a comportamentos mais independentes, maior possibilidade de escolha e mais espaço para a realização do potencial interno (como nas outras pesquisas que mencionei ao longo deste livro, os valores médios inevitavelmente ocultam grandes diferenças, neste caso sobretudo entre os millennials abastados e os de origens familiares mais modestas).

Os valores são importantes, é claro, principalmente quando se trata de tomar decisões econômicas. Mas grande parte do comportamento econômico dos millennials foi impulsionado pelo aumento dos custos de moradia e ensino superior. Enquanto isso, a maior parte da riqueza — e a renda que dela pode derivar — pertence aos pais e avós. A socióloga Kathleen Shaputis responsabiliza esses problemas econômicos pela tendência dos millennials de adiar ritos de passagem, como casar ou ter filhos. Em seu livro *The Crowded Nest Syndrome*[12], ela escreve sobre a geração "Peter Pan" ou "boomerang", que se encontra em um estágio distinto da vida entre os adolescentes e a idade adulta, que ela chama de "adultez emergente".

Nessas circunstâncias, não é de se surpreender que a taxa de poupança agregada entre os millennials seja uma das mais baixas dos últimos tempos. E não há melhor janela para o futuro do que avaliar o quanto as pessoas estão economizando hoje. A Moody's Analytics acionou o alarme em 2014, mostrando que os adultos norte-americanos com menos de 35 anos tinham uma taxa de poupança *negativa* de 1,8%, o que significa que eles fazem empréstimos para sustentar seu consumo, em vez de economizar para o futuro. É claro que, quanto mais nos afastamos do impacto da Grande Recessão, as coisas vão melhorando. De acordo com uma pesquisa de 2018 realizada pelo Bank of America, um em cada seis millennials norte-americanos com idades entre 23 e 37 anos tem uma poupança superior a US$100 mil. Isso é bastante impressionante. Mas outras pesquisas constataram que apenas 13% dos que estão entre 18 a 24 anos tem mais de US$10 mil em poupança, uma porcentagem que melhora marginalmente para 20% para aqueles entre 25 a 34 anos. Cerca de 75% acredita que sua geração gasta demais em comparação com outras gerações e 20% diz que não podem comprar uma casa. Com a dívida do cartão de crédito e a dívida estudantil em níveis históricos, não é de se surpreender que a maioria dos jovens millennials ache difícil economizar. Os norte-americanos com menos de 35 anos de

12 NT: sem tradução para o português.

idade em 2017 possuíam dívidas educacionais em um nível quase duas vezes maior do que o dos norte-americanos da mesma faixa etária em 2001. No mesmo período, o patrimônio líquido médio dos jovens norte-americanos despencou de US$15 mil para US$10,4 mil.

Mas cuidado com as estatísticas agregadas. Lembre-se de que a população mundial de millennials, e a de determinados países como os Estados Unidos, não é homogênea. As empresas desejam atrair os millennials, uma vez que os clientes precisam reconhecer esse fato essencial e não assumir que todos os millennials são farinha do mesmo saco. O mundo de 2030 será moldado não por uma geração monolítica, mas pela interação das várias subunidades geracionais de millennials, definidas por educação, renda e etnia.

O Que Vem Depois dos Millennials?

Eu gosto muito de compartilhar uma estatística bem interessante. Em alguns países, o número de pessoas entre 15 e 34 anos diminuirá com o tempo, principalmente na China, no Japão e na Europa. Em outros, por outro lado, ela aumentará pelo menos por uma ou duas gerações, como no sul da Ásia, no Oriente Médio e na África. Essas tendências são simplesmente o resultado do número de bebês nascidos hoje. Os Estados Unidos, no entanto, não pertencem a nenhuma categoria. Em 2017, havia cerca de 88 milhões de pessoas nessa faixa etária e, em 2030, a previsão é que haja 90 milhões. Esse é aproximadamente o mesmo número, mas será uma coorte muito diferente de jovens. Deixe-me explicar o porquê.

Costumo argumentar que medir os efeitos da imigração equivale a prever o futuro. Enquanto, em 1980, cerca de 78% dos que tinham de 15 a 34 anos nos Estados Unidos era branco não latino, em 2030, menos da metade será. A faixa etária mais jovem nos Estados Unidos e na Europa se tornará mais étnica e linguisticamente diversificada. Como, em média, as famílias imigrantes tendem a ter mais bebês, a composição de nossos jovens muda muito rapidamente, muito mais do que a população como um todo. O que hoje chamamos de "minorias" será a maioria em dez anos.

Essa tendência trará importantes mudanças comportamentais. Acontece que, hoje em dia, o desejo dos filhos de imigrantes de se casar e possuir uma casa e um carro é maior do que o de seus pares nativos. Essa é a essência do sonho americano. Por esse motivo, os filhos de imigrantes parecem constituir uma unidade geracional separada. A menos que os filhos de imigrantes millennials se integrem ao convencional em uma taxa muito mais rápida do que as gerações anteriores de imigrantes, os jovens norte-americanos em 2030 se comportarão de maneira diferente dos jovens de hoje.

Vamos pensar um pouco sobre as implicações de uma composição etnolinguística mutável para a economia do compartilhamento, um dos novos desdobramentos mais empolgantes em todo o mundo. Pesquisas indicam que os latino-americanos, os afro-americanos e os asiáticos são mais propensos a usar aplicativos de transporte e serviços de compartilhamento de acomodações do que os seus principais congêneres. Isso faz sentido quando consideramos as diferenças no poder aquisitivo.

Outra tendência importante envolve o empreendedorismo. Os latino-americanos são mais propensos do que qualquer outro grupo, branco ou não, a trabalhar por conta própria ou possuir seu próprio negócio. Além disso, os empresários latinos são mais propensos a serem fluentes em inglês ou possuírem o inglês como idioma principal do que os latinos em geral. Embora sua parcela de empreendimentos de alta tecnologia ainda seja baixa, é provável que isso mude à medida que mais deles frequentam a faculdade e a pós-graduação.

Apear de ser fácil calcular os números e a diversidade da geração Z, a geração após os millennials, como serão sua identidade e seu comportamento? Em sua extensa pesquisa global e em seu relatório sobre o assunto, a Fundação Varkey, com sede em Londres, argumenta que sua identidade será definida pela desigualdade em todas as suas manifestações, desde oportunidades educacionais e disparidades raciais e de gênero, até a migração e a crescente diferença de riqueza. Essa também será a geração que mais sofrerá com a crise do sistema de pensões: é provável que eles paguem mais impostos para que seus pais e avós recebam os benefícios que lhes foram prometidos. Caramba!

E será a primeira geração de jovens adultos nascidos inteiramente na era digital conectada. "A geração Z cresceu com as oportunidades ilimitadas fornecidas pelo poder da computação e da rede. Eles são mais propensos a ultrapassar fronteiras, ter amigos que estão do outro lado do mundo e conhecer pessoas de outra religião ou cultura do que seus pais e avós", argumenta o relatório da Varkey. "Durante sua vida, atitudes e leis sobre questões sociais, de casamento entre pessoas do mesmo sexo a direitos dos transgêneros, parecem ter mudado na velocidade da luz. Enquanto isso, gênero e raça parecem causar tanta divisão e contestação como sempre."

Mas essas perspectivas são compartilhadas por todos os membros da geração Z, em todo o mundo? Em 2016, a Fundação Varkey entrevistou 20 mil pessoas com idades entre 15 e 21 anos em vinte países (é importante ter em mente que todos os entrevistados participavam de painéis globais de pesquisa online, o que faz com que a amostra tenda para jovens urbanos com padrões educacionais relativamente altos). A pesquisa constatou que os valores globais, em oposição aos locais ou paroquiais, predominam entre as pessoas deste grupo, com os entrevistados de países em diferentes níveis de desenvolvimento econômico compartilhando opiniões semelhantes. Eles tendem a ter atitudes tolerantes em relação a questões controversas, como imigração e casamento entre pessoas do mesmo sexo, e visões progressivas sobre desigualdade, mudança climática e liberdade de expressão. O estudo conclui que essa geração pode ser impulsionada pela ideia de "cidadania global", que contrasta com o espírito de nacionalismo e nativismo que se destaca em todo o mundo.

As Confusas Gerações Chinesas

Em nenhum lugar do mundo a interação das gerações é tão complexa quanto na China. O que faz deste país vasto e diversificado um laboratório social tão fascinante é que a China levou apenas trinta anos para conquistar aquilo que a Europa ou os Estados Unidos levaram dois ou três séculos. Em 1712, o inventor inglês Thomas Newcomen projetou o primeiro motor a vapor (mais tarde aperfeiçoado pelo inventor escocês James Watt, que também desenvolveu o conceito de potência, que mais tarde foi traduzido em termos de outra unidade de potência que hoje conhecemos como watt). Isso desencadeou a Revolução Industrial. A partir daí, a Grã-Bretanha levou trezentos anos para se tornar a economia de serviços que é hoje, algo que ocorreu somente após uma quantidade considerável de tumulto e deslocamento. Os Estados Unidos levaram metade do tempo. A China, por outro lado, fez a transição da economia agrária para a tecnológica e orientada a serviços em menos de duas gerações.

Como resultado da rápida transição econômica e demográfica da China, em 2030 o país terá cerca de 60 milhões a menos de pessoas entre as idades de 15 e 35 anos do que em 2020, e quase 114 milhões a *mais* de pessoas com idade superior a 60 anos. "Se dissermos que os países ocidentais desenvolvidos estão caminhando em direção ao fenômeno do envelhecimento da população", diz Yuan Xin, um demógrafo da Universidade Nankai em Tianjin, "a China está em uma corrida em direção a ele."

Os idosos chineses enfrentam um futuro mais desafiador do que seus colegas norte-americanos, não apenas porque seus números estão aumentando rapidamente, mas também porque muitos jovens deixaram o campo. Zhang Fumin e Liu Xiuying são um casal de 70 anos. Eles moram em Longwangtou, uma pequena vila a cerca de 1.300 quilômetros ao sul de Pequim. Os dois filhos se mudaram para a capital do país depois de se formarem na faculdade. Demógrafos chamam os pais idosos como Zhang e Liu de "idosos deixados para trás". Em 2017, nasceu o primeiro neto, e eles decidiram morar temporariamente com o filho mais novo para ajudar a criar o bebê, embora planejassem voltar para a vila depois de algumas semanas. Dos 215 milhões de habitantes da China com mais de 60 anos em 2015, as autoridades acreditam que cerca de 50 milhões viviam longe de seus filhos. Esse número pode quase dobrar até 2030. "Uma migração em larga escala de trabalhadores mais jovens da China rural para a urbana... separou muitos filhos adultos de seus pais idosos e impôs desafios significativos aos padrões tradicionais de apoio familiar", observa o etnógrafo Jieyu Liu, em um estudo recente. "Esses desafios são aumentados pelo fato de que, na zona rural da China, os idosos foram privados [de] uma pensão do estado e outras provisões de bem-estar disponíveis para os residentes urbanos."

A migração para as cidades também prejudica as perspectivas futuras dos millennials no interior da China. Enquanto nos Estados Unidos a principal divisão entre os millennials tem a ver com a origem socioeconômica, na China isso envolve a divisão rural-urbana. A maioria dos jovens urbanos é de classe média ou totalmente rica, enquanto a maioria dos jovens rurais é pobre. Outra diferença importante é que os millennials chineses urbanos superaram os millennials norte-americanos em termos de atividade digital conectada, ajustando até mesmo o poder aquisitivo. Eles são muito mais conectados digitalmente, compram online com mais assiduidade, usam pagamentos eletrônicos para tudo e parecem não se importar muito com a forma como suas informações pessoais podem ser usadas. Temos poucos dados sistemáticos sobre os valores e atitudes dos millennials chineses urbanos. Podemos dizer honestamente que eles se deixam levar por valores de autoexpressão (tolerância social, satisfação com a vida, expressão pública e aspiração à liberdade) e não tendem a ver a modernização, a riqueza e o progresso como "ocidentais". Eles economizam três vezes mais do que seus pares norte-americanos, embora isso também seja válido para outras faixas etárias na China — não é má ideia, dada a distorção da pirâmide etária, com 25% da população tendo mais de 60 anos em 2030.

O Futuro do "Velho" e do "Jovem"

Uma maneira criativa de criar novas oportunidades para a colaboração entre gerações é a intrigante ideia lateral do "dormitório/casa de repouso", uma instituição de assistência no longo prazo para idosos, onde estudantes universitários recebem um quarto vago e um sentido de propósito em troca de um determinado número de horas de trabalho voluntário por mês. Na Holanda, onde os primeiros experimentos ocorreram, há uma pressão crescente em encontrar os recursos para oferecer aos idosos o cuidado e a atenção que eles merecem. "Foi quando pensei em um grupo de outras pessoas — nesse caso, estudantes — que também não têm muito dinheiro", disse Gea Sijpkes, diretora do primeiro dormitório/casa de repouso. Os alunos ajudam os idosos em algumas de suas tarefas diárias e também os auxiliam a melhorar suas habilidades digitais. O potencial para atrair mais idosos para esses tipos de instalações reside na redução do sentimento de solidão, que a pesquisa associa a um declínio cognitivo mais rápido, à piora da saúde e à maior mortalidade.

A análise de gerações — por diversão ou por ganho financeiro — deve ser realizada com cautela. Arthur E. Levine, ex-presidente do Teachers College da Universidade de Columbia e da Woodrow Wilson Foundation, observou que "imagens geracionais são estereótipos". Na sua opinião, nossa busca constante por contrastes nos torna cegos para as semelhanças. "Existem algumas diferenças que se destacam", diz ele, "mas há mais semelhanças entre os estudantes do passado e os do presente. Mas se você escrevesse um livro dizendo isso, quão interessante ele seria?"

Cada geração na história contém uma diversidade desconcertante de indivíduos. Pensar em termos de gerações, unidades e subunidades geracionais fornece algum rigor analítico. Mas o ponto principal deste capítulo abrange mais do que isso. Compreender os millennials hoje não garante que nós os entenderemos melhor no futuro, porque seu comportamento certamente evoluirá. À medida que os membros de uma geração passam por muitos estágios da vida, eles ajustam suas atitudes e comportamentos. O grupo de pessoas com mais de 60 anos hoje será diferente, às vezes consideravelmente, do mesmo grupo de idade no futuro. Mas uma razão para isso tem menos a ver com a geração que estamos examinando e mais com a mudança de concepções sobre o que a velhice realmente significa.

A revista *Wired* e a Pfizer, uma das maiores empresas farmacêuticas do mundo, uniram forças para imaginar o que significará envelhecer no futuro.

"Embora ainda existam muitas incertezas no horizonte do envelhecimento", diz Pol Vandenbroucke, chefe de estratégia médica da Pfizer, "muitos de nós podemos tomar medidas agora para garantir que a velhice não signifique apenas viver muito tempo, mas viver bem." Podemos contar com a medicina e a tecnologia para nos manterem mais saudáveis à medida que envelhecemos, mas nosso próprio comportamento também será fundamental para permanecermos física e mentalmente alertas. Eis uma previsão intrigante: "A geração dos millennials é muito diferente de seus baby boomers e dos idosos da geração X. Estereótipos à parte, eles representam um importante ponto de inflexão cultural: a primeira geração exposta à internet durante a infância. Sua propensão para a conectividade constante e o acesso imediato à informação são características definidoras, que podem já estar configurando-os para o sucesso na velhice." Os millennials podem muito bem ser a geração a perceber que a longevidade exige um compromisso vitalício de permanecer saudável e ativo, e sua forte inclinação pela hiperconectividade pode ajudá-los a superar o isolamento à medida que envelhecem. Como argumenta Stephen Ewell, diretor executivo da Consumer Technology Association Foundation[13], "Os millennials… estão realmente interessados em se preparar para períodos mais longos de saúde. Nós não apenas incorporamos suas ideias, nós as aceitamos e elas se tornam parte de nosso ecossistema, de como fortalecemos uma comunidade."

Os millennials viverão vidas mais longas do que as gerações anteriores, portanto, as apostas quanto à definição do estilo de vida grisalho estão ficando maiores. A boa notícia, de acordo com o Projeto Sightlines no Centro de Longevidade da Universidade de Stanford, é que "as taxas de tabagismo estão muito baixas e a prática de exercícios físicos está alta. Mais do que os jovens no passado, os millennials têm amigos com quem contar nos tempos difíceis. Mais millennials têm mais diplomas universitários do que as gerações anteriores, e não há melhor preditor do bom funcionamento nas idades avançadas do que a educação". Mas também há más notícias, especialmente do ponto de vista da segurança financeira. Muitos millennials estarão bem de vida quando chegarem à aposentadoria, mas um número igual, se não maior deles, estará em apuros financeiros durante a maior parte de sua vida adulta. Globalmente, vemos uma bifurcação semelhante em termos de futuro nas categorias sociais mais amplas, como a classe média, o assunto do próximo capítulo.

13 NT: Fundação da Associação de Tecnologia do Consumidor, em tradução livre.

3

ACOMPANHANDO OS SINGHS E OS WANGS[1]

A Velha Classe Média, a Nova Classe Média e a Batalha pela Atenção

Estar na classe média é um sentimento e também um nível de renda.

– Margaret Halsey, escritora norte-americana.

Em 2009, a economia indiana estava crescendo. Dez milhões de pessoas seriam retiradas da pobreza naquele ano, e uma classe média incipiente estava surgindo à vista de todos. A Tata Motors, fundada em 1874, era a principal empresa automobilística do país e estava ansiosa por permanecer no topo. Para isso, Ratan Tata, bisneto do fundador do Grupo Tata, apresentou seu mais novo modelo, o Tata Nano. Com um preço equivalente a US$2 mil, era um veículo simples, sem ar-condicionado e equipado com um minúsculo motor de 634 cilindradas. "A história atual começou há alguns anos, quando observei famílias andando sobre duas rodas, o pai dirigindo uma motoneta, seu garoto em pé na frente dele, sua esposa sentada atrás dele segurando um bebê", disse Tata a repórteres. "Perguntei-me se seria possível conceber uma forma de transporte segura, acessível e adequada a qualquer clima para uma família assim. Foi apelidado de o sonho de um homem e, de fato, ele foi". Impulsionada pela visão do presidente, a empresa investiu pesadamente e construiu uma fábrica capaz de produzir 250 mil unidades por ano. Ratan Tata entregou pessoalmente os três primeiros Nanos. Como noticiou o *Economic Times* na época, Ashok Raghunath Vichare, um oficial da alfândega de 59 anos de Mumbai,

1 NT: sobrenomes comuns na Índia.

recebeu o primeiro e ficou "muito feliz" em dirigir o carro "até um templo hindu nas proximidades para que o veículo fosse abençoado". O segundo foi comprado por Ashish Balakrishnan, um bancário de 29 anos, que mal podia esperar para dar uma "voltinha na Bandra-Worli Sea-Link", uma nova ponte de 5,6 quilômetros de extensão em Mumbai. "Este é o meu primeiro carro", disse ele. "O preço foi um fator importante." A empresa esperava que essa atitude fosse indicativa da ânsia da classe média indiana emergente em substituir suas bicicletas e motocicletas, assim como o ex-comissário assistente da polícia de Mumbai de 82 anos, que substituiu sua motoneta pelo Nano.

Mas isso não aconteceu. Em vez disso, os consumidores compraram Suzukis, Hyundais, Toyotas e outras marcas estrangeiras. Quando viram cartazes anunciando o Nano como o "Carro mais barato do mundo", associaram o veículo aos pobres. As vendas nunca chegaram perto das expectativas da empresa. "Ele ficou conhecido como o carro mais barato pelo público e, lamento dizer, por nós mesmos, não por mim, mas pela empresa quando o comercializava", admitiu Tata. "Eu acho isso lamentável."

O Nano entrará na história dos negócios como um dos piores erros corporativos de todos os tempos. "Eu não gosto da imagem que as pessoas fazem do Nano, e tudo se resume à aparência", disse Shushank Sharma, de 22 anos, operador de computadores. "Eu vou trabalhar de motocicleta. Mas, se eu tiver que sair com meus amigos ou ir a um casamento, prefiro um carro. Mas eu preferiria ficar em casa a ter que entrar em um Nano." A nova classe média em mercados emergentes como a Índia é fundamentalmente ambiciosa. Ao olhar para trás e não para frente, a Tata Motors criou algo que não correspondia à nova consciência de classe demográfica e, portanto, não conseguiu capturar o que deveria ter sido uma excelente oportunidade de mercado. Eles não entenderam que os Singhs, fiéis à sua condição de classe média, estavam se esforçando para se equiparar aos vizinhos.

Por outro lado, considere o sucesso da fabricante norte-americana de churrasqueiras externas, a Weber-Stephen Products LLC, ao entrar no mercado indiano. Considere também o desafio: como você vende churrasqueiras em um país onde as pessoas não comem carne ou porco e os homens tradicionalmente não cozinham?

A Weber-Stephen foi fundada originalmente em 1893 como Weber Bros. Metal Works. No início dos anos 1950, George Stephen Sr., sócio de uma loja de chapas metálicas em Chicago, procurava uma maneira de melhorar o fogareiro que usava para cozinhar ao ar livre. Ele imaginou a construção de uma churrasqueira mais prática, composta por dois hemisférios metálicos: o fundo, servindo como receptáculo para queima de carvão, e o topo, como uma tampa. Foi um sucesso. Para refinar ainda mais o produto, Stephen uniu forças com a Weber Bros., e sua churrasqueira redonda é agora uma visão onipresente em muitos pátios e quintais norte-americanos. A empresa desempenhou um papel significativo na popularização do churrasco ao ar livre, que neste momento faz parte da cultura norte-americana. "A tradição culinária de cozinhar a carne lentamente em uma chama indireta... tornou-se tão predominante ao longo dos anos", escreve Natasha Geiling no Smithsonian.com, "que o próprio churrasco representa uma espécie de cultura pop, gerando programas de TV, viagens rodoviárias com foco histórico e até a fusão de pratos como tacos para churrasco."

Em 2010, alguns anos após o fatídico lançamento do Tata Nano, a Weber-Stephen decidiu tentar a sorte no mercado indiano de classe média. Eles contrataram Sivakumar "Siva" Kandaswamy para gerenciar o lançamento do produto. Kandaswamy conhecia os desafios futuros, e a equipe que ele reuniu estava em sintonia com as diferenças culturais entre a Índia e os Estados Unidos. Eles aprenderam tudo o que havia para aprender sobre como o novo consumidor indiano de classe média via a comida e a culinária. Mas eles também supuseram que atitudes e hábitos tradicionais poderiam mudar à medida que mais pessoas subissem a escada socioeconômica e começassem a assistir a filmes e programas de TV estrangeiros. Dentro de alguns anos, "uma cultura de churrasco no quintal se estabeleceu na Índia", observou Dave Sutton, consultor da Top Right Partners em Atlanta. "Licença para grelhar: a Índia se rende ao churrasco"[2] foi a manchete de um artigo de 2011 no *Times of India*. "E a você que pensou que o churrasco era norte-americano demais para atrair os indianos, que amam o tandur, muito obrigado", continuou o artigo. "A realidade é que mais e mais indianos urbanos estão aderindo à churrasqueira, especialmente em centros com altas populações de NRI[3] [diáspora de indianos não residentes], como Bangalore, Pune, Gurgaon e partes de Mumbai." A Weber-Stephen sabia que precisava orientar os consumidores indianos a apreciar a diversão de se fazer churrascos. Como atesta sua própria literatura, a empresa "ajuda a fornecer benefícios funcionais e emocionais

2 NT: tradução livre do original em inglês "License to Grill: India Takes to the Barbecue".

3 NT: NIR = Non-Resident Indian, de acordo com o original em inglês.

adicionais, fornecendo aos consumidores dicas, ferramentas e receitas localizadas". Logo, as famílias indianas de classe média estavam se reunindo em volta da churrasqueira para assar qualquer coisa, de frango tandoori a espetos de banana-da-terra. Isso aconteceu porque a Weber-Stephen não se intimidou diante das complexidades do mercado indiano. Pelo contrário, ela abraçou a oportunidade.

* * *

O filósofo grego Aristóteles disse uma vez que "a comunidade política mais perfeita é aquela em que a classe média está no controle e supera as duas outras classes". A classe média é, de fato, a espinha dorsal das sociedades e economias modernas. Louis D. Brandeis, o astuto reformista progressivo norte-americano do início do século XX, previu uma vez que "podemos ter democracia neste país, ou podemos ter fortunas concentradas nas mãos de poucos. Não podemos ter os dois". Durante muito tempo, os Estados Unidos e a Europa Ocidental conseguiram encontrar um equilíbrio delicado, em que a enorme riqueza gerada pela economia global recaiu principalmente sobre as classes médias norte-americana e europeia.

Não mais.

Embora as classes médias norte-americana e europeia ainda sejam as mais ricas do mundo, suas fortunas econômicas estão estagnadas e seu prestígio está diminuindo. Por outro lado, todos os anos mais de cem milhões de pessoas estão se juntando à classe média nos mercados emergentes, e aqueles que já fazem parte dela estão vendo seus rendimentos aumentarem muito rapidamente. Eles estão em ascensão, enquanto nós estamos estagnados.

A Figura 5 mostra a distribuição do poder aquisitivo da classe média em diferentes partes do mundo. Em escala global, a classe média inclui indivíduos com renda entre US$10 e US$100 por dia. Para uma família de quatro pessoas, isso se traduziria, a grosso modo, em uma renda anual entre US$15 mil a US$150 mil.

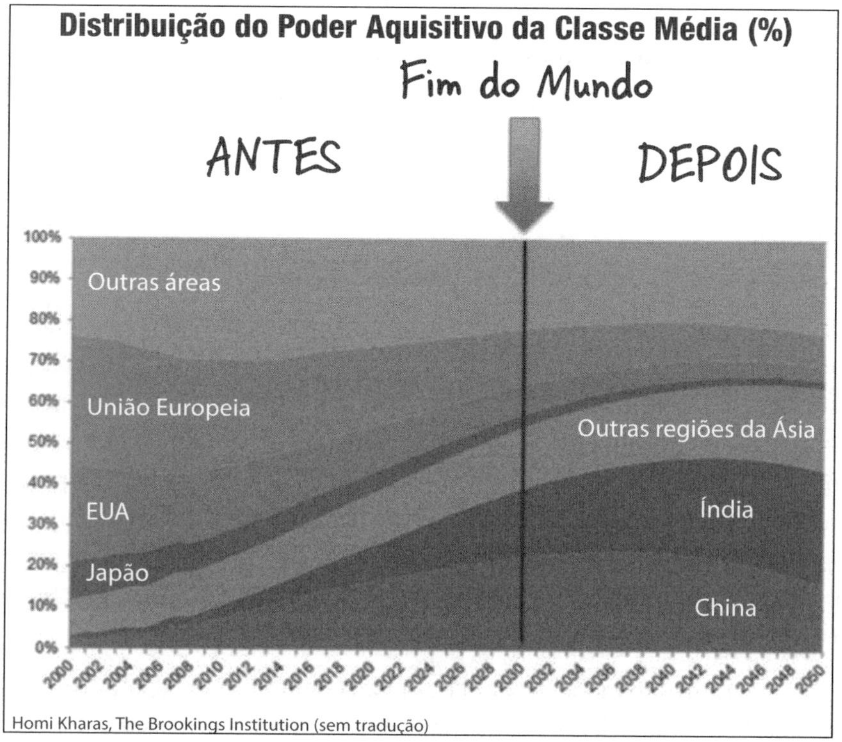

FIGURA 5

Os Estados Unidos e a Europa abrigam atualmente a maioria da classe média mundial, mas, em 2030, China, Índia e o resto da Ásia (excluindo o Japão) abrigarão mais da metade do poder aquisitivo do consumidor global (ajustado pela inflação). Essa é uma mudança radical entre os anos 1920, quando empresas como a General Motors e a Sears se tornaram os titãs da época nos negócios, atendendo às necessidades de uma classe média em expansão, e a segunda década do novo milênio, quando empresas como Alphabet e Amazon reinam supremas.

Também não precisamos esperar até 2030 para que certos campos de consumo se desloquem para a Ásia. Considere o domínio chinês nas compras online. O Dia dos Solteiros — comemorado principalmente online — gerou US$25 bilhões em vendas em 2017, superando os US$7 bilhões da Cyber Monday nos Estados Unidos. Ou nas apostas: Macau, no sul da China, gera anualmente uma receita bruta em rendimentos de apostas de US$33 bilhões, em comparação com os US$7 bilhões gerados em Las Vegas.

Mas as tendências indicam que o mercado chinês de classe média será o maior do mundo em termos de poder aquisitivo por apenas uma década ou duas. A população jovem e cada vez mais instruída da Índia, devido ao seu potencial de crescimento, constituirá o mercado emergente mais atraente em 2030.

De *Madame Bovary* a *Os Simpsons*

Empresários e políticos da Europa e dos Estados Unidos costumavam saber do que se tratava a classe média. Eles contribuíram ativamente para criar esse grande segmento de pessoas que não são nem abastadas, nem desprovidas. Eles atendiam às necessidades da classe média, fornecendo produtos baratos, inflação baixa e estabilidade política. A classe média se tornou o motor da economia de mercado. Como a maioria das atividades econômicas é impulsionada pela distribuição e pela venda de bens de consumo e serviços, nenhum país desenvolvido poderia ficar sem isso. Daí a popularidade de termos como "confiança do consumidor", "índice de preços ao consumidor" e "crédito ao consumidor". Se os consumidores não gastam, toda a economia se deteriora — e eleições são perdidas.

Nosso entendimento moderno da classe média remonta a um relatório do governo britânico de 1913, que a definia como pessoas que não são da classe alta nem tradicionalmente da classe trabalhadora. A história ocidental recente tem ampliado esse meio-termo. Com a crescente desigualdade de ambos os lados do Atlântico Norte, no entanto, esse grande segmento está começando a encolher.

Outra perspectiva um pouco anterior sobre a classe média a concebia como um estado de transição. Charles Dickens, que entendia a vida inglesa do século XIX melhor do que a maioria, argumentou que "embora estejamos sempre nos gabando [da classe média] como nossa segurança, ela não passa de uma pequena franja no manto da classe alta". Em 1937, outro observador perspicaz da vida britânica, George Orwell, escreveu em *O caminho para Wigan Pier* que "e nós, da classe média que vai afundando — o professor de educação básica da escola privada, o jornalista freelancer que passa fome,... o escriturário, o funcionário público, o caixeiro-viajante, o dono de loja de tecidos que já foi à falência três vezes em uma cidade de interior — podemos afundar, sem mais lutas, na classe trabalhadora à qual pertencemos. E provavelmente, quando chegarmos lá, veremos que ela não é tão terrível como temíamos, pois, afinal de contas, nada temos a perder".

Do ponto de vista econômico, a classe média oferece uma existência acolhedora. "O conforto veio com a classe média", escreveu o crítico de arte britânico Clive Bell. Os economistas definem pertencer à classe média como desfrutar de uma medida de liberdade de decisão sobre suas rendas, que abrange muito além do básico como comida, abrigo e educação. Os consumidores de classe média fazem hipotecas para comprar casas, compram dezenas de dispositivos convenientes, saem de férias, matriculam seus filhos em boas escolas e planejam a aposentadoria. Em outras palavras, ser de classe média significava estar em uma posição econômica segura, além de viver de salário em salário — ou pelo menos já significou isso um dia.

Definir a classe média pela renda pode ser conveniente, mas também pode obscurecer as diferenças entre, digamos, uma enfermeira e um encanador, ou um pequeno empresário e um contador, que podem todos pertencer à classe média, mas têm formação e carreiras educacionais muito diferentes. É uma crença comum que a educação universitária é um passaporte para a classe média. Mas existem muitos membros da classe média que não têm formação universitária.

Na verdade, "classe média" é muito mais que uma designação econômica ou educacional. "Estar na classe média é um sentimento e também um nível de renda", diz Margaret Halsey, a espirituosa escritora norte-americana. A condição de classe média se relaciona tanto a um estado psicológico social quanto a dinheiro. O romancista francês Gustave Flaubert capturou a mentalidade da classe média da melhor maneira possível em *Madame Bovary* (1856), um romance em que uma mulher se sentia presa por sua condição de classe média. "A classe média é tão engraçada", argumentou a autora J. K. Rowling. "É a classe que conheço melhor e é a classe na qual você vai encontrar mais pretensão." A classe média não é apenas ambição, mas também ostentação, o tema de *Keeping Up with the Joneses*, a famosa história em quadrinhos de Arthur R. "Pop" Momand, que circulou diariamente entre 1913 e 1938, precisamente quando a classe média norte-americana saiu de sua expansão inicial para seu pior fracasso durante a Grande Depressão. A competição por prestígio na escada social é tão antiga quanto a própria sociedade organizada, mas certamente adquiriu uma nova dimensão à medida que a classe média cresceu ao longo do século XX. "Os Smiths gostam da nova peça; os Jones[4] vão vê-la e copiam o veredicto de Smith"[5], escreveu Mark Twain em um ensaio de 1901 chamado "Cornpone Opinions".

4 NT: expressão norte-americana que se refere à comparação com o vizinho como uma referência para a classe social ou o acúmulo de bens materiais.

5 NT: tradução livre do original em inglês "The Smiths like the new play; the Joneses go to see it, and they copy the Smith verdict".

Avancemos no tempo até *Os Simpsons*. Neste programa animado de TV, a família Simpson é dona de uma casa em um bairro cheio de pequenos empresários e profissionais, o pai experimenta uma série de empregos de colarinho branco, a mãe fica em casa, eles tiram férias, economizam para a educação universitária dos filhos, têm animais de estimação e assim por diante. Não foi antes da sexta temporada, no episódio 23, que Homer Simpson admite ser da classe média. Na verdade, ele mostrou um extrato bancário indicando que ganhou o equivalente a cerca de US$37 mil em 2016, o que coloca os Simpsons diretamente dentro da faixa de rendimento médio.

Dado que a classe média é um grupo tão grande, não surpreende que haja pouco acordo sobre os valores compartilhados por aqueles que se encontram dentro dela. Historicamente, algumas noções que vêm à mente são decoro, equilíbrio, honestidade e respeitabilidade. A romancista e dramaturga norte-americana Gertrude Stein descreveu melhor: "Simplesmente afirmo que o ideal da classe média que exige que as pessoas sejam afetuosas, respeitáveis, honestas e alegres, que evitem emoções e cultivem a serenidade é o ideal que me agrada; é, em suma, o ideal da vida familiar afetuosa, dos métodos de negócios respeitáveis."

Há também uma tendência de associar a classe média ao conformismo, e pesquisas sugerem que os indivíduos da classe média exibem níveis mais altos de estado de ansiedade do que aqueles da classe alta ou da classe baixa. Como Damon J. Phillips, da Columbia, e Ezra W. Zuckerman, do MIT, explicam: "O conformismo aumenta à medida que os atores valorizam sua participação em um grupo e ainda se sentem inseguros nessa participação." Enquanto indivíduos de alto prestígio tendem a se sentir confiantes em sua posição social e, portanto, têm poucas razões para se conformar, pessoas de baixo prestígio "se sentem livres para desafiar práticas comuns porque são excluídas, independentemente de suas ações". São os que estão no meio que sentem a pressão para se conformar, tanto para subirem a escada quanto por medo de deslizarem para baixo.

Dito isto, é instrutivo observar que o comportamento da classe média não tende a ser tão virtuoso quanto alguns argumentam. Uma distinção fundamental entre os valores da classe média e da classe trabalhadora é o individualismo da primeira e o comunitarismo da segunda. Uma educação de classe média enfatiza a escolha individual e a independência, enquanto o *ethos* clássico da classe trabalhadora é sobre solidariedade e interdependência. Acontece que o comportamento antiético é mais prevalente entre os membros da classe média, enquanto o comportamento pró-social e altruísta é mais comum entre a classe trabalhadora. Uma pesquisa publicada no *Proceedings of the National Academy of Sciences* constatou que "os indivíduos da classe alta eram mais propensos a desobedecer a lei enquanto dirigem, em relação aos indivíduos da classe baixa... tender a tomar decisões antiéticas... pegar para si bens que são valiosos para os outros... mentir em uma negociação... trapacear para aumentar suas chances de ganhar um prêmio... e endossar o comportamento antiético no trabalho".

Por enquanto, a classe média nos Estados Unidos e na Europa constitui um enigma monumental. Embora sejam caracterizados por decoro, honestidade e respeitabilidade, também são suscetíveis a comportamentos antiéticos por causa do *ethos* individualista, da pretensão e da pressão para se conformar. Há também uma camada adicional de frustração e rancor pelo prestígio perdido após a estagnação econômica global e doméstica.

Não Estamos Sozinhos no Universo

Zhou Yuanyan nasceu no interior da Mongólia. Ela se mudou para uma vila no sexto anel viário de Pequim e viajava diariamente durante uma hora e meia para trabalhar na cidade, primeiro como garçonete e depois como corretora de imóveis. Como as coisas melhoraram financeiramente, sua mãe foi morar com ela e, juntas, desfrutam do conforto proporcionado pelo seu novo emprego, sua nova vida e sua nova condição. "Aumentei bastante minhas comissões... então fomos capazes de nos mudar duas vezes", disse Zhou à *Financial Times*. A China adicionará outros 400 milhões de pessoas como ela à sua classe média até 2030.

A milhares de quilômetros de distância, em alguns países e algumas cidades da África, outra classe média está se formando lentamente. "Estou muito, muito, muito empolgado", proclamou John Monday, um operador de turbina a gás, quando um amigo o fotografou em frente a um supermercado localizado em um shopping em Warri, uma cidade na região petrolífera da Nigéria. De acordo com o *New York Times*, Monday viajou quase 300 quilômetros para visitar um novo shopping center em Warri: "Uma pessoa de classe média pode entrar neste shopping e sentir uma sensação de pertencimento." O quinto maior grupo financeiro do país, o Access Bank, cujos gerentes de agências me ouviram falar sobre as perspectivas para 2030, estima que mais de 10% da população da Nigéria, de cerca de 200 milhões, pertence atualmente à classe média — na qual é acrescentada, a cada ano, nada menos que 1,5 milhão de pessoas.

Embora ainda pequeno para os padrões chineses ou indianos, o mercado consumidor africano de classe média continua a crescer. Segundo um relatório recente da Deloitte, isso se deve principalmente ao crescimento da população, ao poder aquisitivo, às cidades e ao uso de tecnologia. Nas pesquisas, de um quarto à metade dos consumidores que vivem nas maiores economias africanas — Nigéria, África do Sul, Egito e Quênia — percebem uma melhoria material em suas vidas em relação a cinco anos atrás. Eles têm liberdade de decisão sobre suas rendas, aspiram a comprar marcas bem conhecidas e gastariam um pouco mais para estarem por dentro da última moda ou tendência. A qualidade é mais importante que o preço, e as marcas internacionais são as preferidas. Embora atualmente o mercado esteja propício para marcas norte-americanas e europeias, não demorará muito para que empresas e empreendedores locais disputem uma posição nesse mercado.

Na verdade, de acordo com a Brand Africa, uma organização sem fins lucrativos voltada para alavancar internacionalmente uma imagem africana unificada, as 100 marcas mais admiradas do continente vêm de 28 países diferentes, incluindo 8 africanos. Enquanto 24 marcas norte-americanas estão entre as 100 principais, 17 são africanas. E mais marcas africanas terão sucesso à medida que os mercados de consumo do continente evoluírem.

A chave para compreender a essência da nova classe média em mercados emergentes como China ou Nigéria é reconhecer como ela difere da antiga classe média dos Estados Unidos, da Europa ou do Japão. Para começar, a "velha" classe média permaneceu assim por gerações. Mas a classe média emergente é toda "nova rica", como diz a expressão. Embora a renda per capita *média* das pessoas de classe média nos Estados Unidos, na Europa e no Japão seja cerca de três vezes maior que a da classe média na China, na Índia ou em outros mercados emergentes, ela é estagnada. As diferenças geracionais e de renda entre o antigo e o novo tornam os consumidores de classe média dos mercados emergentes muito mais ambiciosos do que os consumidores de classe média nos mercados desenvolvidos.

Por Que o iPhone se Parece Com um iPhone

O iPhone é o produto de consumo mais icônico da classe média do início do século XXI. Não se trata apenas de um telefone — é também agenda, navegador, câmera, calculadora, lanterna, sistema de reprodução de música e vídeo, leitor de e-books e uma infinidade de outras coisas compactadas em um dispositivo extremamente versátil e fácil de usar, com mais poder de computação que o computador da missão Apollo ou o supercomputador fictício HAL em *2001: Uma Odisseia no Espaço.*

O touchscreen no meu iPhone é simplesmente maravilhoso. Mas observe atentamente a caixa em que meu telefone foi entregue (Figura 6).

FIGURA 6

"FCC" indica que o produto atende aos padrões técnicos e de segurança da Federal Communications Commission, uma agência governamental dos EUA, e "CE" indica que atende aos padrões correspondentes para produtos vendidos dentro das fronteiras da União Europeia. Mas por que se referir apenas aos Estados Unidos e à Europa, e não a outros países ou uniões econômicas?

Porque, atualmente, esses são os dois maiores mercados. Na década de 1980, antes que a Europa se tornasse o mercado único (e o segundo maior) que é hoje, apenas o logotipo da FCC teria aparecido em produtos eletrônicos. Em outras palavras, os maiores mercados escrevem as regras do jogo — simplesmente porque são grandes e influentes. As empresas que disputam sua fatia do bolo não têm outra opção a não ser obedecer a quaisquer regulamentos de produtos criados por esses governos.

Em 2030, no entanto, China e Índia serão os maiores mercados consumidores. Estou disposto a apostar todo o meu fundo de pensão que, juntamente com os logotipos da FCC e CE, nossos smartphones também terão um selo de aprovação regulamentar chinês e, possivelmente, um indiano.

Existem outras maneiras pelas quais os crescentes mercados da classe média global estão mudando a forma como a competição tecnológica ocorre. Vamos considerar as patentes.

No Artigo I, a Constituição dos EUA confere ao Congresso o poder de "promover o progresso da ciência e das artes úteis, garantindo, por tempo limitado, aos autores e inventores o direito exclusivo aos seus escritos ou descobertas". Esse direito exclusivo é protegido por meio de uma patente, que pode ser aplicada a um novo medicamento, dispositivo mecânico ou material compósito. Nos Estados Unidos, uma patente confere um direito exclusivo de uso por vinte anos. Por décadas, o Escritório de Patentes e Marcas dos Estados Unidos tem sido a agência mais importante do mundo quando se trata de proteger invenções, e provavelmente continuará sendo por algum tempo. Mas, enquanto em 2016 o número de pedidos de patentes preenchidos nos Estados Unidos era 3 vezes maior do que em 1995, na Índia era 7 vezes maior e na China, 72 vezes maior. À medida que a China e a Índia crescem em importância, cresce também sua cultura de patentear novos produtos e invenções.

Um Confronto entre Classes Médias?

A Hooker Furniture Corporation oferece de tudo, desde estrados para cama e armários a sofás e poltronas. Em 1925, Clyde Hooker Jr., de 4 anos, puxou a corda do apito do vapor para marcar o primeiro dia de trabalho na empresa. A empresa tinha sido fundada um ano antes, em Martinsville, Virgínia, a menos de 16 quilômetros da Carolina do Norte, região que se tornou o coração da indústria de móveis dos Estados Unidos. Nos anos 1990, após décadas de crescimento, as importações baratas vindas do México e de outros países começaram a minar os produtores da região. "Nossos clientes estavam cada vez menos dispostos a comprar móveis produzidos no país", disse Paul Toms, presidente e CEO da Hooker. A empresa foi forçada a fechar cinco fábricas e sua força de trabalho foi reduzida para duzentos funcionários, uma redução de 90%. A indústria de móveis da Carolina do Norte como um todo perdeu cerca de 60% de seus empregos. "Eram pessoas boas e trabalhadoras, que estavam fazendo tudo o que lhes pedíamos e não foi culpa delas. Não havia outra alternativa. Estávamos vendendo móveis a um preço menor do que nos custava para fabricá-lo." Enquanto isso, a indústria de móveis chinesa está crescendo, não somente por causa das exportações, mas principalmente devido à crescente demanda da classe média em rápida expansão no país.

O futuro divergente das classes médias no mundo desenvolvido e nos mercados emergentes será uma realidade econômica e política definidora em 2030 e além. Os Jones realmente terão problemas para acompanhar os Singhs e os Wangs de várias maneiras. "Dependendo de para quem e onde se pergunta, a classe média está crescendo ou diminuindo, ansiosa ou otimista, ficando mais rica ou mais pobre, engajada politicamente ou optando por não participar", argumenta Clive Crook, colunista e editor. As classes médias de todo o mundo competem por empregos e prosperidade entre si? Se o fazem, e se houver concorrência desleal, medidas extraordinárias — como o protecionismo — ganham força entre os eleitores.

Em 2015, o Pew Research Center anunciou que o número combinado de famílias pobres e ricas nos Estados Unidos havia, pela primeira vez em duas gerações, excedido o número de famílias de classe média. Em 1971, havia 80 milhões de domicílios de classe média (em comparação com os 52 milhões que estavam acima ou abaixo). Em 2015, havia 120,8 milhões de famílias de classe média, comparado às 121,3 milhões nos dois outros grupos. Aristóteles estava se revirando em seu túmulo. Ecoando a estagnação da classe média norte-americana, Homer Simpson teve quase duzentos empregos diferentes desde que o programa foi ao ar, três décadas atrás — sem mostrar qualquer evolução na carreira. Seiscentos episódios — nenhuma melhora em sua condição econômica.

Os padrões de vida morosos, se não em declínio, da classe média norte-americana e europeia, tiveram sua culpa irresponsavelmente imputada a políticos e especialistas em imigração, à concorrência desleal de mercados emergentes e à indiferença da elite pelos lados sombrios da globalização. O resultado foi o Brexit e uma presidência para Donald Trump. A ordem econômica e geopolítica global que surgiu após a Segunda Guerra Mundial está sob fogo cruzado de ambos os lados do espectro político.

O confronto também está ocorrendo entre as empresas. Aquelas pertencentes aos mercados emergentes estão ficando cada vez maiores a cada dia, enquanto as da Europa e dos Estados Unidos estão diminuindo — com algumas exceções notáveis, como as da área de tecnologia. Mas até mesmo no setor de tecnologia as empresas chinesas e indianas estão se tornando maiores, não apenas pelo tamanho da população que atendem, mas também porque mais pessoas estão online e usando serviços digitais. A verdade é que existem mais usuários de banda larga, mídias sociais e pagamentos móveis na China ou na Índia do que nos Estados Unidos. Essa lacuna só continuará aumentando.

O que será das empresas europeias e norte-americanas quando o centro de gravidade do consumo global da classe média se deslocar para a Ásia? Elas podem competir por participação de mercado ao lado de suas colegas estrangeiras? A Alibaba é uma empresa maior que a Amazon, a Didi acabou de adquirir as operações chinesas da Uber e a Índia possui mais técnicos e engenheiros empregados no setor de tecnologia da informação do que os Estados Unidos. Empresas fortes são importantes para a classe média, porque criam empregos bem remunerados e oferecem carreiras e caminhos para o progresso profissional. Essa economia pós-global é um cenário competitivo difícil para todos, especialmente para a velha classe média, precisamente porque empresas como a General Motors e a Sears estão em declínio.

Agora, considere os novos tipos de empresas como Spotify e Airbnb. Esses dois campeões muito admirados da economia tecnológica são os "unicórnios" — que, como mencionado anteriormente, são empresas privadas avaliadas em mais de US$1 bilhão. Durante anos, eles têm sido os queridinhos de investidores-anjo e capitalistas de risco. E, no entanto, a grande maioria de seus clientes e receita está confinada à Europa e às Américas. O Airbnb tem tido dificuldades para se expandir. O Spotify não informa quantos clientes eles têm na China ou na Índia. Curiosamente, ambas as nações estão incluídas na categoria genérica "resto do mundo". Há algo errado quando uma empresa como o Spotify não consegue distinguir dois mercados nacionais que estão prestes a se tornar o maior do mundo.

Até a Netflix — uma empresa norte-americana que opera em mais de 190 países — tem mais assinantes e receita de streaming internacionalmente do que no mercado interno, e responde por 20% do tráfego online global total — até o momento, tem adiado o ingresso no mercado chinês. Eles produzem conteúdo em mandarim, mas para a diáspora chinesa. Na Índia, a Netflix enfrenta menos obstáculos, mas foi forçada a reduzir os preços das assinaturas para acelerar seu lento crescimento. "Já lutando com gigantes globais como a Walt Disney Co. e a Amazon.com Inc.", relatou o *Economic Times* da Índia em 2019, "a Netflix agora também compete com emissoras e potências de Bollywood, aliadas a operadoras móveis apoiadas por bilionários, que estão atraindo usuários com ofertas gratuitas ou por até 40 centavos de dólar por mês... A intensa concorrência pode atrapalhar a meta do CEO Reed Hasting, de atingir 100 milhões de clientes na Índia." Na época em que o artigo foi escrito, a Netflix tinha apenas 4 milhões de clientes, em um mercado de streaming de vídeo duas vezes maior que os Estados Unidos. Será que as empresas norte-americanas estão deixando a peteca cair?

De maneira mais ampla, se uma empresa foi bem-sucedida com a antiga classe média, não há garantia de que será igualmente bem-sucedida com a nova classe média. Existem inúmeras histórias horríveis de empresas norte-americanas que mal compreendem as preferências e os hábitos dos consumidores nos mercados emergentes. Pode parecer óbvio, mas a nova classe média não ama necessariamente o que os norte-americanos amam. Por exemplo, o eBay sempre teve um desempenho inferior ao TaoBao na China, porque não reconheceu que os consumidores chineses preferem interagir diretamente com os fornecedores e se preocupam pouco com o sistema de classificação. O Walmart transportava esquis para o Brasil — um país que não possui montanhas cobertas de neve, sem falar em pistas de esqui! — e empacotava itens em tamanhos de atacado na Coreia do Sul, onde os consumidores preferem comprar em pequenas quantidades. Ele também ignorava as diferenças nas atitudes dos consumidores: as grandes lojas são vistas pelos consumidores indianos e chineses como caras, enquanto nos Estados Unidos são consideradas o lar dos produtos mais baratos.

E há outro efeito potencialmente perturbador que envolve o aumento do consumo da classe média em mercados emergentes como a China: a geração mais jovem de consumidores não está economizando tanto quanto seus pais e avós. "Para a geração dos meus pais, conseguir um emprego decente e estável é o suficiente — e o que eles fazem é economizar dinheiro, comprar casas e criar filhos", observa Liu Biting, um millennial que tem um emprego na área de marketing em Xangai. "Vemos o dinheiro como algo a ser gasto." Um número crescente de millennials chineses está tomando empréstimos de curto prazo de várias plataformas de empréstimos online para honrar outros empréstimos que já haviam tomado anteriormente para alimentar seu consumo. Yu Runting também trabalha com marketing em Xangai, mas sua renda mensal de cerca de US$1.300 é suficiente para cobrir o aluguel e as necessidades básicas. Mas, conforme relatório do *Jing Daily*, ela comprou uma "bolsa Celine Box 'Medium Classic' (preço de varejo, US$4.400), uma bolsa hobo 'Gabrielle' da Chanel (US$4.500), uma bolsa 'Serpenti Forever' da Bulgari (US$2.100) e brincos de ouro 'balance eclipse' da Tasaki (US$1.800) — estourando o limite de quatro cartões de crédito e complementando-o com o crédito oferecido pelo sistema de empréstimos online da Alipay, o Huabei". Yu afirma que "todo mundo que trabalha na minha empresa, de recepcionistas a gerentes, possui pelo menos duas bolsas de luxo, e eu sei que a maioria dos meus colegas do meu nível contrai empréstimos". May Yee Chen, chefe do Grupo de Inovação da J. Walter Thompson Intelligence para a região da Ásia-Pacífico, observa que "muitos desses millennials e consumidores de luxo da geração Z são filhos únicos... livres das restrições práticas ou culturais da geração de seus pais, que foram ensinadas a poupar, poupar, poupar".

Claramente, os jovens consumidores chineses estão começando a se comportar como se fossem norte-americanos, um desdobramento que mina o arranjo confortável, no qual os chineses poupavam enquanto os norte-americanos gastavam. Desde 2020, a proporção da dívida dos domicílios chineses em relação ao PIB oscilava em torno de 50%, contra 76% nos Estados Unidos. Em 2030, os dois países poderão estar no mesmo nível. Os norte-americanos precisarão apertar o cinto se a geração mais jovem da China não economizar mais para eles.

O Planeta Pode Sustentar Várias Classes Médias?

Satish e Arlene Palshikar vivem em Portland, Oregon, e são ávidos recicladores. Em 2017, eles dirigiram seu híbrido Prius até uma instalação de triagem de resíduos para entregar seus recicláveis. Um operário disse a eles que a China não reciclaria mais o plástico dos EUA. O governo chinês notificou recentemente a Organização Mundial do Comércio que não aceitaria mais certos tipos de resíduos sólidos, "para proteger os interesses ambientais da China e a saúde das pessoas". Uma batalha fundamental na escalada da guerra comercial entre o governo Trump e a China consiste na questão da reciclagem. No passado, a China enviava produtos manufaturados para os Estados Unidos, enquanto os Estados Unidos enviavam seus resíduos e materiais recicláveis para a China. Era um acordo mutuamente benéfico. Os consumidores norte-americanos de classe média são os maiores produtores de resíduos do mundo. Um terço dos resíduos recicláveis do país é exportado e a China recebe quase a metade deles. A cada ano, a China costumava aceitar cerca de 47 milhões de toneladas métricas de plásticos descartados, que depois eram reciclados.

Mas agora, a China, a Índia e vários outros países emergentes têm sua própria classe média para cuidar — e seu próprio lixo para administrar. Sem a capacidade da China de absorver os resíduos sólidos do mundo, não está claro para onde esses resíduos irão. "Com a produção e o uso de plásticos continuando a aumentar, e empresas e países comprometendo-se com economias circulares e aumentando as taxas de reciclagem de plásticos, a quantidade de resíduos plásticos que precisam de uma 'casa' continuará aumentando no futuro próximo", concluiu um estudo da Universidade da Geórgia. "Para onde vai o resíduo plástico agora? Na ausência de novas ideias ousadas e estratégias de gestão, as taxas atuais de reciclagem não serão mais cumpridas e as metas e os prazos ambiciosos para o crescimento futuro da reciclagem serão intransponíveis." De fato, a nova guerra contra o resíduo plástico na Europa e nos Estados Unidos tem mais a ver com a recusa da China de aceitar nosso lixo do que com uma maior conscientização ambiental.

O crescimento da classe média em todo o mundo significa que o número global de pessoas abaixo da linha da pobreza continua a cair. Esse é um desdobramento bem-vindo, mas também levanta uma questão desconcertante para o futuro, como o *New York Times* perguntou diretamente em 2001: "O planeta pode suportar mais Estados Unidos?"[6] Você pode imaginar um mundo em que 2 bilhões de pessoas em mercados emergentes consumam como o norte-americano médio? O consumo total da classe média no mundo aumentará cerca de 55% entre 2020 e 2030. Por exemplo, quando as pessoas veem sua renda aumentar, elas comem mais proteína e rapidamente desenvolvem uma preferência por carne bovina, em vez de carne de porco ou frango. Bem, são necessários, em média, 1.800 litros de água doce para produzir um quilo de carne bovina. Então, pense nas matérias-primas necessárias para fabricar um carro ou uma máquina de lavar e no combustível ou na eletricidade necessários para mantê-los funcionando. Precisamos criar maneiras criativas de evitar conflitos sobre recursos naturais escassos, incluindo água, minerais e energia. Precisaremos de trabalhadores, engenheiros e empreendedores que projetem e forneçam melhores sistemas para gerenciar os recursos limitados disponíveis para nós. E talvez precisemos mudar nossos hábitos de desperdício, como veremos no Capítulo 7.

Os Millennials Lutam Para Ingressar na Classe Média

"Atualmente, trabalho como temporário para uma empresa de seguros/resseguros como analista de sinistros", diz uma publicação no Reddit. "A duração do meu período de experiência era para ser de 6 meses... eles me disseram que enviaram meus dados para me contratarem como funcionário permanente. Já faz dez meses e ainda não recebi resposta. A única coisa que quero é meu emprego permanente assalariado, não essa besteira de salário por hora... Estudei marketing e de alguma forma consegui um emprego na área de gestão de riscos financeiros. O que estou fazendo de errado?" Outro queixou-se de que, depois de passar quatro anos estudando para obter um diploma em administração, "sinto que poderia ter saído direto do ensino médio para ganhar a mesma quantia por meio de aumentos anuais e não ter gastado mais

6 NT: tradução livre do original em inglês "Can the planet support more Americas?"

de US$40 mil". E um terceiro afirmou: "As coisas não vão acontecer só porque você tem um diploma, apesar do que nossos pais disseram. Se você não tiver a experiência relevante, esteja preparado para um corte de salário se eles o contratarem, isto é, se você for envolvente o bastante para conseguir que eles o contratem."

Histórias como essas ilustram um padrão geral: a classe média está encolhendo na Europa e nos Estados Unidos, não apenas porque as pessoas estão perdendo empregos bem remunerados para a concorrência global ou para a automação, mas também porque os jovens não conseguem acesso a empregos estáveis. Simplesmente, existem cada vez menos desses empregos por aí. "Tornou-se mais difícil para as gerações mais jovens chegar à classe média", concluiu um estudo de 2018 da OCDE, usando dados de vários países europeus, além de México e Estados Unidos. "Isso ocorre porque as gerações mais velhas costumam estar mais bem protegidas das mudanças no mercado de trabalho e dos riscos relativos à baixa renda do que as gerações mais novas. Desde a geração dos baby boomers, o grupo de renda média ficou menor a cada geração posterior." Por exemplo, enquanto apenas 60% dos trinta e poucos millennials fazem parte da classe média, quase 70% dos baby boomers eram da classe média quando estavam em um estágio semelhante em suas vidas.

E o que é realmente assustador é que ter filhos dificulta ainda mais o alcance à classe média por partes das famílias, em uma dinâmica de autoperpetuação que pode levar as taxas de fertilidade ainda mais para baixo. "Os pais da classe média foram forçados a investir mais em seus filhos, ao mesmo tempo que possuem menos garantias por parte dos empregadores e do governo", escreve o jornalista Patrick A. Coleman na *Fatherly*. Novamente, os episódios agregados a uma tendência com implicações importantes para o futuro. "A parcela de domicílios com crianças na classe média também caiu [na Europa e nos Estados Unidos] — de 72% para 68% para casais com filhos e de 55% para 44% entre pais solteiros." Em 2030, a Europa e os Estados Unidos serão o lar não apenas de uma classe média menor, mas também de uma sociedade mais polarizada, com uma parcela maior de crianças nascendo em famílias pobres ou ricas, e menos delas desfrutando do conforto tradicional da classe média.

Outra tendência intrigante é que as pessoas com mais de 60 anos agora representam uma parcela maior da classe média nos Estados Unidos e na Europa do que historicamente tem sido o caso, porque muitas têm empregos bem remunerados, terminaram de criar seus filhos e conseguiram poupar algum dinheiro. "A composição da classe de média sofreu profundas mudanças", conclui o estudo da OCDE. "Ela…

envelheceu mais rápido que a população como um todo nas últimas três décadas... [as] chances de chegar à renda média caíram para cada geração posterior a partir da geração do baby boom."

É Possível se Recuperar?

Buffalo, em Nova York, costumava ser uma das áreas metropolitanas mais ricas do país, povoada por inúmeras empresas prósperas, grandes e pequenas, e uma vibrante classe média. É o lar de maravilhas arquitetônicas projetadas por luminares como Louis Sullivan e Frank Lloyd Wright. De acordo com Frederick Law Olmsted, criador do Central Park de Nova York, Buffalo era "a melhor cidade planejada dos Estados Unidos, se não do mundo". Ele a descreveu como "uma cidade democrática e igualitária". O plano da cidade, em 1804, apresentava um sistema radial de ruas sobrepostas em grade, como em Washington, DC. Sua proximidade com um lago inspirou a crítica de arquitetura Ada Louise Huxtable a chamá-la de "a melhor vista urbana dos Estados Unidos". A cidade abriga o primeiro museu de arte moderna do país, a Albright-Knox Art Gallery, fundada em 1862. Foi também a primeira cidade nos Estados Unidos a usar iluminação elétrica nas ruas. Mas, desde a década de 1950, grande parte dessa história foi manchada pelos efeitos do declínio da manufatura e seu alto custo para os moradores de classe média da cidade. Silos de grãos, fábricas, instalações de transporte e edifícios de escritórios em ruínas permanecem ociosos há décadas.

Além dos benefícios da imigração discutidos no Capítulo 1, os imigrantes podem se tornar um recurso para a renovação urbana. Originalmente construída por imigrantes europeus, algumas áreas de Buffalo foram revitalizadas por novas ondas de imigração — desta vez da Etiópia, da Somália, do Laos, de Mianmar e da Sérvia, entre outros países. De acordo com David Stebbins, que escreveu extensivamente sobre o renascimento das cidades na região dos Grandes Lagos da América do Norte, "Esses novos moradores trazem consigo uma ética de trabalho e espírito empreendedor que ajuda a repovoar os bairros instáveis e a criar novos negócios para preencher as fachadas vazias das lojas." Essa tendência faz parte de um padrão mais genérico. "A diversidade de imigrantes parece ter amplos benefícios em toda a força de trabalho", observa uma análise de 2017 do órgão de pesquisa bipartidário New American Economy, que baseou suas descobertas em uma amostra nacional de 33,5 milhões de trabalhadores norte-americanos. "Quando imigrantes com diferentes ideias e novas habilidades chegam, os empregadores podem preencher cargos que, de outra forma, permaneceriam vazios, encontrar melhores soluções para os problemas e expandir para novas áreas de negócios." Como resultado, os salários dos trabalhadores que mais e menos recebem crescem, em média, 6% depois que um afluxo de imigrantes chega à área metropolitana.

Buffalo superou outras cidades de sua região, incluindo Rochester e Syracuse. Os céticos argumentam que qualquer cidade desse tamanho se recuperaria após uma injeção de US$1 bilhão em subsídios e concessões do Estado. "O 'Buffalo Billion[7]' de Cuomo: Nova York está fazendo seu dinheiro valer a pena?"[8] diz a manchete do *New York Times*, em referência à declaração de 2012 do governador Andrew Cuomo, que diz "acreditamos em Buffalo. Vamos unir nossas ações às nossas palavras. Esse é um grande 'B' — representando Buffalo e representando bilhões". Desde 2018, foram investidos quase US$1,5 bilhão, grande parte em projetos que foram criticados por criar apenas um pequeno número de empregos permanentes, como a usina de painéis solares Tesla, de US$750 milhões, altamente automatizada. Injetar dinheiro em cidades decadentes pode ser útil se os fundos forem bem gastos, o que nem sempre acontece, mas apostar na renovação atraindo talentos e pessoas trabalhadoras tende a ter mais sucesso no longo prazo.

Não há dúvida de que a economia de 2030 será um cenário competitivo difícil para todos, especialmente para pessoas em lugares como Buffalo. Mas há sinais de esperança. Em um estudo abrangente, Alan Berube e Cecile Murray, da Instituição Brookings, acompanharam a evolução de 185 municípios urbanos com uma significativa história manufatureira. Esses municípios foram responsáveis, em 2016, por cerca de 12% da população dos Estados Unidos. A maioria deles está localizada no Centro-Oeste e no Nordeste. Os pesquisadores descobriram que, embora mais da metade tenha conseguido se recuperar da crise, 70% não conseguiu aproveitar as oportunidades que surgiram nos novos setores de tecnologia e serviços entre 1970 e 2016. Entre os que tiveram melhor desempenho estão Brooklyn, Queens e Buffalo, em Nova York; Filadélfia; Saint Louis e vários outros municípios nas redondezas de Boston. Outros ainda estão com baixo desempenho, incluindo Albany, em Nova York; Dayton, em Ohio; e Detroit e Flint, no Michigan. Apenas alguns fatores explicam as diferenças nos índices de sucesso: a presença de grandes universidades de pesquisa, o apoio político local a iniciativas de qualidade de vida que atraem

7 NT: projeto do governo do estado de Nova York, liderado pelo governador Andrew Cuomo, que visava investir US$1 bilhão na economia da área de Buffalo.

8 NT: tradução livre do original em inglês "Cuomo's 'Buffalo Billion': Is New York Getting Its Money's Worth?"

um conjunto diversificado de talentos e a abertura à imigração. Assim, o destino da classe média norte-americana difere por cidade e geografia, com algumas áreas metropolitanas experimentando crescimento, enquanto outras permanecem presas à neutralidade. Existem maneiras de restaurar a prosperidade da classe média para a maioria da população?

Ford, Amazon e a Ideia de Uma Renda Básica Universal

"Em 4 de janeiro de 1914, Henry Ford era um próspero mecânico que se tornou empresário na crescente indústria automobilística de Detroit", escreveu meu colega da Wharton, Daniel Raff. "Seus carros eram muito populares, mas seu nome era desconhecido para o mundo em geral, exceto para os lugares onde os modelos T foram vendidos." O dia seguinte estava tipicamente frio em Detroit. Henry Ford e James Couzens, seu vice-presidente, estavam prestes a fazer um anúncio sem precedentes: a Ford Motor Company ia dobrar o salário de seus trabalhadores para US$5 por dia. Hoje, isso equivale a US$126, ou US$14 por hora, para um dia de trabalho de nove horas, quase o dobro do salário mínimo federal de 2019, que era de US$7,25 por hora. "'Corrida do Ouro' é iniciada pela oferta de US$5 dólares da Ford"[9], dizia a manchete do *Times-Star* de Detroit. "Milhares de homens procuram emprego na fábrica de Detroit. Dez milhões de dólares serão distribuídos em forma de bônus semestrais. Nenhum funcionário receberá menos de cinco dólares por dia."

"Uma vertente da reação popular às notícias", contou Raff, "é bem ilustrada por uma charge do *New York Globe and Commercial Advertiser*... Vários homens gordos usando cartolas e casacos com gola de pele e charutos fumegantes estão enfileirados no guichê. Outro cavalheiro está sentado atrás de um carro com motorista... 'Hawkins', ele diz, 'você pode ir até o guichê para pegar meu salário? Eu esqueci completamente na semana passada'". O Dia dos Cinco Dólares[10] catapultou Henry Ford para celebridade global. "O plano norte-americano; a prosperidade automotiva escoando do alto escalão", escreveu John Dos Passos em seu romance de 1933, *The Big Money*[11]. "Mas esses cinco dólares por dia pagos a trabalhadores de bem, simples, que não bebiam, não fumavam, nem liam ou pensavam... tornaram Henry Ford, aficionado por automóveis, admirador de Edison, amante de pássaros, o grande norte-americano de sua época."

9 NT: tradução livre do original em inglês "'Gold Rush' Is Started by Ford's $5 Offer"

10 NT: tradução livre do original em inglês "Five-Dollar Day".

11 NT: sem tradução para o português.

Os engenheiros da Ford simplificaram e padronizaram o processo de montagem. Eles conseguiram reduzir de 12 horas para apenas 93 minutos o tempo necessário para construir um Modelo T. Essa eficiência significou que a jornada de trabalho diminuiu significativamente, e os trabalhadores ficaram entediados. Como resultado, a rotatividade de funcionários disparou para 370%, o que significa que a empresa empregou quase quatro funcionários diferentes ao longo do ano para ocupar cada posição na linha de montagem. "A Ford concluiu que um salário maior poderia tornar o tédio da fábrica mais tolerável", escreveu *The Henry Ford*, uma publicação que promove as contribuições feitas por Henry Ford à inovação norte-americana. Em sua pesquisa, Raff não encontrou "qualquer evidência de que a empresa tivesse dificuldade em preencher vagas". Além disso, a oferta de Ford não era um aumento salarial direto. Pelo contrário, era um plano de participação nos lucros, em que um trabalhador receberia um bônus se certos requisitos e marcos de desempenho fossem atendidos. De acordo com o *The Henry Ford*, a empresa criou um infame Departamento Sociológico para "monitorar os hábitos de seus funcionários fora do local de trabalho". Para se qualificar para o Dia dos Cinco Dólares, "os trabalhadores tiveram que se abster de álcool, não abusar fisicamente de suas famílias, não aceitar hóspedes, manter suas casas limpas e contribuir regularmente para uma conta-poupança". Tal abordagem paternalista da gestão do trabalho era realmente bastante comum na época. "Os inspetores da Ford Motor Company iam às casas dos trabalhadores, faziam perguntas e observavam as condições gerais de vida." O desenvolvimento cultural e econômico inicial da classe média norte-americana deve muito, de certa forma, à visão de Henry Ford. Ele contribuiu para a formação de uma grande classe de consumidores, ansiosos por adquirir bens produzidos em massa como os que ele produzia.

Avancemos para 2 de outubro de 2018, o dia em que a Amazon anunciou que pagaria a todos os seus funcionários nos EUA — que trabalhavam período integral, em meio período e temporários — pelo menos US$15 dólares, mais do que o dobro do salário mínimo federal. A empresa, que emprega um quarto de milhão de pessoas ao longo do ano (e outras 100 mil durante as férias), foi abertamente criticada por suas práticas trabalhistas. Com o aumento salarial, a empresa "ouviu os críticos", de acordo com o CEO Jeff Bezos, e "decidiu que quer ser líder". Como Henry Ford, o homem mais rico de sua época escolheu um número redondo por seu poder simbólico. Até o senador Bernie Sanders, que apresentou ao Congresso um projeto de lei chamado "Stop BEZOS", uma abreviação de "Stop Bad Employers by Zeroing Out Subsidies Act"[12], elogiou a decisão: "Hoje, quero dar crédito a quem o merece. E quero parabenizar o Sr. Bezos por fazer exatamente o que é certo."

Pense nas diferenças e semelhanças entre os mundos em que Ford e Bezos viviam no momento em que cada um tomou sua decisão. Embora a taxa de desemprego fosse de cerca de 14% em 1914 e apenas 4% em 2018, o contexto era semelhante, pois trabalhadores e empresas estavam enfrentando uma dramática mudança tecnológica. Ford e Bezos nunca perderam de vista o crescimento, mas ambos estavam dispostos a fazer concessões para evitar a ameaça de uma força de trabalho organizada. E ambos queriam reduzir a rotatividade. A iniciativa da Ford teve um efeito cascata em toda a indústria automobilística, e a ascensão da classe média norte-americana é um produto da ideia de que os trabalhadores funcionam como consumidores. Lamentavelmente, considerando um dia de trabalho de oito horas, o Dia dos Cinco Dólares de Ford em 1914 era o equivalente a US$15,69 por hora em 2018, depois de ajustada à inflação, 69 centavos a mais que os US$15 por hora da Amazon. De qualquer forma, poucas empresas estão dispostas a aumentar os salários de forma unilateral.

À medida que segmentos da velha classe média começam a empobrecer, o apoio a uma renda básica universal fornecida pelo governo está crescendo em ambos os lados do Atlântico. A ideia tem relativamente muitos adeptos na Europa e no Canadá. Nos Estados Unidos, por outro lado, ela é considerada por muitos como herética e uma forma de socialismo. De acordo com o escritor da revista *New Yorker*, Nathan Heller, um programa governamental para fornecer a todas as famílias uma renda mínima, "o suficiente para sobreviver — pelo menos em *algum lugar* dos Estados Unidos — mas não o suficiente para viver bem", ganhou força não apenas entre os acadêmicos, mas também entre líderes trabalhistas. Até os libertários apoiam essa ideia, pressentindo uma maneira de conter a burocracia do governo e diminuir os programas de assistência social. Em contraste com a atual variedade de programas de apoio do governo, nos quais os funcionários do governo precisam decidir quem merece cada forma específica de assistência governamental e administrar esses benefícios, a universalidade de um programa desse tipo reduziria custos e eliminaria burocracias. É também uma "linha orçamental rígida" no sentido de que, uma vez definido um valor de renda por pessoa ou por família, é possível saber quanto custa o programa. De fato, o economista libertário Milton Friedman propôs um "imposto de renda negativo" (pagamento adicional emitido pelo governo para pessoas com um

12 NT: "Detenham os maus empregadores, zerando a lei de subsídios", em tradução literal.

certo nível de renda) em seu livro de 1962, *Capitalismo e Liberdade*. Acontece que o governo Johnson achou a ideia tão atraente que decidiu executar um programa-piloto em Nova Jersey, cujos resultados levantaram mais perguntas do que respostas. Outros especialistas gostam do conceito de uma renda mínima garantida pelo governo, porque protegeria a economia orientada ao consumidor dos efeitos negativos do desemprego induzido pela tecnologia — uma tendência que só se intensificará entre os dias atuais e 2030. "Há uma boa chance de acabarmos tendo uma renda básica universal, ou algo assim, devido à automação", disse Elon Musk, em 2016. "Não tenho certeza do que mais poderia ser feito."

De acordo com uma pesquisa de fevereiro de 2018 feita pela Gallup, os norte-americanos estão igualmente divididos sobre a validade de uma renda básica universal. Os críticos temem que isso reduza o incentivo para uma pessoa ser produtiva e prejudique o orgulho e a satisfação que as pessoas obtêm ao realizar seus trabalhos. "Acho que há certa dignidade no trabalho", argumenta o economista Joseph Stiglitz, vencedor do Prêmio Nobel, que muitas vezes se alinha a políticas progressistas. Também há dúvidas se isso ajudaria a economia. O Instituto Roosevelt, um órgão de pesquisa de esquerda, argumenta que, se financiada por meio de impostos, uma renda básica universal não traria ganhos em termos de crescimento econômico. Mas existem outros benefícios potenciais. Um programa-piloto em Ontário, no Canadá, para pessoas solteiras que ganham menos de US$26 mil (US$36,5 mil para casais) descobriu que os beneficiários se sentem mais competentes, menos ansiosos, mais conectados socialmente e capazes de investir em educação e na procura de emprego.

Talvez o Alasca possa fornecer o teste definitivo quanto aos benefícios e custos. Desde 1982, os residentes do Alasca recebem um dividendo anual da Alaska Permanent Fund[13], financiado pela receita do petróleo do estado. Em 2018, o pagamento foi de US$1.600. Um estudo completo publicado pelo Bureau Nacional de Pesquisa Econômica não encontrou evidências de que esse dividendo desestimulasse o trabalho. "Uma transferência de renda universal e permanente não diminui significativamente o emprego agregado." Mouhcine Guettabi, economista da Universidade do Alasca, em Anchorage, corrobora essa constatação. Além disso, ele analisa outros estudos, concluindo que os habitantes do Alasca gastam mais em bens e serviços para consumo imediato no mês em que recebem o pagamento. Nas quatro semanas após a entrega dos cheques, os incidentes relacionados ao abuso de substâncias aumentam em 10%,

13 NT: empresa estatal, com sede em Juneau, que gerencia os ativos do Fundo Permanente do Alasca e outros fundos designados por lei.

mas os crimes contra a propriedade diminuem em 8%. Outros benefícios incluíram um aumento médio do peso ao nascer, no caso de mães de baixa renda, e a redução da obesidade entre crianças de 3 anos. Curiosamente, os pagamentos reduzem a pobreza, mas aumentam a desigualdade, provavelmente porque as famílias mais ricas reinvestem o dividendo, enquanto que os mais pobres o gastam. Independentemente do saldo de benefícios e custos, todo o esquema baseia-se na hipótese de receitas constantes de petróleo, ameaçadas pela volatilidade dos preços e pelo esgotamento dos campos de petróleo existentes. Essa incerteza resulta em duras batalhas políticas sobre como alocar a receita tributária entre os programas do governo.

Os economistas da Universidade da Califórnia em Berkeley, Hilary Hoynes e Jesse Rothstein, apresentam uma avaliação sombria do futuro dos esquemas universais de rendimento básico. Depois de analisar os programas-piloto e as propostas de políticas no Canadá, na Finlândia, na Suíça e nos Estados Unidos, eles concluem que "substituir os programas existentes contra a pobreza por uma renda básica universal seria altamente regressivo, a menos que fossem instalados fundos adicionais substanciais".

Inseguranças da Classe Média

Em 2030, os consumidores de classe média nos mercados emergentes superarão os dos Estados Unidos, da Europa e do Japão em cinco a um, o que representa um duplo aumento em relação a 2020. Em vez de *Os Simpsons*, podemos estar assistindo às aventuras dos Singhs, Wangs ou Mwangis. A ação ocorrerá não em um subúrbio de Springfield, Oregon, como o dos Simpsons, mas em Mumbai, Xangai ou Nairóbi. As principais marcas do mundo não refletirão mais as preferências dos consumidores norte-americanos. Ao contrário, serão adaptadas principalmente às da ambiciosa classe média nas economias emergentes.

Mas a classe média não é a única força transformacional atualmente. Como veremos a seguir, a ascensão das mulheres como ganhadoras e detentoras de riqueza é o outro grande mecanismo de mudança.

4

O FIM DO SEGUNDO SEXO?

Os Novos Milionários, Empresários e Líderes de Amanhã

Mulheres com dinheiro e mulheres no poder são duas ideias desconfortáveis em nossa sociedade.

– Candace Bushnell, criadora da série Sex and the City

Um regime teocrático controla partes dos Estados Unidos na esteira de duas crises ambientais e de fertilidade, que impôs medidas cruéis em um esforço para superá-las e combater os resistentes que ameaçam a autoridade da república. As escolas estão vazias por falta de crianças. É proibido jogar *Scrabble* ou outros jogos improdutivos. Um "Compubank" substituiu todo o papel-moeda em circulação. As mulheres não podem ter empregos remunerados ou propriedades. Vaidades como cosméticos, joias e revistas são consideradas banais e banidas. As mulheres mais velhas desaparecem misteriosamente. Os patriarcas dominantes e suas esposas estéreis subjugam as castas inferiores das mulheres. As sortudas servem como útero ambulante, em um grande esquema para repovoar a terra. As infelizes que não podem mais ter filhos limpam poluentes químicos e resíduos radioativos. Tanto homens como mulheres sabem que até os menores pecadilhos sexuais são puníveis com amputação.

Este é o enredo distópico de *O Conto da Aia*, um romance escrito em 1985 por Margaret Atwood (e desde então adaptado para uma série para a empresa de streaming Hulu), que parece assustadoramente contemporâneo. "Este momento é o melhor e o pior dos tempos para as mulheres", observou Atwood, em 2018. "Algumas mulheres estão lutando pelos direitos que nunca tiveram, mas outras estão lutando contra a ameaça da remoção de tais direitos."

Traços de tempos melhores estão por toda parte, aos olhos de todos. As mulheres frequentam a maioria dos cursos de graduação e pós-graduação nos Estados Unidos, e mais de 40% das mães norte-americanas casadas ganham mais que seus maridos. Elas estão acumulando riqueza mais rapidamente que os homens — tanto que, em 2030, mais da metade da riqueza total do mundo será de propriedade de mulheres.

Mas o pior dos tempos também está à nossa frente. Um estudo sobre igualdade de gênero financiado pela Fundação Bill e Melinda Gates concluiu que "faltando apenas 11 anos para 2030, quase 40% das meninas e mulheres do mundo — 1,5 bilhão — vivem em países que enfrentam dificuldades com a questão de igualdade de gênero". A vantagem das mulheres na expectativa de vida em relação aos homens nos Estados Unidos e em outros países desenvolvidos está em declínio. Além disso, as experiências das mulheres tendem a divergir com base em vários fatores: se elas têm filhos, se são solteiras ou estão em um relacionamento estável e se são casadas ou divorciadas. Isso criou grandes disparidades entre as próprias mulheres.

Essas tendências importantes significam mudanças maciças, não apenas para a sociedade, mas também para o mercado de capitais, porque as mulheres são diferentes dos homens quando se trata de investimentos; para as empresas, pois trazem diferentes perspectivas para o local de trabalho; e para a inovação, pois elas estão cada vez mais se tornando empreendedoras. As mulheres ainda não estão em pé de igualdade com os homens, mas grandes transformações estão ocorrendo como resultado de seus novos papéis na economia e na sociedade.

Hollywood percebeu isso desde o início. No filme *Sintonia de Amor*, de 1993, uma colega de trabalho diz a Annie (interpretada por Meg Ryan) que "é mais fácil ser morto por um terrorista do que encontrar um marido depois dos 40 anos". Horrorizada, Annie explode: "Isso é uma grande mentira!" Becky (Rosie O'Donnell) procura acalmá-la: "Certo, querida — é uma grande mentira", ela diz. "Mas *parece* verdade." Essa cena é baseada em eventos do mundo real que começaram com um estudo realizado por três dos melhores demógrafos do mundo. Em meados da década de 1980, Neil Bennett, David Bloom e Patricia Craig estavam investigando as diferenças nas taxas de casamento entre brancos e negros norte-americanos. Bloom era economista em Harvard, onde ainda é professor, Bennett era sociólogo em Yale e Craig era sua aluna de pós-graduação (trabalhei como assistente de pesquisa de Bennett nesse projeto durante o ano de 1989).

Em 1986, um repórter do *Advocate*, um pequeno jornal de Stamford, em Connecticut, procurava uma boa história para publicar no Dia dos Namorados. Ele ligou para Bennett, que mencionou, entre muitas outras coisas, que a probabilidade estimada de casamento para uma universitária solteira aos 30 anos era de 20%, mas aos 40 anos estava abaixo de dois dígitos. A reportagem foi publicada na primeira página do *Advocate* e foi escolhida por um repórter da Associated Press, que enviou um despacho pela agência de notícias nacionais com a manchete "Mulheres que tardam podem nunca se casar"[1]. Em junho seguinte, a *Newsweek* dedicou uma de suas edições semanais ao tópico: "A crise do casamento: se você é uma mulher solteira, estas são suas chances de se casar."[2] A capa apresentava um gráfico, mostrando uma curva de probabilidade bastante inclinada para baixo, à medida que as mulheres envelheciam. A edição apresentava uma história chamada "Tarde demais para o príncipe encantado?"[3] Ela incluía uma frase memorável que gerou um alvoroço público: "Mulheres de 40 anos são mais propensas a serem mortas por um terrorista: elas têm uma probabilidade minúscula de 2,6% de juntar os trapos."[4] Como Candace Bushnell, que mais tarde se tornou famosa por criar *Sex and the City*, escreveu no *New York Observer*: "Essa capa da *Newsweek* causou terror no coração de mulheres solteiras de todos os lugares."

O "Harvard-Yale Study", como a pesquisa se tornou internacionalmente conhecida, inspirou uma das histórias mais sensacionais da década. A cobertura da mídia — que com frequência distorcia as conclusões do estudo — ressoou em mulheres instruídas, que tentavam equilibrar seus objetivos profissionais com a vida pessoal.

---

1 NT: tradução livre do original em inglês "Women Who Tarry May Never Marry".

2 NT: tradução livre do original em inglês "The Marriage Crunch: If You're a Single Woman, Here Are Your Chances of Getting Married".

3 NT: tradução livre do original em inglês "Too Late for Prince Charming?"

4 NT: tradução livre do original em inglês "Forty-year-olds are more likely to be killed by a terrorist: they have a minuscule 2.6 percent probability of tying the knot."

O fato é que descobrimos que menos de 10% das mulheres norte-americanas na faixa dos 50 e 60 anos nunca foi casada. E hoje em dia, nos Estados Unidos, mais casais solteiros que casados vivem juntos e criam filhos. O que também cresce é o número de casais do mesmo sexo.

A nova posição socioeconômica das mulheres tem implicações de longo alcance. Como vimos no Capítulo 1, a respeito das tendências populacionais, essas mudanças transformacionais são, principalmente, o resultado de vários fatores entrelaçados. As mulheres procuram se instruir cada vez mais, trabalham fora de casa e têm menos bebês.

Além disso, também é importante o fato de que as mulheres tendem a viver mais do que os homens — pelo menos por enquanto. Não posso fazer uma promessa às mulheres que estão lendo essa afirmação, mas, em média, vocês desfrutarão de uma vida entre quatro e sete anos mais longa que os homens, dependendo da parte do mundo onde vivem. A longevidade é importante porque prolonga os anos de trabalho e o tempo durante o qual as economias investidas compõem uma riqueza maior. Também é mais provável que as mulheres herdem a riqueza de seus maridos ou parceiros do sexo masculino do que o contrário.

É uma maneira indireta de dizer que tenho boas notícias para as mulheres do mundo. Simplificando, elas ficarão ricas antes que o mundo que conhecemos termine em 2030. Para ser mais preciso, hoje em dia, a probabilidade de uma mulher acumular riqueza suficiente para desfrutar de uma vida confortável é muito maior do que a probabilidade que sua mãe ou sua avó jamais tiveram.

Dentro da mesma lógica, receio ter más notícias para os homens, inclusive eu. Não é apenas o fato de que os homens serão mais pobres ou verão sua riqueza crescer menos rapidamente. Em média — sempre em média — mais homens morrerão em comparação com mulheres da mesma idade. E, quando eles morrerem, adivinhe quem herdará sua riqueza?

"As Mulheres Tentam a Sorte; Os Homens Arriscam a Deles"

A condição econômica ampliada das mulheres realmente importa para o futuro dos mercados por volta de 2030? Sim, se você acredita que as mulheres são de Vênus e os homens são de Marte — isto é, se elas possuem comportamentos diferentes em relação à maneira como usam seu dinheiro. Vamos examinar até que ponto as mulheres diferem dos homens quando se trata de consumo, economia e investimento.

Quem gasta mais dinheiro com luxos, homens ou mulheres? Quando faço essa pergunta em sala de aula, quase sempre recebo uma resposta dividida da plateia. Metade diz que são as mulheres e a outra metade diz que são os homens. Mas, como frequentemente lembro aos meus alunos de graduação, na maioria das vezes a resposta correta para qualquer pergunta sobre o comportamento de mulheres e homens é "Depende". Realmente, essa tende a ser a melhor resposta para a maioria das perguntas atualmente.

No que diz respeito ao luxo, por exemplo, as estatísticas da maioria dos países mostram que as mulheres preferem gastar seu dinheiro em moda, joias e acessórios, enquanto os homens tendem a procurar brinquedinhos mais valiosos, como um carro esportivo. Se você incluir carros esportivos na categoria luxo, os homens gastam mais que as mulheres. Se você os excluir, as mulheres gastam mais que os homens, principalmente em moda, joias e coisas do gênero. Portanto, a maior diferença comportamental entre homens e mulheres é que elas distribuem suas compras de artigos de luxo em um número maior de itens.

As mulheres também se comportam de maneira diferente quando se trata de gastar dinheiro com serviços caros, mas importantes, como educação, saúde ou seguro. Elas estão mais propensas do que os homens a gastar em educação, não apenas em seu próprio benefício, mas também em benefício de filhos e netos. Elas gastam mais em cuidados de saúde para si e estão mais inclinadas a garantir que seus pais, filhos e netos recebam os cuidados de saúde de que precisam. Elas preferem franquias mais baixas em seguros de propriedades e contra acidentes e cobertura mais abrangente em casos de invalidez e morte, resultando em prêmios mais altos. No geral, pesquisas indicam que as mulheres mostram uma nítida preferência por segurança.

Então, o rápido aumento na acumulação de riqueza das mulheres está levando a uma grande transformação da economia? Com certeza. Lembre-se de que os gastos com educação, saúde e seguros representam cerca de 30% da economia norte-americana. À medida que as mulheres acumularem mais riqueza na próxima década, essas partes da economia serão beneficiadas pelo aumento dos gastos.

Quando se trata de economia, também é difícil generalizar se as mulheres economizam mais que os homens ou vice-versa. Entre as pessoas solteiras sem planos de se casar, as mulheres tendem a economizar mais que os homens. Pesquisas indicam que o motivo está, mais uma vez, no desejo das mulheres por segurança e independência. Elas também percebem que vivem mais (em média) do que os homens, então precisam reservar mais dinheiro para o futuro. No entanto, no momento em que decidem se casar, os homens aumentam suas economias, principalmente por causa das expectativas culturais e porque entram em pânico: não economizaram o suficiente e estão prestes a assumir grandes responsabilidades familiares. Antes de terem filhos, as mulheres casadas tendem a economizar mais dinheiro do que os homens casados com antecedentes semelhantes, mas, uma vez que elas têm seu primeiro bebê, o pêndulo oscila mais uma vez. As mães, em média, economizam menos do que os pais porque passam mais tempo com os filhos e, portanto, lidam com despesas inesperadas e imediatas, incluindo um lanche, outro par de calças, um livro ou uma viagem escolar. Como esses exemplos revelam, os comportamentos relacionados à poupança dependem do estágio da vida e de outras circunstâncias envolvidas.

A acumulação mais rápida da riqueza feminina mudará as regras do jogo em termos de consumo e economia? Esse é um efeito lateral importante para o futuro. Como a escritora feminista Gloria Steinem disse uma vez: "Podemos medir nossos valores observando os canhotos de nossos talões de cheques." (Tradução para os millennials: veja o histórico de transações do Venmo[5]).

E, quando se trata de investir, homens e mulheres definitivamente vêm de diferentes planetas. A maioria das pessoas acredita que as mulheres são mais conservadoras ou avessas ao risco. Pesquisas confirmam isso. Como Lord Henry declarou em *O Retrato de Dorian Gray*, de Oscar Wilde: "As mulheres tentam a sorte; os homens arriscam a deles." As atitudes em relação ao risco moldam a maioria das decisões em nossas vidas, incluindo o consumo e as economias. E elas também afetam os tipos de in-

5 NT: serviço de pagamento móvel.

vestimentos que consideramos propícios para alcançar nossos objetivos financeiros. Não é exagero argumentar que, se em vez do Lehman Brothers tivéssemos o Lehman *Sisters*, a crise de 2008 poderia ter sido evitada.

Na verdade, há um elemento de verdade nessa última declaração. Um estudo não publicado comparou homens e mulheres negociando em um banco de investimento em Nova York. Eles eram semelhantes em termos de educação e experiência. Os pesquisadores descobriram que os homens negociavam com mais frequência e corriam mais riscos do que as mulheres, e que elas obtinham retornos ligeiramente melhores a longo prazo.

A era em que a maior parte da riqueza era gerada por homens, possuída por homens e gerenciada por homens está quase no fim. E o mercado financeiro está vivendo uma enorme transformação. Você está se perguntando por que mais pessoas hoje em dia preferem fundos de ações vinculados a um índice de mercado em vez de fundos geridos com maior variabilidade em seus rendimentos? Você adivinhou, tenho certeza: mais mulheres estão investindo atualmente. O ponto principal é que compreender melhor as mulheres como consumidoras, poupadoras e investidoras pode proporcionar às empresas novas e fenomenais oportunidades de mercado. Na verdade, nenhuma empresa poderá ter sucesso se não compreender as preferências e decisões das mulheres, à medida que ascendem e assumem o controle da maior parcela da riqueza global.

Nem Todas as Mulheres (ou Homens) São Iguais

Sadie Marie Groff, de Missoula, em Montana, deu à luz o primeiro de seus três filhos aos 20 anos. Ela não tem diploma universitário e não viajou pelo mundo. Cuida de seus filhos durante o dia e, à noite, trabalha como auxiliar de saúde. Ela sonha em se formar em radiologia. Ellen Scanlon, por outro lado, vive em São Francisco. Seu primeiro e único filho nasceu quando ela completou 40 anos, graças à fertilização *in vitro*. Depois de se formar na faculdade, ela estudou administração, trabalhou em finanças e fundou uma empresa de consultoria estratégica. Conheceu o marido uma década antes de terem o bebê. "Estávamos aproveitando a vida", diz ela sobre a escolha de adiar a maternidade.

Sadie e Ellen podem ser ambas mulheres norte-americanas que vivem no século XXI, mas habitam dois universos diametralmente opostos, definidos pelo local de residência e pela educação. Um equívoco comum ao rastrear tendências que levam a transformações históricas é assumir que todos dentro de um determinado grupo social são afetados de maneira semelhante por elas. Embora sem dúvida seja verdade que as experiências das mulheres estão mudando, é igualmente correto dizer que estamos testemunhando uma enorme bifurcação, com algumas mulheres (e homens) vivendo a vida de uma maneira drasticamente diferente da de seus pais, enquanto que, para outros, o padrão tradicional persiste. Essa divergência ajuda a explicar por que a situação econômica e o comportamento político de mulheres e homens em diferentes partes do mundo — principalmente na Europa e nos Estados Unidos — se tornaram tão polarizados. De maneira mais simples, as oportunidades disponíveis para diferentes grupos de pessoas parecem divergir ao longo do tempo, assim como suas opiniões políticas.

Embora as mulheres, em geral, estejam aumentando suas fortunas e, em média, serão mais ricas do que os homens em 2030, existem duas categorias especialmente vulneráveis: as mães solteiras e as mulheres divorciadas. Em muitos casos, as duas categorias se sobrepõem. "Quando eu era casada, as coisas eram definitivamente melhores", disse uma mãe divorciada de 42 anos de idade, com três filhos no ensino fundamental, entrevistada pelo Billfold, um site de finanças pessoais. "Pertencíamos a uma sólida classe média. Tínhamos nossas dificuldades financeiras, mas estávamos indo muito bem. Eu costumava ter uma poupança e um pequeno fundo de aposentadoria, mas precisei sacá-lo e gastá-lo durante o divórcio." Ela ganha US$40 mil por ano trabalhando como administradora em uma pequena organização sem fins lucrativos, em um subúrbio de Washington, DC. Seu ex-marido, que compartilha a custódia dos filhos, contribui com uma pequena proporção das despesas, no valor de US$1.500 por mês. Para piorar a situação, eles haviam tomado um empréstimo estudantil para ele em nome dela, uma vez que ela tinha condições mais favoráveis no Departamento de Educação. Agora ela gasta US$1.480 mensais com aluguel, US$1.386 com a educação dos filhos e US$400 com alimentos. Ela não consegue pagar o empréstimo estudantil. "Descobri quanto *tenho* que pagar para impedir que as empresas de serviços públicos cortem meu serviço."

A mídia está repleta de histórias sobre acordos de divórcio para mulheres no valor de bilhões de dólares, como nas separações de Jeff Bezos e MacKenzie Bezos, Alec Wildenstein e Jocelyn Wildenstein, Rupert Murdoch e Anna Torv, Bernie Ecclestone e Slavica Radić, e Steve Wynn e Elaine Wynn. Contrariando o mito, no entanto, a maioria das mulheres que se divorciam acaba ficando muito pior financeiramente. Na verdade, um estudo abrangente descobriu que, para as mulheres, permanecer casada era quase sempre mais vantajoso financeiramente do que o divórcio. Mesmo ajustando-se a outros fatores, como reingressar no mercado de trabalho ou se casar novamente, as mulheres não foram capazes de retornar à situação econômica de que desfrutavam enquanto casadas. Os homens, no entanto, não sofreram consequências financeiras semelhantes depois de separados. As altas taxas de divórcio entre casais com filhos são um importante contribuinte para a estagnação da classe média na Europa e nos Estados Unidos, como ilustra o caso anterior da mãe de 42 anos, com três filhos.

Ser mãe solteira na adolescência também tende a limitar as oportunidades de vida das mulheres. Nos Estados Unidos, a cada ano, quase um quarto de milhão de bebês nascem de mulheres entre 15 a 19 anos. As taxas de maternidade na adolescência são duas vezes mais altas entre negras, latinas e indígenas norte-americanas do que entre brancas, e quatro vezes mais altas do que entre asiático-americanas. Embora as taxas de gravidez na adolescência estejam caindo 6% ou 7% de ano para ano, na maioria das vezes são mulheres de baixa renda e baixa escolaridade que se tornam mães durante a adolescência. A maternidade na adolescência impõe custos substanciais tanto à adolescente quanto a seus pais, geralmente levando a adolescente a abandonar a escola e a cair na pobreza.

Ao olharmos para 2030, talvez nenhum outro fator ajude a melhorar o bem-estar econômico das mulheres além de evitar o abandono do ensino médio, especialmente se o motivo do abandono envolver uma gravidez. "Tudo mudou para mim no primeiro ano do ensino médio", escreve Jamie Rush sobre sua gravidez aos 15 anos. "Meu relacionamento com o pai do bebê praticamente terminou quando eu lhe disse que ia levar a gravidez adiante." Seus pais ajudaram no sustento dela e do bebê, mas, infelizmente, o caso de Jamie não é típico, pois mais de 60% das jovens mães norte-americanas solteiras vivem na pobreza. Por outro lado, a pobreza é um fator de risco para a gravidez na adolescência.

A mãe de Lauren morreu de câncer quando ela tinha 12 anos, e seu pai estava sempre ausente. Lauren engravidou pouco antes de terminar o ensino médio no sudeste de Massachusetts. Agora, ela é moradora de rua.

A mãe de Creionna morreu quando ela tinha 2 anos de idade. Seu pai a criou até os 7 anos, quando foi preso por delitos relacionados às drogas. Vários parentes a criaram em casas que eram visitadas por consumidores de drogas. Ela engravidou aos 16 anos. Tanto o namorado quanto seu pai queriam que ela fizesse um aborto, mas ela optou por seguir com a gravidez. Depois que o bebê nasceu, ela e o filho foram para um abrigo. "Apesar de tudo isso, ela tinha uma vantagem sobre muitas de suas colegas", relatou o *Atlantic*. "Ela tinha terminado o segundo ano do ensino médio. Não recorreu à prostituição e não possuía antecedentes criminais. Também não tinha transtornos mentais e nenhum histórico de abuso de drogas." Ela foi persistente: terminou o ensino médio, começou a faculdade e conseguiu um emprego em uma clínica médica. Mudou-se com seu bebê para um apartamento modesto.

Embora as oportunidades disponíveis para as mulheres estejam se expandindo, a discriminação no local de trabalho, o divórcio e a gravidez na adolescência continuam afetando milhões de mulheres no mundo desenvolvido a cada ano. Enquanto algumas delas, como Creionna, conseguem superar as adversidades, muitas são jogadas na pobreza permanente e na falta de moradia. De acordo com o governo federal, cerca de 45 milhões de norte-americanos vivem abaixo da linha da pobreza. Cerca de 16% das mulheres são pobres, em comparação com 14% dos homens. Entre as mulheres que criam os filhos sozinhas, a taxa de pobreza salta para 27%.

E então temos o fenômeno crescente de mulheres (e homens) sem filhos. Em meados da década de 1970, cerca de 10% das mulheres norte-americanas entre 35 e 39 anos ainda não tinham um bebê. Em 2016, esse número quase dobrou. Entre as pessoas na casa dos 40 anos, 16% das mulheres não têm filhos, em comparação com 24% dos homens. A diferença se deve, em grande parte, ao fato de algumas mães permanecerem solteiras. Mulheres e homens sem filhos se tornarão mais comuns em todas as regiões do mundo, à medida que o declínio da fertilidade continua. Em 2030, um terço dos homens norte-americanos e quase a mesma quantidade de mulheres se aposentarão sem filhos.

A maioria das mulheres norte-americanas que decidiram não ter filhos estão em paz com essa decisão. "Sou uma mulher aposentada, tenho 66 anos, e nunca tive filhos. Entrei na faculdade do exército pela lei para veteranos da II Guerra Mundial e sempre trabalhei em um emprego de colarinho branco. Mulheres como eu eram consideradas esquisitas nos meus 20 a 40 anos", observa. Outras passam por altos e baixos: "Ao longo dos meus 62 anos, passei pelas fases do coração partido, do alívio e do orgulho por nunca ter tido filhos!". "Insinuar que mulheres que não têm filhos estão condenadas à solidão é ignorância. Há muitos idosos cujos filhos adultos não querem saber deles ou que só entram em contato quando querem tirar algum proveito", observa outra, de forma desafiadora. "É possível viver uma vida feliz e ricamente realizada sem ter filhos. Ou um marido", conclui outra.

Paul Dolan, professor da London School of Economics, que usa dados norte-americanos sobre felicidade, vai ainda mais além: "Temos bons dados longitudinais que seguem as mesmas pessoas ao longo do tempo, mas vou fazer um grande desserviço a essa ciência e dizer simplesmente: se você é homem, provavelmente deveria se casar; se você é uma mulher, não perca seu tempo." A diferença está na maneira como o casamento e o nascimento dos filhos mudam as experiências de vida de mulheres e homens. "Vocês [homens] correm menos riscos, ganham mais dinheiro no trabalho e vivem um pouco mais. Elas, por outro lado, têm que se conformar com isso e morrem mais cedo do que se nunca tivessem se casado", observa Dolan, com base nos dados. "O subgrupo populacional mais saudável e feliz são as mulheres que nunca se casaram ou tiveram filhos."

Curiosamente, a "lacuna de felicidade" entre adultos e pais sem filhos é maior nos Estados Unidos do que em qualquer outro país desenvolvido. Uma pesquisa liderada pela socióloga Jennifer Glass destaca que "as crianças aumentam a exposição dos adultos a diversos estressores", mas que "políticas familiares mais generosas, particularmente folgas remuneradas e subsídios para cuidar das crianças, estão associadas a disparidades menores de felicidade entre quem tem filhos e quem não os tem". Em alguns países, quem tem filhos realmente se sente mais feliz do que pessoas que não os têm, talvez devido aos programas mais generosos de licença parental e assistência à infância: França, Finlândia, Suécia, Noruega, Espanha, Portugal, Hungria e Rússia. O apoio do governo a famílias com crianças faz toda a diferença no mundo. E, embora os programas de apoio à família aumentem a felicidade dos pais, mas não a dos homens sem filhos, eles aumentam a felicidade de todas as mulheres, sejam elas mães ou não. Os políticos que propõem novos programas familiares podem esperar agradar mais às mulheres do que aos homens.

Em 2030, as tendências relativas à melhor educação e à menor fertilidade solidificarão as diferenças entre quatro categorias de mulheres: sem filhos, mães solteiras, casadas e divorciadas. E, dentro de cada grupo, algumas estarão em uma situação financeira confortável, enquanto outras terão dificuldades.

"Meu Marido Me Criou"

Uma divergência semelhante entre as experiências das mulheres está ocorrendo nos países em desenvolvimento, embora haja uma tendência de que mais mulheres alcancem melhores situações, graças ao crescimento da classe média. A pobreza continua atingindo mais da metade das mulheres nas áreas urbanas e rurais da África Subsaariana e em partes da América Latina, sul da Ásia, sudeste da Ásia e Oriente Médio. Além das más condições econômicas, existem práticas como a mutilação genital feminina, uma violação dos direitos humanos que foi infligida a pelo menos 200 milhões de suas mulheres. Casamentos arranjados de meninas também são um grande problema. A organização de defesa Girls Not Brides estima que uma em cada cinco meninas se casa antes dos 18 anos, e cerca de 650 milhões de mulheres se casaram ainda menores de idade, prática mais prevalente na África, no sul da Ásia e na América Latina. Uma mulher do Sudão do Sul, chamada Helen, foi forçada a se casar com um homem de 50 anos quando tinha 15 anos, o que significa que ela teve que deixar a escola contra sua vontade. Meninas de 15 anos têm cinco vezes mais chances de morrer no parto do que mulheres de vinte. "Fui entregue ao meu marido ainda criança e nem me lembro de quando foi, porque eu era muito pequena", diz Kanas, da Etiópia. "Foi meu marido quem me criou." Mesmo em um país como a Suíça, o governo estima que cerca de 1.400 mulheres menores de idade são forçadas a se casar todos os anos.

Apesar dos persistentes problemas, muitas mulheres nas regiões em desenvolvimento desfrutam atualmente de oportunidades consideradas impensáveis para a geração anterior. Na Tanzânia, as mulheres que precisam de equipamentos para realizar seus sonhos empresariais — refrigeradores e freezers, máquinas de costura, fornos, britadeiras, tratores, caminhões — mas que não dispõem de recursos para uma compra definitiva podem alugá-los por meio de uma empresa criada por Victoria Kisyombe. Kisyombe, veterinária de formação que estudou no Reino Unido, decidiu ingressar no empreendedorismo após a morte do marido, e organizou o que acabou se tornando a SELFINA, a maior empresa de locação da Tanzânia, com mais de 22 mil contratos.

Até mulheres com alto nível educacional, como Kisyombe, enfrentam obstáculos e discriminação excessiva. Um relatório do Banco Mundial, que abrange 128 países desenvolvidos e em desenvolvimento, descobriu um considerável grau de discriminação legal contra mulheres em regiões que impedem o empreendedorismo. Por exemplo, até 2009, mulheres em 45 países não tinham a mesma capacidade legal de atuar ou participar de transações econômicas que os homens. Em 49 países, as mulheres eram impedidas de trabalhar em certas indústrias e, em 32, não tinham direitos iguais de herança. Descobriu-se que direitos legais iguais resultam em uma porcentagem maior de empresas pertencentes ou geridas por mulheres.

Em termos mais amplos, as mulheres empresárias são negligenciadas há muito tempo pelos legisladores. Quer dizer, até 1970, quando uma economista dinamarquesa que trabalhava para as Nações Unidas, Ester Boserup, publicou um influente livro, *Woman's Role in Economic Development*[6], que fornecia uma análise detalhada de como as mulheres contribuem para o desenvolvimento econômico e como são afetadas por ele. Ela argumentou, energicamente, que as mulheres desempenham um papel fundamental no desenvolvimento, com suas atividades tanto dentro como fora da casa. Seu trabalho inspirou a Década das Nações Unidas para as Mulheres (1975–1985) e estabeleceu as bases para uma nova onda de programas voltados à promoção do papel das mulheres na economia como uma maneira de acelerar o desenvolvimento econômico. A nova abordagem visava não apenas promover a igualdade de gênero como uma meta por si só, mas também explorar as maneiras pelas quais as atividades econômicas das mulheres poderiam contribuir para o crescimento e o desenvolvimento econômicos.

Por fim, os legisladores perceberam que, sem mulheres empresárias, os países estariam desperdiçando ou subutilizando metade do seu banco de talentos. Como Helen Clark, administradora do Programa das Nações Unidas para o Desenvolvimento afirmou, em 2009: "Ao desbloquear o enorme potencial das mulheres empresárias e eliminar os obstáculos que elas enfrentam, como o acesso a crédito e financiamento e sua dificuldade em herdar ou manter títulos de propriedade ou se beneficiar das dotações orçamentárias do governo, podemos reduzir a desigualdade e estimular o crescimento econômico." Esses pensamentos são ecoados por Sibongile Sambo, fundadora da companhia aérea SRS Aviation. "Historicamente, as mulheres na África do Sul, particularmente as negras, não têm tido a oportunidade de criar e administrar suas próprias empresas e dar uma contribuição integral à nossa economia", diz ela. "Na SRS Aviation, estamos aproveitando a nova liberdade política para criar liberdade econômica. É uma oportunidade que minha mãe e minha tia não tiveram. Mas eu tive, e pretendo agarrá-la."

---

6 NT: sem tradução para o português.

Para as mulheres, o empreendedorismo pode ser libertador e conduzir ao bem-estar econômico, mas também pode se tornar uma experiência frustrante devido às muitas barreiras que enfrentam ao longo do caminho, muitas das quais são exclusivas do fato de serem mulheres neste espaço. Como observou Azza Fahmy, fundadora egípcia de uma famosa joalheria com 165 funcionários: "Minha nova experiência foi incomum para qualquer jovem egípcia convencional em um ambiente tradicional, mas eu estava determinada a continuar." Ou considere o exemplo de Wu Huanshu, cuja empresa fabrica acessórios de vestuário, amplamente reconhecida como a primeira empresária feminina na China a criar sua própria empresa: "Ainda me lembro de um funcionário do gabinete distrital de Dongcheng... que disse que eu deveria obter uma licença para que minha empresa se tornasse legal." Fahmy e Wu enfrentaram inúmeros obstáculos para realizar seus sonhos.

Homens e mulheres são diferentes em termos do caminho que tomam para o empreendedorismo. As mulheres tendem a entrar em campos de atividade relacionados às suas experiências anteriores mais frequentes, como serviços pessoais, varejo, artesanato criativo e indústrias tradicionais. Além disso, os empreendimentos fundados, possuídos e/ou geridos por mulheres tendem a crescer menos rapidamente ao longo do tempo, principalmente como resultado de restrições estruturais de vários tipos. Uma delas é a falta de conhecimento e experiência nos negócios. Como observa Aissa Dionne, decoradora de interiores senegalesa: "No começo eu nem sabia como fazer uma fatura. Eu pedia conselhos aos amigos."

Os pesquisadores não encontraram evidências consistentes das diferenças de gênero em termos de motivações para se tornar empreendedor, das atitudes em relação ao empreendedorismo, das características sociais ou psicológicas dos empreendedores, do processo para se iniciar o negócio, do estilo de gestão ou liderança ou do acesso contínuo a financiamentos — embora as mulheres enfrentem discriminação ao solicitarem financiamentos para a criação de startups. "Comecei a trabalhar em Santiago, em uma empresa têxtil", diz Isabel Roa, empreendedora chilena. "Em seguida, comecei a tecer e vender de porta em porta. O maior problema que tive foi que, no início, não tinha capital. Resolvi esse problema economizando e tomando empréstimos."

Talvez uma razão importante que faz as mulheres enfrentarem obstáculos rumo à criação e ao desenvolvimento de seu empreendimento seja o fato de serem mais propensas que os homens a se tornarem empreendedoras por necessidade. Nasreen Kasuri, que fundou uma escola no Paquistão, diz: "Percebi as opções limitadas [de escolas] disponíveis e também o fato de que, desde quando eu frequentava a escola, o número de escolas e vagas não aumentou." Ela acrescenta: "Também percebi que meus filhos não teriam a sorte de se beneficiar da qualidade da instrução da qual me beneficiei. A única maneira de enfrentar esse desafio foi criar uma escola que pudesse oferecer educação de qualidade para meus filhos e para outras pessoas." De fato, o Monitoramento do Empreendedorismo Global, uma pesquisa anual de atividades empresariais em todo o mundo, documenta que a maioria das mulheres que se tornam empreendedoras o faz por falta de outras alternativas para ganhar a vida.

À medida que nos aproximamos de 2030, surgiu um debate importante sobre se as mulheres empreendedoras têm preferências distintas para imaginar, organizar e gerenciar um empreendimento e se o sucesso é definido em termos de realização de metas, melhor equilíbrio entre trabalho/família ou benefícios à comunidade em oposição ao crescimento, aos lucros e à fama. Nesse sentido, a empreendedora de produtos artesanais ruandesa Janet Kkubana se orgulha dos benefícios que seu empreendimento traz para as mulheres que enfrentam circunstâncias difíceis. "Eu tenho sobreviventes, viúvas, mulheres cujos maridos estão na prisão. Vê-las sentadas sob o mesmo teto, tecendo e fazendo negócios juntas é uma grande conquista", diz ela. "Essas mulheres agora estão juntas, tendo uma renda. Isso é maravilhoso." Da mesma forma, Annette Zamora, uma empreendedora social de Rapa Nui voltada a preservar e popularizar a cultura antiga da isolada ilha vulcânica, conhecida pelos europeus como Ilha de Páscoa, refletiu: "Não sei se posso me considerar bem-sucedida. Recebi reconhecimento, mas não sei se tenho um conceito claro do que significa ser 'bem-sucedido'."

Quadratura do Círculo em Torno do Trabalho e da Família

Em 2030, quase metade de todos os novos empreendimentos comerciais no mundo terão sido criados por mulheres. Considere o caso de Anu Ancharya. Depois de se formar nos Estados Unidos, ela decidiu voltar para a Índia — seguindo o padrão de circulação de cérebros que conhecemos do Capítulo 1 — para criar uma empresa de terceirização genômica, a Ocimum Biosolutions.

Após quinze anos de operação e três aquisições na Europa e nos Estados Unidos, sua empresa é uma das principais empresas do setor de terceirização biomédica global. Mãe de duas meninas pré-adolescentes, Anu teve que fazer escolhas difíceis em relação ao equilíbrio entre trabalho e família: "Minhas filhas agora estão bastante acostumadas com o fato de eu não estar disponível na metade do tempo." A família mora com os sogros de Anu, que ajudam a criar as meninas. Sua empresa oferece às funcionárias três meses de licença-maternidade remunerada. "É um ótimo lugar para trabalhar, especialmente para as mulheres. Temos horários flexíveis no escritório", diz Jaishree Ravi, vice-presidente assistente de sistemas de qualidade e uma das primeiras funcionárias da Ocimum. "Se tiver que comparecer a uma reunião de pais, posso sair e voltar. Apenas preciso cumprir nove horas de trabalho."

Anu e Jaishree não estão sozinhas ao se sentirem pressionadas a combinar a maternidade e o trabalho fora de casa. "Em 2007, passei por um divórcio difícil (e inesperado)", diz Melissa, que se aproxima dos 50 anos. Ela tem um filho na faculdade e duas filhas adolescentes. Professora, ela fez uma pausa na carreira até as crianças começarem a estudar e, posteriormente, voltou a trabalhar em meio período para passar o máximo de tempo possível com eles. "Uma das coisas que aprendi nesse processo de reingressar no mercado de trabalho e equilibrar a vida familiar", diz ela, "é que não vou sacrificar a chance de poder levar meus filhos para a escola pela manhã." Como muitas outras mulheres instruídas de sua geração, Melissa teve que enfrentar escolhas difíceis, muitas das quais não precisam ser enfrentadas pelos homens.

Cerca de 70% das mães norte-americanas trabalham fora de casa em período integral. Para mais da metade delas, não é uma escolha: elas não podem ficar em casa ou trabalhar em meio período. Helen Bechtol tem 23 anos e é mãe de dois meninos, de 5 e 4 anos. Ela deseja cursar uma faculdade comunitária na Carolina do Norte. "Neste momento, sou garçonete de segunda a sexta-feira, do meio-dia às 18 horas, em um pequeno bar de música *country*", explica ela. "E sou fotógrafa em tempo parcial nos fins de semana." Ela mora com os pais, que a ajudam o máximo que podem. "Pago cerca de US$650 ou US$700 por mês na creche. Dependo dos cupons de alimentação... recebo do pai das crianças cerca de US$300 por mês de pensão alimentícia."

"Não quero que meu filho pense que trabalhar como representante de vendas e ganhar US$8,50 por hora é bom", diz Wileidy Ortiz, que evadiu do ensino médio e trabalha em uma loja no shopping Prudential Center de Boston. Ela engravidou aos 19 anos. Quando tinha 3 anos, seu pai foi baleado e morto em sua cidade natal, Porto Rico, e sua mãe morreu de câncer depois que elas se mudaram para Boston para ficar mais perto dos parentes. O pai de seu filho não paga pensão alimentícia. Ela depende dos cupons de alimentação e da assistência de combustível. Assim como Bechtol, ficar em casa com seu filho é simplesmente impossível para Ortiz.

Para as mulheres que podem ficar em casa, a decisão também não é fácil. Há um estigma social associado a ficar em casa e o medo de que o retorno ao mercado de trabalho seja difícil ou impossível. "Eu não conseguiria suportar a dor emocional de deixar meu bebê com outra pessoa", explica Terry Spraitz Ciszek, enfermeira. Seus filhos estão agora na casa dos 30 anos. Ficar em casa "causou algumas dificuldades relacionadas à autoestima e ao ego, porque eu observava as pessoas seguirem em frente e terem carreiras emocionantes... era desanimador, e vivia aparecendo no noticiário. Nos anos 1970, tudo se resumia a 'mulheres podem fazer tudo', e eu lembro dos comerciais da Virginia Slim"[7]. O marido de Terry é médico, e eles podem bancar o luxo da classe média alta com apenas uma renda sustentando a todos eles.

Quando as mulheres interrompem suas carreiras, seus ganhos sofrem. Um estudo do Mestrado em Administração de Negócios da Universidade de Chicago descobriu que as mulheres que deixam o mercado de trabalho por três ou mais anos sofrem uma desvantagem de remuneração na ordem de 40% em relação a homens com atividades semelhantes. Alguns consultores de carreira e autores como Joanne Cleaver argumentam que "abandonar completamente a carreira é suicídio profissional. Não faça isso".

Surpreendentemente, o declínio no número de nascimentos de bebês oferece às mães que gostariam de retomar suas carreiras uma oportunidade única. A razão está no envelhecimento da população, que continua a encolher o número de trabalhadoras qualificadas. Por décadas, milhões de mulheres japonesas com nível de escolaridade alto deixaram o emprego depois de se casarem. Agora elas estão retornando em massa ao mercado de trabalho, à medida que as empresas procuram desesperadamente preencher suas vagas. Desde 2018, a porcentagem de mulheres japonesas dentro de cada faixa etária que trabalha fora de casa é maior do que a de norte-americanas, exceto aquelas com menos de 24 anos. Atualmente, cerca de 71% das mulheres japonesas em idade ativa são bem remuneradas, a maior proporção em décadas, e uma das mais altas do mundo. Levando em consideração a tendência da última década, em 2030, as mulheres japonesas podem se aproximar da taxa masculina de participação no mercado de trabalho, que gira em torno de 86%. No

7 NT: marca norte-americana de cigarros, atualmente de propriedade e fabricada pela Philip Morris.

entanto, a discriminação salarial ainda é galopante, e as mães continuam responsáveis pela maioria das tarefas domésticas e pelo cuidado com as crianças. "A percepção masculina ainda é muito baixa", reclama uma projetista gráfica com dois filhos. "Meu marido não tem um conceito de igualdade de gênero."

A questão do equilíbrio entre trabalho e família foi incluída na agenda nacional em muitos países do mundo, especialmente naqueles preocupados com o envelhecimento da população e com a viabilidade futura do estado de bem-estar social. Em 1996, as Nações Unidas relataram que apenas 35% dos governos em países com baixa fertilidade — cerca de setenta no total — possuía políticas para lidar com essas questões. Em 2015, no entanto, a proporção havia crescido para 59%. As políticas mais comuns são licença-maternidade remunerada (todos os países, exceto um), creche pública (88%), abono por filho ou família (85%) e licença-paternidade remunerada (64%). Vale ressaltar que a ONU estima que as mulheres passam em média quatro horas por dia fazendo trabalho doméstico não remunerado, inclusive cuidando das crianças. Enquanto isso, os homens passam apenas 1,7 hora.

O equilíbrio entre trabalho e família como conceito e política é objeto de muitas controvérsias. Talvez o mais importante deles seja se as pessoas preferem abordar o problema integrando sua vida profissional à vida familiar, ou mantendo os dois separados. Minha colega da Wharton, Nancy Rothbard, juntamente com Katherine Phillips e Tracy Dumas, perguntou a quase quinhentos funcionários de empresas nos Estados Unidos sobre suas preferências. Elas descobriram que as pessoas que preferem manter o trabalho e a família separados ficam menos satisfeitas e menos comprometidas com a empresa quando recebem programas de integração, como creche no local de trabalho. Mas elas ficam mais satisfeitas e comprometidas quando a empresa oferece programas de segmentação, como horário flexível, que permite aos funcionários que alterem o horário de início e de fim do expediente.

Outra maneira útil de pensar sobre o assunto é observar os benefícios trazidos para a economia quando as mulheres participam mais do mercado de trabalho. Como argumentou o sociólogo dinamarquês Gøsta Esping-Andersen, a incorporação de mulheres no mercado de trabalho desencadeou o crescimento de todos os tipos de atividades de serviços orientadas para o mercado que as mulheres costumavam realizar em casa, sem remuneração. Se, em 2030, mais mulheres no mundo em desenvolvimento possuírem empregos remunerados, as economias da África, do Oriente Médio e do sul da Ásia passarão por uma fase de crescimento mais rápido, acelerando a expansão da classe média que discutimos no Capítulo 3.

O Trabalho Aumenta a Taxa de Mortalidade das Mulheres?

À medida que mais e mais mulheres aproveitam as oportunidades no mercado de trabalho e administram as contrapartidas entre vida profissional e familiar, a diferença na expectativa de vida entre homens e mulheres diminui. Em 1995, as mulheres tinham uma vantagem média na expectativa de vida de cerca de 7,8 anos sobre os homens. Em 2018, a diferença havia diminuído para 6,8 anos, e as Nações Unidas estimam que diminuirá para 6,3 até 2030. Como mostra a Figura 7, esse fenômeno é observado apenas nos países mais desenvolvidos a partir do final dos anos 1990, justamente quando um número cada vez maior de mulheres começa a se interessar por empregos e carreiras.

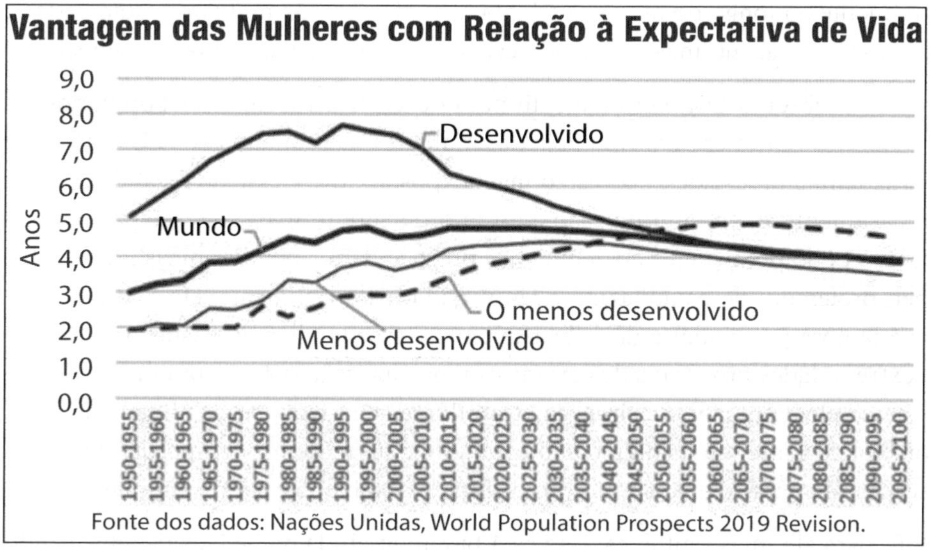

FIGURA 7

Nos Estados Unidos, país com o maior número de mulheres que ingressaram no mercado de trabalho, o declínio foi precipitado: a vantagem das mulheres sobre os homens com relação à expectativa de vida atingiu o pico de 7,7 anos no início da década de 1970 mas, em 2019, pairou em torno de 5 anos e, em 2030, serão 4,3 anos.

O que exatamente é responsável por essa diminuição? Para responder a essa pergunta, precisamos entender por que as mulheres vivem mais que os homens, em primeiro lugar. Os homens apresentam taxas de mortalidade mais altas do que as mulheres em todas as idades. "Os hormônios femininos e o papel das mulheres na reprodução têm sido associados a uma maior longevidade", observa a revista *Scientific American*. "O estrogênio, por exemplo, facilita a eliminação do colesterol ruim e, portanto, pode oferecer alguma proteção contra doenças cardíacas. A testosterona, por outro lado, tem sido associada à violência e à assunção de riscos." Como se isso não bastasse, "o corpo feminino precisa fazer reservas para acomodar as necessidades da gravidez e amamentação. Essa capacidade foi associada a uma maior capacidade de lidar com compulsões alimentares e eliminar o excesso de alimentos".

Historicamente, outra razão pela qual as mulheres vivem mais que os homens tem a ver com sua menor exposição ao que é chamado de "doenças provocadas pelo homem", incluindo "exposição a riscos no local de trabalho em um contexto industrial, alcoolismo, tabagismo e acidentes de trânsito, que têm de fato aumentado consideravelmente ao longo do século XX". Mas, atualmente, as mulheres estão cada vez mais expostas às mesmas condições, especialmente nos países mais desenvolvidos.

Como observa Lisa Berkman, diretora do Harvard Center for Population and Development Studies[8], o novo papel das mulheres na economia dos EUA criou uma "verdadeira tempestade": elas estão mais expostas ao estresse do local de trabalho, do casamento e, em alguns casos, do fato de serem mães solteiras. "O estresse crônico pode promover o aparecimento precoce de doenças crônicas", disse Elissa Epel, professora de psiquiatria da Universidade da Califórnia, em São Francisco. Ela é famosa por ajudar a descobrir que o estresse tende a desgastar os telômeros, as extremidades protetoras dos cromossomos, que se acredita estarem associados à longevidade. Para piorar a situação, as mulheres têm mais probabilidade do que os homens de usarem a comida como calmante e de reduzir o tempo que passam se exercitando para serem capazes de equilibrar o trabalho e a vida familiar.

E, para algumas mulheres, isso está piorando ainda mais. Nos Estados Unidos, a evolução da expectativa de vida feminina mostra uma contínua bifurcação em educação e local de residência, sendo que aquelas que vivem nas áreas metropolitanas se saem muito melhor do que o restante. Entre 2009 e 2016, "os ganhos na expectativa de vida de homens brancos superou os ganhos na expectativa de vida das mulheres brancas" em quarenta regiões norte-americanas analisadas por uma equipe de demógrafos, liderada por minha colega da Penn, Irma Elo. Os dados referem-se a mulheres brancas não latinas. Pior ainda, as mulheres viram um declínio na sua expectativa de vida — e não apenas uma redução na vantagem — em oito

8 NT: Centro Harvard de Estudos de População e Desenvolvimento, em tradução livre.

dessas quarenta regiões: as mulheres nas regiões não metropolitanas no Alabama, em Arkansas, no Kentucky, em Louisiana, no Missouri, em Oklahoma, no Tennessee e no Texas "perderam quase um ano de expectativa de vida" entre 1990 e 2016. Os culpados? Tabagismo, distúrbios do sistema mental e nervoso e overdose de drogas.

As mudanças nos papéis das mulheres também afetam aquelas que abandonam o ensino médio. Arun Hendi, da Universidade Duke, descobriu que "a expectativa de vida aumentou ou estagnou desde 1990 entre todos os grupos de escolaridade-raça-sexo, exceto para as mulheres brancas não latinas que não concluíram o ensino médio", para as quais houve um declínio acentuado de 2,5 anos ao longo de duas décadas. Crystal Wilson, de Cave City, no Arkansas, onde a maioria dos moradores é branca, faleceu aos 38 anos. Mãe e dona de casa, sofria de obesidade e diabetes. Ela "largou os estudos no ensino médio porque se casou", escreve Monica Potts no *American Prospect*. "Era assim que as coisas aconteciam." De acordo com Julie Johnson, coordenadora de tecnologia do distrito escolar local, "se você é mulher e tem baixa escolaridade, as oportunidades para você são quase nulas. Você se casa e tem filhos... você fica melhor se não estiver trabalhando... é um ciclo terrível". A resposta dela para o que está matando as alunas brancas que abandonam o ensino médio? "O desespero da época. Eu não sei nada sobre isso, mas é isso que as mata."

No geral, a mortalidade continua a aumentar rapidamente entre os norte-americanos com idade entre 25 e 44 anos. "Os jovens adultos de hoje passaram por muitas dificuldades de amadurecimento durante a Grande Recessão, ou seja, atraso na transição para a idade adulta, declínio no número de casamentos e aumento das taxas de compartilhamento de moradia com os pais", observam Elo e seus coautores. "Adultos nessa faixa etária têm taxas aumentadas de abuso de drogas e álcool e podem enfrentar um aumento da morbimortalidade relacionada a esses comportamentos nas próximas décadas." Esse é o futuro que aguarda um número considerável de millennials, mulheres e homens, que não estão se beneficiando da conjuntura econômica favorável que temos discutido.

Um Telhado de Vidro — Ou Uma Espessa Camada de Homens?

"Não existe telhado de vidro para as mulheres", argumenta a autora Laura Liswood. "É apenas uma espessa camada de homens." Mesmo quando as mulheres dedicam suas vidas inteiras a suas carreiras, elas encontram sua progressão dificultada por inúmeros obstáculos. Em 2015, o *New York Times* publicou um artigo intitulado "Existem menos mulheres administrando grandes empresas do que o número de homens chamados John"[9]. Entre as 1.500 maiores empresas da Standard & Poor's, "para cada mulher, existem quatro homens chamados John, Robert, William ou James". Apesar dos ganhos obtidos pelas mulheres com relação a oportunidades de educação e emprego, seus números à frente das grandes corporações em todo o mundo são escassos. Na classificação das maiores corporações dos Estados Unidos em termos de receita apresentada pela Fortune 500, menos de 5% dos CEOs são mulheres.

A situação não é melhor em outros lugares. Entre as maiores empresas de capital aberto dos países ricos que compõem a OCDE, as mulheres são apenas uma fração muito pequena dos CEOs: 4% no Reino Unido, na Índia e na África do Sul; 3% na Austrália e no México; menos de 3%, em média, na União Europeia; menos de 2%, em média, na América Latina e exatamente 0% na França e na Alemanha, as duas economias mais importantes da UE. Somente na China as mulheres CEOs estão acima da marca de 5% — 5,6%. Quando se trata de equilíbrio de gênero nos conselhos de administração, existe apenas um país (Noruega) que se aproxima da paridade (com 42% de mulheres), e apenas quinze países têm uma proporção maior que 10% (os Estados Unidos têm 17%). Em vários países asiáticos, metade das empresas de capital aberto possui conselhos totalmente masculinos.

A Organização Internacional do Trabalho constatou que existem apenas três países onde as mulheres ocupam mais da metade de todos os cargos de gerência sênior e média: Jamaica, Colômbia e Santa Lúcia — todos os três no Caribe. Nos Estados Unidos, o número era de 43% no final de 2010. Em 20% dos países pesquisados, a proporção foi inferior a 20%. Em muitos países muçulmanos, ela cai para menos de 10%. Assim, vemos que, embora haja um maior número de mulheres no mercado de trabalho, e embora acumulem riqueza mais rapidamente que os homens, os altos escalões das empresas ainda são dominados pelos homens.

Quando se trata de mulheres na política, os dados são igualmente desanimadores. No final de 2017, os únicos dois países com mais mulheres do que homens no poder legislativo eram Ruanda (64%) e Bolívia (53%). No outro extremo do espectro, vários países não tinham mulheres em seu parlamento: Tonga, Micronésia e Vanuatu, no Pacífico Sul, e Catar e Iêmen, no Oriente Médio. Vinte e seis países tinham menos de 10% de mulheres e 64 países tinham menos de 20%. A média mundial cresceu de

9 NT: tradução livre do original em inglês "Fewer Women Run Big Companies than Men Named John".

10%, em 1990, para 21%, em 2017. Os Estados Unidos, com 19%, estão ligeiramente abaixo da média global. Surpreendentemente, a Arábia Saudita, com 20%, tem uma proporção maior. No poder executivo, as mulheres representam mais da metade dos ministros do gabinete apenas nos departamentos de saúde, cultura, emprego, comércio, educação, assuntos da mulher, meio ambiente e energia, família e crianças e assuntos sociais, a maioria campos em que as mulheres têm uma presença mais forte em toda a economia e sociedade.

É somente quando se trata de posições superiores da função pública na burocracia estatal que as mulheres parecem estar bem representadas. As mulheres representam 50% ou mais desses funcionários na Hungria, na Rússia, na Lituânia e na Estônia, e mais de 40% no Canadá, na Suécia, na Eslovênia e no Cazaquistão — todos países com um legado de socialismo estatal ou uma forte condição de bem-estar social. Claramente, quando o recrutamento é baseado em concursos, as mulheres se saem bem. Em 2030, a maioria das posições superiores nas burocracias governamentais será ocupada por mulheres com diploma universitário.

Uma vez no trabalho, as mulheres continuam enfrentando uma diferença salarial em relação aos homens estimada em mais de 30%, mesmo em países desenvolvidos com antigas leis contra a discriminação, incluindo a Áustria, o Reino Unido, a Coreia do Sul e a Nova Zelândia. No Japão e em outros países europeus, a diferença é de pelo menos 20%. Nos Estados Unidos, a diferença salarial entre os gêneros é de cerca de 22% em todas as ocupações, 19% para os gerentes e até 33% entre os altos executivos.

À medida que nos aproximamos de 2030, mais mulheres estarão em cargos gerenciais, embora ainda em minoria. No setor privado, elas estarão grosseiramente sub-representadas, enquanto que, no setor público, poderão estar chegando à paridade com os homens. É improvável, no entanto, que a diferença salarial entre os gêneros desapareça, considerando a forma como tem permanecido tão persistentemente alta nas últimas duas ou três décadas. Mas fará diferença se mais mulheres estiverem no comando?

As Mulheres São "Autoritárias" Como Líderes?

A finada primeira-ministra britânica Margaret Thatcher e a atual chanceler alemã, Angela Merkel, têm algumas coisas em comum. Ambas levaram um partido conservador ao sucesso eleitoral e alcançaram os mais altos níveis de poder em seus respectivos países. Ambas tinham formação em química. Depois de se formar em Oxford, Thatcher trabalhou brevemente para o conglomerado de alimentos J. Lyons & Company, onde fez parte de uma equipe que desenvolveu um processo para transformar sorvete em sorvete italiano, para deleite das crianças em todo o mundo. Ela foi apelidada de "Dama de Ferro do Sorvete Italiano" pelo *Atlantic*, uma mudança em seu apelido mais famoso, a "Dama de Ferro". Thatcher também teve outros apelidos durante o tempo em que passou na política: "Grocer's Daughter", "Milk Snatcher" e "Attila the Hen"[10]. O finado presidente francês François Mitterrand chegou a chamá-la de mulher com "os olhos de Calígula e os lábios de Marilyn Monroe", em uma impressionante demonstração de misoginia.

A carreira de Merkel, embora muito diferente da de Thatcher, também provocou comentários sexistas. Ela obteve um doutorado em química quântica e trabalhou como pesquisadora por alguns anos. Decidiu entrar na política na época da queda do Muro de Berlim e, dentro de um ano, foi eleita para o Parlamento Federal Alemão. Ela já foi descrita várias vezes como a "Mulher Mais Poderosa do Mundo", "Mutti" ("mamãe" em alemão) por sua abordagem branda e inquestionável da política, e "Frau Nein" (Sra. Não), devido à sua insistência em políticas de austeridade durante a crise da zona do euro.

A principal semelhança que une Thatcher e Merkel é que ambas são mulheres com poder. A infeliz tendência é que as mulheres com poder, quaisquer que sejam suas personalidades, sejam vistas sobretudo como mulheres e, muitas vezes, como "autoritárias". O site Ban Bossy argumenta que "quando um garotinho se impõe, ele é chamado de 'líder'. No entanto, quando uma garotinha faz o mesmo, corre o risco de ser rotulada de 'mandona'". O problema com o tratamento diferenciado é que "palavras como 'autoritária' mandam uma mensagem: não levante a mão, nem fale. No ensino médio, as meninas estão menos interessadas em liderar do que os meninos — uma tendência que continua na idade adulta". Como disse a diretora de operações do Facebook e autora best-seller Cheryl Sandberg: "Essa garotinha não é autoritária. Ela tem habilidades de liderança executiva."

10 NT: "Filha do Merceeiro", "Ladra de Leite" e "Átila, a Galinha", respectivamente, em tradução livre.

Mas há um aspecto ainda mais profundo nas carreiras de (poucas) mulheres como Thatcher e Merkel que alcançaram o auge do poder. Enquanto lecionava na Universidade de Yale, na década de 1970, a professora da Harvard Business School, Rosabeth Moss Kanter, uma socióloga por formação, descobriu que as mulheres se comportavam de maneira diferente, e eram percebidas de maneira diferente, quando trabalhavam em um ambiente em que eram consideradas "tokens" ou estivessem em minoria. Nessas situações numericamente distorcidas, as mulheres-token são mais visíveis, tendem a ser caricaturadas pela maioria, sofrem mais pressão para executar e devem se comportar dentro de papéis de gênero estritos e predefinidos. Dadas as forças estruturais em jogo em situações de tokenismo[11], não é de se admirar que muitas mulheres desistam antes de chegarem ao topo. Se alcançam o posto de primeira-ministra ou CEO, seu comportamento e desempenho são sempre vistos sob uma ótica diferente da dos homens.

Em um artigo escrito antes de Thatcher e Merkel chegarem ao poder, Kanter identificou quatro "armadilhas do cargo" para as mulheres nas organizações: o animal de estimação, a sedutora, o machado de batalha e a mãe[12]. O animal de estimação é visto como "fofo, doce ou feminino" e raramente é levado a sério. A sedutora é "vagabunda, bruxa, vaca, vampira ou aproveitadora" e nem homens nem mulheres gostam dela. "A maior humilhação é reservada para uma mulher que cai na armadilha do cargo conhecida como machado de batalha", explica Judith Baxter, professora da Universidade de Aston, no Reino Unido. "Ela tem forma histórica na tradição de Lady Macbeth ou, mais recentemente, Margaret Thatcher. Ela é caricaturada como assustadora, dura, má, autoritária ou como se fosse um homem." E Merkel se encaixa no último dos quatro estereótipos, o da mãe ou da professora, "rotineiramente descrita como professorinha, autoritária, antiquada ou mamãezinha".

Ao nos aproximarmos de 2030, parece que algumas atitudes em relação às mulheres como líderes estão mudando rapidamente. "Pela primeira vez desde que a Gallup começou a medir as preferências dos norte-americanos em relação ao gênero de seu chefe", relatou a famosa organização de pesquisas em 2017, "uma maioria [55%] diz que o gênero de seu chefe não faz diferença para eles." Cerca de 23% dos entrevistados disseram que prefeririam um chefe masculino se tivessem opção de escolha, enquanto 21% preferiam uma mulher, uma diferença bem dentro da mar-

11 NT: prática de fazer publicamente pequenas concessões a um grupo minoritário, tão somente para ocultar eventuais acusações de preconceito ou discriminação.

12 NT: tradução livre dos originais em inglês "the pet, the seductress, the battle-axe, and the mother".

gem de erro de mais ou menos 4%. A Gallup faz essa pergunta desde 1953, quando 66% preferiam os homens e apenas 5% as mulheres, sendo 25% dos entrevistados indiferentes. Curiosamente, em 2017, apenas 44% das mulheres eram indiferentes em comparação com 68% dos homens, sugerindo que, como discutimos, elas diferem enormemente em suas atitudes e comportamentos, dependendo da idade, da educação e do local de residência.

Embora a pesquisa tenha sido realizada um mês após o surgimento do escândalo de Harvey Weinstein e, portanto, durante o intenso acerto de contas cultural do movimento Me Too, há razões para acreditar que as mulheres podem estar começando a superar a maldição do tokenismo — isto é, a tirania de pequenos números. À medida que as mulheres se tornam mais numerosas em uma ampla variedade de locais de trabalho e continuam a avançar para os níveis mais altos, seu papel e suas posições mudam rapidamente. Em 2030, proporções significativas de mulheres estarão em posições de liderança política, social ou empresarial, potencialmente minando de uma vez por todas a base de uma das formas mais flagrantes de discriminação.

A teoria de Kanter também ajuda a explicar a dinâmica do mercado de casamentos. Na década de 1940, as mulheres norte-americanas eram instruídas a não serem ambiciosas quando se tratava de suas aspirações profissionais. "Atenção! Cuidado para não parecer mais esperta que o seu homem", recomendava um livro de autoajuda. "Uma coisa é ser quase tão inteligente, mas ser ou parecer mais inteligente — isso é proibido." Esse tipo de conselho foi oferecido na época em que os Estados Unidos enfrentavam uma escassez de homens devido às mortes em tempos de guerra. A suposição subjacente era que as mulheres que se destacassem por sua inteligência seriam evitadas em favor daquelas que eram mais "femininas", de acordo com as convenções da época.

Imagine agora se a escassez realmente tivesse seguido na outra direção, como na China. Lá, as mulheres com doutorado são frequentemente chamadas de *di san xing*, ou o "terceiro sexo", referindo-se à ideia de que poucos homens querem se casar com elas. Os artigos de revistas chinesas argumentam rotineiramente que "para a profissional competente, a *sajiao* [a arte de ser tímida, fofa e afetuosa] é uma ferramenta indispensável para parecer nem muito independente nem muito autossuficiente para seu namorado". O conselho chega até mesmo a sugerir que "a *sajiao* permite que ela pareça suave e feminina, em vez de forte e poderosa, características que desafiam as noções tradicionais de feminilidade". E, como se isso não bastasse, aqui está a cereja do bolo: "Ao afagar o ego masculino, ela realiza o quase impossível: fazer seu homem se sentir como um homem."

Vamos examinar o que acontece com os estereótipos de gênero quando há mudanças repentinas nas oportunidades e liberdades das mulheres. As mulheres sauditas foram autorizadas a dirigir em 2018, e seu comportamento relacionado à compra de carros pegou todos de surpresa. "As salas de exposições do reino mostravam os carros que eles achavam que agradariam as mulheres sauditas, como mini-SUVs de cores vivas", relatou o *Wall Street Journal*. "Em vez disso, elas estão optando por modelos robustos e rápidos." A sabedoria popular diz que os homens estão interessados em potência e aceleração, enquanto as mulheres gostam de conforto e segurança. "Esperávamos que as mulheres começassem com carros pequenos, com motores menores", disse uma vendedora da Audi. Mas Sahar Nasief, de 64 anos, avó de 16 netos e ativista comprometida com o direito das mulheres de dirigir, queria um Mustang conversível, dizendo: "Esse sempre foi o carro dos meus sonhos." Quando a Ford Motor Company ficou sabendo da sua preferência, resolveu presenteá-la com um, que escolheu um modelo amarelo e preto, as cores de seu time de futebol favorito. "Eu amo este carro por causa do ronco de seu motor", disse Nasief.

A teoria de Kanter também pode ajudar a explicar esse comportamento. Ainda existem poucas mulheres dirigindo pelas ruas da Arábia Saudita. Como pioneiras, as mulheres sauditas se comportam de forma a tentar romper com os estereótipos, fazendo-as parecer estar em pé de igualdade com os homens.

As Mulheres Governarão o Mundo em 2030?

O novo prestígio conquistado com dificuldade pelas mulheres na sociedade pode potencialmente levar a uma transformação da estrutura de poder, e talvez a menos escândalos, menos corrupção e menos violência, como descoberto por um número crescente de pesquisadores. Ou pode produzir uma bifurcação acentuada, na qual apenas um segmento de mulheres desfruta dos benefícios, enquanto o restante é empurrado para a margem, aumentando os conflitos sociais em vez de diminui-los. Independentemente de sua influência em posições gerenciais ou governamentais, as mulheres controlarão uma parte maior da riqueza e talvez a direcionem para áreas de seu interesse, incluindo educação e saúde, em um mundo com menos bebês e populações em envelhecimento.

À medida que o número de mulheres influentes cresce, a nova normalidade será o fato de elas serem aceitas como líderes? É provável que 2030 seja muito cedo para o ideal utópico de completa igualdade de gênero, especialmente considerando a evolução lenta das tendências atuais e o número de mulheres que ainda são discriminadas ou privadas de oportunidades.

O fator mais imponderável, no entanto, tem pouco a ver com o equilíbrio de poder e o prestígio entre os gêneros. À medida que as cidades crescem, as mulheres ganham acesso a novas oportunidades. Mas o aquecimento global também é acelerado com a expansão urbana, como veremos no Capítulo 5. E as mudanças climáticas tendem a prejudicar mais as mulheres e as crianças.

5

AS CIDADES AFUNDAM PRIMEIRO

Aquecimento Global, Hipsters e a Trivialidade da Sobrevivência

Qualquer cidade, por menor que seja, divide-se de fato em duas, uma dos pobres, a outra dos ricos.

— Platão

À medida que nos aproximamos de 2030, as cidades vão se tornando um microcosmo do que está por vir. Cada uma das tendências discutidas nos capítulos anteriores progride mais rapidamente na cidade: a fertilidade cai mais cedo e com mais rapidez, padrões comportamentais milenares são essencialmente urbanos por natureza, a nova classe média vive em grandes aglomerações e as chances de vida e o comportamento das mulheres evoluem mais rapidamente em áreas mais densamente povoadas. As cidades se tornaram um gigantesco mecanismo de mudança, um catalisador para o fim do mundo como o conhecemos.

As cidades ocupam 1% do território mundial e, ainda assim, abrigam cerca de 55% da população humana. Em outras palavras, a massa terrestre total na Terra é de 510 milhões de quilômetros quadrados e as cidades representam cerca de 2 milhões deles. Com 4 bilhões de residentes urbanos, há, em média, 2 mil pessoas por quilômetro quadrado nas cidades, o que é uma multidão. As cidades respondem por 75% do consumo total de energia e 80% do total de emissões de carbono. Além de sua contribuição desproporcional para o aquecimento global, seus edifícios construídos muito próximos uns dos outros e suas superfícies pavimentadas com asfalto ou concreto retêm o calor mais eficientemente — um processo conhecido como "efeito ilha de calor".

E isso com base nos números atuais.

Olhando para frente, as tendências indicam que a urbanização está em ascensão. A cada semana, a população das cidades ao redor do mundo cresce em 1,5 milhão de pessoas, o que significa um novo ciclo de construção, poluição e emissão de gases de efeito estufa. Em 2017, havia 29 cidades com mais de 10 milhões de pessoas. Em 2030, haverá 43 delas, e 14 serão o lar de mais de 20 milhões de pessoas. As cidades tendem a exacerbar a desigualdade. Quando se tornarem regra em todo o mundo, estaremos mais próximos de crises sociais e climáticas potencialmente catastróficas. O que pode ser feito com relação à pobreza urbana e ao aquecimento global? Precisamos de mudanças em larga escala ou pequenas adaptações comportamentais? As cidades devem tentar cultivar seus próprios alimentos? As cidades em declínio nos cinturões da ferrugem da Europa e dos Estados Unidos podem mudar sua sorte?

As Cidades São Quentes de Várias Maneiras

Em outubro de 2018, o Painel Intergovernamental sobre Mudanças Climáticas, convocado pelas Nações Unidas, alertou em um novo relatório que, para evitar mudanças climáticas catastróficas, "as emissões globais líquidas de dióxido de carbono causadas pelo ser humano precisariam cair cerca de 45% em relação aos níveis de 2010 até 2030, atingindo o 'zero líquido' por volta de 2050". Em outras palavras, as ações decisivas para evitar as inundações das áreas costeiras, reduzir a frequência de eventos climáticos extremos e impedir perturbações generalizadas na agricultura devem estar em andamento antes de 2030, ou então...

"Os próximos anos são provavelmente os mais importantes da nossa história", disse Debra Roberts, copresidente de um dos grupos de trabalho que produziu o relatório. E, em maio de 2019, as Nações Unidas publicaram outro relatório sombrio prevendo o desaparecimento de 1 milhão (entre as 8 milhões) de espécies animais e vegetais existentes dentro de algumas décadas, se as mudanças climáticas não forem revertidas. À medida que a temperatura global aumenta, os residentes urbanos podem experimentar algo como o inferno. "As tendências são muito prejudiciais para uma parcela crescente de pessoas que vivem nas cidades", observa o cientista belga Hendrik Wouters. "Altas temperaturas levam à mortalidade excessiva, às internações hospitalares, ao alto uso de energia e à perda econômica, fatores exacerbados devido à [efeito] ilha de calor urbana."

Nesse ritmo, podemos não apenas comprometer nosso futuro, mas também destruir nosso passado. Segundo a egiptóloga Sarah Parcak, existem cerca de 50 milhões de sítios arqueológicos não mapeados no mundo e, à medida que as cidades se expandem, pelo menos metade deles pode ser destruída por saques, mudanças climáticas e construção não regulamentada. Tudo isso acontecerá antes de 2030. Em resposta, Parcak lançou a plataforma de colaboração coletiva GlobalXplorer. Na *New Yorker*, Nick Paumgarten escreveu sobre o *ethos* democrático da plataforma e como "os cidadãos à Indiana Jones podem vasculhar mapas de satélite e identificar novos locais em potencial... A ideia é mobilizar mais olhos para fiscalizar (e, finalmente, "peões de escavação" mais indulgentes) na corrida contra o carbono e a ganância".

As cidades serão mais afetadas pelas mudanças climáticas e pelo aumento do nível do mar do que as áreas rurais ou desabitadas. Cerca de 90% das áreas urbanas do mundo ficam ao longo da costa e, em 2025, até 75% da população mundial viverá na costa ou nas proximidades. A Ásia, que possui a classe média que cresce mais rápido em todo o mundo e abriga 60% da população global, será muito vulnerável às inundações marítimas nas megacidades, incluindo Jacarta, Manila, Cidade de Ho Chi Minh, Bangcoc, Osaka, Daca e Xangai. Fora da Ásia, Nova Orleans, Miami, Veneza e Alexandria (no Egito) são as mais expostas.

O crescimento urbano também agrava outra característica importante do mundo de 2030: a desigualdade. Este é um problema bem antigo. "Qualquer cidade, por menor que seja, divide-se de fato em duas", escreveu Platão, dois milênios e meio atrás. "Uma dos pobres, a outra dos ricos." *Metrópolis*, o filme mudo futurista de 1927 do cineasta alemão Fritz Lang, trouxe a reflexão de Platão para o telão. Ele retratava uma sociedade dividida em duas, com operários trabalhando no subsolo, enquanto os ricos desfrutavam de uma cidade perfeitamente brilhante logo acima, com veículos futuristas, trens, aviões, arranha-céus, viadutos e túneis. Os dois personagens principais — Freder, o filho rico do dono da cidade, e Maria, amada pelos trabalhadores — tentam preencher a lacuna entre os ricos e os pobres. A estética geral do filme, bem como seus temas e padrões visuais, foram inspirados no Cubismo, no Expressionismo e na Art Déco, assim como em muitas de nossas cidades atuais. O filme terminou com um intrigante intertítulo: "O mediador entre a cabeça e as mãos deve ser o coração." Embora sua recepção tenha sido confusa quando foi exibido pela primeira vez, *Metrópolis* hoje é considerado um clássico pioneiro, que antecipava como seriam as grandes cidades, com suas camadas de esplendor e miséria.

O enorme crescimento das cidades que testemunhamos hoje é um fenômeno relativamente moderno. Para fins de comparação, considere que, na década de 1920, nenhuma cidade do mundo abrigava mais de 10 milhões de pessoas. Na verdade, apenas um pequeno grupo tinha mais de 1 milhão de habitantes. Nos anos seguintes ao primeiro pouso na Lua, em 1969, havia apenas três cidades com mais de 10 milhões de habitantes: Nova York, Tóquio e Osaka. Na virada do século XXI, o crescimento urbano acelerou e a vida na cidade tornou-se a nova normalidade. Todas essas mudanças são para sempre? Como observou o filósofo grego Aristóteles, o discípulo mais influente de Platão, "uma grande cidade não deve ser confundida com uma cidade populosa".

De fato, muitas grandes cidades do mundo tornaram-se desumanizadas, desalmadas e alienantes. O pintor metafísico italiano do século XX, Giorgio de Chirico, captou melhor essa definição, com suas pinturas que descreviam paisagens futuristas, embora desoladas, da cidade. Os arquitetos modernistas e planejadores urbanos declararam que "Menos é mais", para citar o famoso arquiteto do século XX, Ludwig Mies van der Rohe, simplificando os projetos a ponto de transformar as cidades em exercícios de geometria e repetição, com uma sucessão interminável de avenidas, ruas, prédios em forma de cubo, colunas, janelas e assim por diante. A simplicidade da arquitetura modernista rapidamente se degenerou na tendência brutalista de pesadas massas de concreto e vidro. "Não há nada mais poético e terrível do que a batalha dos arranha-céus com os céus que os cobrem", disse o poeta Federico García Lorca depois de morar na cidade de Nova York, em 1929. Levaria décadas até Robert Venturi virar a maré contra a arquitetura modernista com sua excêntrica abordagem "Menos é um tédio!"

A realidade é que, à medida que as grandes cidades crescem, nossos problemas continuarão se multiplicando: tudo, desde congestionamentos de trânsito até poluição do ar, eliminação de resíduos, pobreza e desigualdade. As cidades são o marco zero na luta contra o aquecimento global e a crescente diferença de riqueza. Mas não podemos nos sentir sobrecarregados por esses problemas crescentes. Charles Dickens disse uma vez que "O mais importante na vida para se ter sucesso é parar de dizer 'eu desejo', e começar a dizer 'eu conseguirei'". Não considere nada impossível, pense lateralmente para lidar com os problemas das cidades e, em seguida, trate as possibilidades como probabilidades.

Luzes — e Sombras — da Cidade

As imagens de satélite ajudam a criar "mapas de luminosidade", à medida que as cidades acendem suas luzes durante a noite, como na Figura 8, fornecida pela NASA.

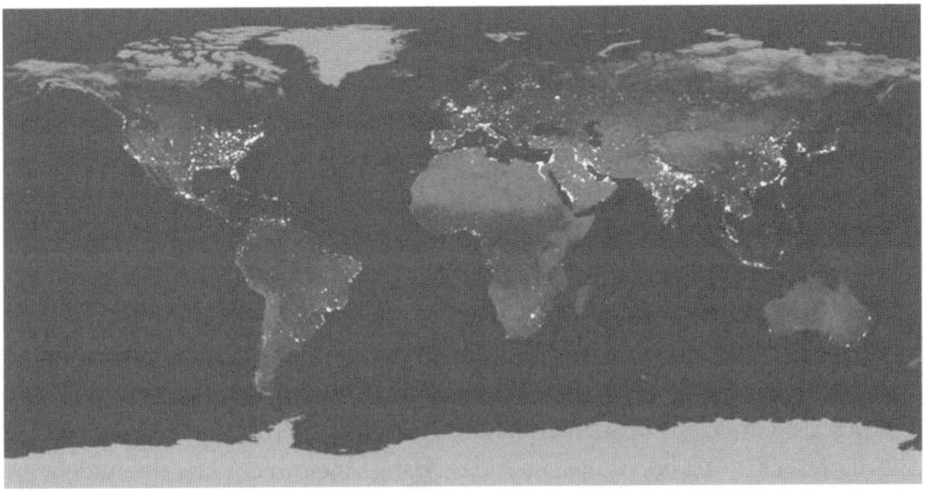

FIGURA 8

A intensidade do "brilho do céu" está altamente correlacionada com os padrões globais de subsistência, e os pesquisadores o utilizam para triangular e verificar as informações de estatísticas oficiais coletadas por meios convencionais. Mas os satélites não são capazes de nos dizer que, por trás do emocionante brilho das luzes da cidade, existem enormes bolsões de pobreza, resultado das crescentes disparidades de renda e riqueza. A Biblioteca da Câmara dos Comuns[1] do Reino Unido fez uma desanimadora previsão de que, em 2030, dois terços da riqueza do mundo pertencerão aos 1% mais ricos, a maioria deles vivendo nas cidades. Em 2018, Hong Kong tinha 10 mil residentes ultrarricos, com um patrimônio líquido de pelo menos US$30 milhões cada, superando os 9 mil de Nova York pela primeira vez. Tóquio, Los Angeles, Paris, Londres, Chicago, São Francisco, Washington, DC e Osaka completaram a classificação das dez principais cidades com pessoas ultrarricas. Mas Hong Kong também tem uma parcela considerável (20%) de pessoas que vivem na pobreza, assim como Nova York (19%), de acordo com dados do governo municipal.

1 NT. Tradução do original em inglês "UK House of Commons Library".

Em 2019, a linha de pobreza federal dos EUA era de US$28,1 mil em renda anual para uma família de quatro pessoas. Seguindo essa medida, 30% dos moradores da área metropolitana de McAllen-Edinburg-Mission, no Texas, são pobres. Em Valdosta, na Geórgia, são 26%, em Visalia-Porterville, na Califórnia, quase 25% e em Bloomington, em Indiana, quase 23%. Em 2017, a média nacional era de 12,3%. E isso foi seis décadas depois que o presidente Lyndon Johnson lançou sua guerra contra a pobreza. Na época, a taxa nacional de pobreza era de 19%. A pobreza — assim como a riqueza — está desproporcionalmente concentrada nas cidades. A questão é que as cidades amplificam os altos e baixos da vida como a conhecemos, polarizando-nos em extremos de oportunidades e desvantagens.

* * *

A poucos quarteirões do Capitólio fica uma das periferias urbanas mais pobres dos Estados Unidos. Em 1932, os avós de Rosa Lee Cunningham, que eram meeiros, migraram da zona rural de Rich Square, na Carolina do Norte, para essa região de Washington, DC. "A história de sua vida abrange meio século de dificuldades em periferias decadentes", escreveu o jornalista investigativo do *Washington Post*, Leon Dash. "Não muito longe dos edifícios majestosos onde os legisladores fracassaram em seus esforços periódicos para romper o ciclo da pobreza", Rosa Lee ficou grávida do primeiro de seus oito filhos quando tinha 13 anos, se casou aos dezesseis e voltou para a casa de seus pais alguns meses depois, quando o marido começou a espancá-la. Levou anos para ela se mudar para sua própria casa. "Rosa Lee vivia em um mundo definido pela pobreza, pelo analfabetismo e pelas atividades criminosas", escreveu Dash. Dois de seus filhos acabaram encontrando empregos estáveis. Eles moravam em um apartamento apertado, junto com o filho mais velho dela, que dormia na sala de estar. Outro filho trabalhava longas horas, limpando fornos em um KFC. Ele fumava crack depois do trabalho. Rosa dividia o quarto com uma de suas filhas, cujo filho adolescente passara algum tempo em um abrigo para jovens infratores. Outra de suas filhas — que cumprira uma sentença de onze meses por porte de cocaína — ocupava o único outro quarto, junto de seus três filhos. Isso representa um total de nove pessoas, de três gerações diferentes.

"Rosa Lee é uma rede de segurança para a maioria de seus filhos", observou Dash, que "vivem uma espécie de existência nômade, saltando dos apartamentos de amigos para a cadeia, para a rua e para a casa de Rosa Lee." Ela se mudou 18 vezes durante os 45 anos que morou na capital do país. A renda dela era "a única renda estável, e nem toda ela era obtida legalmente. Ela recebe US$437 por mês do programa Supplemental Security Income[2] para os pobres incapacitados... O restante de seu dinheiro vem da venda de mercadorias roubadas em lojas". Ela foi diagnosticada com AIDS em 1988 e morreu em 1995. "A pobreza é um fenômeno que devastou norte-americanos de todas as etnias, nas comunidades rurais e urbanas, mas afetou desproporcionalmente os norte-americanos negros que vivem nas cidades do interior do país."

Eric foi um dos dois filhos de Rosa Lee que chegou à classe média. Ele tinha um Jeep e morava em um subúrbio de Washington, DC. Eric e seu irmão, Alvin, são os únicos dos oito filhos de Rosa Lee que nunca usaram drogas ou cumpriram pena na prisão. Os dois se alistaram no exército. Na época da morte de sua mãe, Alvin era motorista de ônibus, enquanto Eric, um operador de equipamentos pesados, trabalhava em vários empregos temporários. "Na família deles, o abuso de drogas se tornou a parede divisória que ninguém é capaz de escalar", escreveu Dash. "Alvin e Eric não passam as férias com os irmãos, e ninguém se lembra da última vez que [seus irmãos] vieram visitá-los em suas casas. As raras ocasiões em que se encontram é geralmente quando Alvin ou Eric consertam alguma coisa no apartamento de Rosa Lee."

Enquanto os pobres urbanos e a classe média empobrecida trabalham e lutam, os ricos vivem uma vida boa. "Passava minhas noites de sábado em Nova York, porque aquelas festas [de Jay Gatsby] cintilantes, deslumbrantes, permaneciam tão vivas na minha memória que ainda podia ouvir a música e as gargalhadas, vagas, mas incessantes, que vinham do seu jardim; e os automóveis entrando e saindo pelo pórtico de sua mansão", escreveu F. Scott Fitzgerald. "Certa noite, de fato ouvi um carro de verdade passando por lá e vi as luzes, quando parou diante dos degraus da frente. Mas não fui investigar. Provavelmente, era um derradeiro conviva que tinha estado perdido pelos confins do mundo e não sabia que a festa havia terminado."[3] Em seu mundo exclusivo, os ricos competem com os ricos por estima social. "À medida que a riqueza se acumula", escreveu Thorstein Veblen em 1899, "a classe do lazer desenvolve-se em função e estrutura, e assim ocorre uma diferenciação no seio da

2 NT: programa que fornece pagamentos em dinheiro a indivíduos residentes nos Estados Unidos que pagaram pela previdência social e são elegíveis para se aposentar.

3 NT: trecho do livro O Grande Gatsby, escrito por F. Scott Fitzgerald e publicado em 1925.

classe... os que se encontram mais próximos dos níveis mais elevados da classe do lazer abastada, no que se refere a nascimento, a riqueza ou a ambos, gozam de uma posição melhor do que os menos bem-nascidos e os de condição pecuniária inferior".

Os Sedentários e as Mídias Sociais

Mas é principalmente a classe média que moldará o futuro das cidades. A classe média urbana em expansão constitui a espinha dorsal da economia de consumo moderna que discutimos no Capítulo 3, levando uma vida muito diferente da população rural. Eles tendem a gastar seu dinheiro em lazer e entretenimento. Deixam para trás pegadas digitais e emissões de carbono muito maiores. Os residentes urbanos e seus estilos de vida moldarão o futuro da tecnologia e do consumo, justamente porque se tornaram a maioria da população — as empresas desenvolverão novos produtos e truques de marketing com base em seu comportamento. Mais consumidores urbanos geram mais consumo no estilo urbano, em um ciclo interminável e autossustentado.

E, à medida que as cidades crescem, o fenômeno do "sedentarismo urbano" se prolifera. Em 2017, havia mais pessoas no mundo afetadas pela fome (821 milhões) do que pela obesidade (650 milhões). Em 2030, a população obesa estimada em 1,1 bilhão excederá em muito o número de pessoas que passam fome, projetadas conservadoramente abaixo de 200 milhões, à medida que a classe média se expande na Ásia e na África. A escalada da obesidade foi impulsionada pela explosão da população nas cidades, com seus estilos de vida caracteristicamente sedentários. As mudanças em nossa dieta e o consumo de alimentos processados também são os culpados. À medida que a obesidade aumenta, também aumenta o número de pessoas que sofrem de problemas cardíacos, diabetes e problemas articulares e musculares, entre muitos outros problemas de saúde. Haverá uma demanda maior por roupas de tamanho grande e assentos com espaço extra, por academias e conselhos sobre dietas.

A Organização Mundial da Saúde define pessoas com sobrepeso como aquelas com um índice de massa corporal entre 25 e 30. A obesidade é definida como um índice de massa corporal superior a 30. A prevalência da obesidade no mundo mais que dobrou desde 1980. Em 2016, mais de 1,9 bilhão de adultos estava acima do peso e 650 milhões deles eram obesos. Somados, esses valores equivalem a um quarto da população total do mundo. E o que é ainda pior, 41 milhões de crianças em idade pré-escolar estavam acima do peso ou obesas. Naquele ano, pelo menos 2,8 milhões de pessoas de todas as idades morreram devido a problemas de saúde relacionados ao excesso de peso. Um número muito maior era incapaz de levar uma vida produtiva e normal: eles perderam o emprego, foram condenados ao ostracismo social ou sofriam de outras doenças. Segundo a OCDE, "as taxas de obesidade adulta são mais altas nos Estados Unidos, no México, na Nova Zelândia e na Hungria, enquanto são mais baixas no Japão e na Coreia... Prevê-se que as taxas de obesidade adulta aumentem ainda mais até 2030". A obesidade afeta mais as mulheres do que os homens, e os pobres mais do que a classe média.

A epidemia de obesidade é particularmente aguda nos Estados Unidos, um país que representa apenas cerca de 4% da população mundial, mas quase 18% da massa corporal humana total. Segundo o Centro Nacional de Estatística em Saúde, 70% dos norte-americanos estão acima do peso (32%) ou obesos (38%), em comparação com as médias globais de 39 e 13%, respectivamente. Dito de outra forma, o excesso de peso dos norte-americanos é equivalente a cerca de um bilhão de seres humanos de peso médio no planeta. Em 2030, prevê-se que quase metade da população norte-americana será obesa. A obesidade mórbida, medida por um índice de massa corporal superior a 40, afeta 5,5% dos homens norte-americanos e 9,9% das mulheres norte-americanas. Entre crianças e adolescentes norte-americanos, 17% são obesos e 6% são obesos mórbidos. Um em cada cinco adolescentes norte-americanos é obeso e quase um em cada dez é obeso mórbido. Essas tendências só aumentarão com o tempo.

O crescimento econômico na China, na Índia e em outras economias emergentes da Ásia e África (onde a desnutrição era historicamente uma ameaça maior que a obesidade) se traduziu no maior consumo de proteínas e alimentos processados, estilos de vida mais sedentários e outros fatos prejudiciais da vida urbana. Ainda assim, as taxas mais altas de obesidade, às vezes chegando a 80% da população, podem ser encontradas nas nações insulares do Pacífico Sul, incluindo Samoa Americana, Nauru, Ilhas Cook, Tokelau e Tonga. "Anteriormente, acreditava-se que as ilhas do Pacífico eram geneticamente predispostas à obesidade", relatou o site Healthcare Global. Estudos recentes, no entanto, indicam que as dietas ocidentais são as culpadas. "Os alimentos tradicionais das ilhas, como peixe fresco, carne e frutas e legumes locais, foram substituídos por arroz, açúcar, farinha, carnes enlatadas, frutas e legumes enlatados, refrigerantes e cerveja."

Os estilos de vida na cidade também são moldados pela natureza agitada da experiência urbana, especialmente quando se trata de trânsito. Cerca de um terço do tempo que as pessoas passam dirigindo seus carros pelas áreas centrais das principais cidades dos EUA é dedicado a encontrar um vaga de estacionamento. Pesquisas indicam que nas partes urbanas do mundo em que a classe média se tornou proeminente, as pessoas passam de 20% a 30% do seu tempo acordadas no trânsito. Não é surpresa que muitas cidades tenham se tornado sinônimo de fumaça ou poluição atmosférica aguda.

E os estilos de vida urbanos tornaram-se sinônimos de uso de todos os tipos de aplicativos para smartphones, o que contribui ainda mais para uma bifurcação no comportamento entre residentes urbanos e rurais. Os aplicativos de mídias sociais são os mais usados. Desde janeiro de 2019, mais de 80% da população com 13 anos de idade ou mais nos Estados Unidos, América Latina e Leste da Ásia está regularmente envolvida com as mídias sociais digitais como Facebook, Twitter, Instagram ou WeChat. Na Europa e no Oriente Médio, a proporção estava acima de 70%. Por outro lado, na África Subsaariana, esse envolvimento estava abaixo de 20% e, na Índia, em cerca de 30% (duas partes do mundo em que nem todos os que possuem smartphones usam mídias sociais). As grandes populações rurais desses países são o motivo pelo qual os números de usuários das mídias sociais são relativamente baixos. Mesmo quando eles têm acesso a redes e aplicativos digitais, as pessoas em pequenas aldeias preferem interagir com outras pessoas pessoalmente. A proporção da população que vive no campo é de cerca de 59% na África Subsaariana e 65% na Índia, em comparação com apenas 17% nos Estados Unidos, embora esses números estejam diminuindo rapidamente à medida que as pessoas migram para as cidades.

O "Paternalismo Libertário" Pode Salvar Nossas Cidades — e o Planeta?

As pessoas frequentemente se perguntam o que pode ser feito sobre o aquecimento global, sem colocar toda a economia em uma dieta draconiana livre de carbono. A resposta é que pequenos simples ajustes ao nosso comportamento diário podem realmente ajudar bastante a evitar uma catástrofe. Existem dois princípios básicos envolvidos em tornar a vida da cidade mais amigável em relação ao meio ambiente, mais tolerável e agradável para uma parcela maior da população. Sem implementá-los, será muito difícil lidar com a poluição, a deterioração ambiental e as mudanças climáticas. Ambos envolvem o pensamento lateral.

O primeiro princípio lateral é a "trivialidade da excelência", ou a ideia de que o alto desempenho normalmente não é resultado de saltos quânticos ou talento inato, mas ocorre devido a uma série de pequenas melhorias. O sociólogo Daniel Chambliss cunhou o termo após realizar uma extensa análise etnográfica e quantitativa de atletas de natação, concluindo que "um desempenho superlativo é, na verdade, uma confluência de dezenas de pequenas qualificações ou atividades, cada uma delas aprendida pela prática ou por acaso". Segundo a ganhadora de três medalhas de ouro em Jogos Olímpicos Mary Meagher, "as pessoas não sabem como é o sucesso trivial". É uma longa lista de pequenas coisas que produz melhores resultados quando feitas simultaneamente. "Não há nada extraordinário ou sobre-humano em qualquer uma dessas ações; apenas o fato de que elas são realizadas de forma consistente e correta", diz Chambliss. Em outras palavras, a excelência é essencialmente trivial. Eis aqui como funciona:

Os nadadores se aperfeiçoam, aprendendo a realizar "uma virada olímpica adequada", executar "um empurrão eficiente da parede, com os braços pressionados juntos sobre a cabeça", posicionar "as mãos dentro da água, para que não haja ar entre elas", usar pesos na academia "para aumentar a força adequadamente", "ingerir os alimentos certos", "vestir os melhores trajes para as competições" e assim por diante. Peter Drucker, um dos consultores de gestão mais influentes de todos os tempos, escreveu certa vez que se tornar um executivo de sucesso "não exige dons especiais, aptidão especial ou treinamento especial. Ser eficaz como executivo exige fazer certas coisas — bastante simples". Como veremos, pequenos ajustes comportamentais de nossa parte podem ajudar muito em termos de desaceleração da mudança climática e preservação do meio ambiente para as gerações futuras.

O segundo princípio envolve o que os cientistas comportamentais chamam de "cutucada" — modificação comportamental por meio de reforço positivo ou sugestão indireta para influenciar os motivos, incentivos e decisões de grupos ou indivíduos. A "arte da cutucada" foi desenvolvida pela primeira vez em um artigo intitulado "Einstein encontra Magritte"[4], escrito pelo cientista britânico D. J. Stewart em 1999. Em 2008, o livro de Richard Thaler e Cass Sunstein, *Nudge: O Empurrão para a escolha certa* catapultou a "ciência da cutucada" para a atenção mundial. O problema básico, na visão deles, é que as pessoas tendem a agir de maneiras que não são apenas inimigas do bem comum, mas também contra seus próprios interesses. Thaler — que posteriormente ganhou o Prêmio Nobel de Ciências Econômicas — e seu coautor

4 NT: tradução livre do original em inglês "Einstein Meets Magritte".

argumentaram que a verdadeira beleza da cutucada é o seu potencial para criar mudanças comportamentais que promovem o bem comum e os interesses individuais. A cutucada não tem nada a ver com regulamentação, imposição ou coerção. Thaler e Sunstein se referem a ela como "paternalismo libertário". Como eles escreveram: "Para ser considerada uma mera cutucada, a intervenção deve ser fácil e barata de evitar. Cutucadas não são mandatos. Colocar frutas no nível dos olhos [próximo à caixa registradora] conta como uma cutucada. Proibir *junk food* não."

A cutucada funciona quando promove mudanças pequenas, sutis e baratas. Para dar um exemplo: ao estampar a imagem de uma mosca doméstica nos mictórios masculinos no Aeroporto de Amsterdam-Schiphol, os projetistas "melhoraram a mira" dos usuários, o que reduziu os custos com limpeza. A cutucada encontrou ampla aplicação nas áreas de marketing, gestão de talentos, assistência médica, todos os tipos de terapia e política, com candidatos usando suas técnicas para melhorar a arrecadação de fundos, o envolvimento e a participação no dia das eleições.

Deixe-me compartilhar um exemplo prático. Dependendo do número de semáforos vermelhos que encontro no meu trajeto diário na Filadélfia, o tempo que gasto no deslocamento pode dobrar ou até triplicar, consequentemente aumentando minha pegada de carbono. Isso é um grande incentivo para que eu acelere por um cruzamento quando a luz está prestes a ficar vermelha — um tipo de comportamento muito perigoso, que aumenta o risco de um acidente. Mas a cidade poderia instalar painéis acima dos semáforos para informar os motoristas sobre a condição dos semáforos mais adiante. Se estiver me aproximando de um semáforo que está ficando amarelo, mas vejo que os demais ao longo da estrada também ficarão amarelos e depois vermelhos, correr para atravessar o cruzamento antes que o sinal fique vermelho se torna uma opção menos desejável, pois precisarei parar no próximo semáforo de qualquer maneira. Como outro exemplo, pintar linhas e setas no asfalto às vezes ajuda as pessoas a dirigir com mais fluidez, principalmente em retornos e curvas. Da mesma forma, os varejistas sabem há anos que acelerar o ritmo da música de fundo quando os corredores da loja ficam lotados ajuda a reduzir as filas e maximizar as vendas.

Pesquisas indicam que as adaptações mundanas e o paternalismo libertário podem ser mais eficazes para ajudar as cidades a lidar com poluição, congestionamento e mudanças climáticas do que propósitos punitivos impostos sobre o carbono ou incentivos monetários. Comportamentos pró-ambientais, como escolher um meio de transporte menos poluente, participar de programas de reciclagem ou usar detergentes ecológicos, proliferam quando as pessoas sentem uma obrigação moral de fazer algo sobre as mudanças climáticas. É certo que as pessoas precisam estar cientes do problema e de suas consequências, ser incentivadas a assumir responsabilidade pessoal e motivadas a agir. Mas a pesquisa também mostra que comportamentos pró-ambientais são, em grande parte, impulsionados pelo hábito. A diferença entre intenção e ação pode ser superada por cutucadas que incentivam as pessoas a desenvolver hábitos positivos. Por exemplo, os termostatos deveriam exibir o valor gasto para aquecer o ambiente, em vez de exibir a temperatura. Também foi comprovado que as contas de energia que comparam sua conta mensal à média em sua vizinhança reduzem o consumo de energia — é como se estimulassem as pessoas a imitar os vizinhos na virtude, em vez de no consumo conspícuo. Facilitar o pagamento da passagem de ônibus, aceitando cartões de crédito e pagamentos móveis, também pode aumentar o uso do transporte público.

"Quando o Poço Está Seco, Aprendemos o Valor da Água"

A citação no cabeçalho desta seção é de Benjamin Franklin e, embora pretenda ser uma observação geral sobre não tomar as coisas como garantidas, uma interpretação literal desse aforismo é especialmente adequada nos dias de hoje. A água é quase sempre um recurso renovável, mas sua qualidade e distribuição em todo o mundo são objeto de considerável atrito e conflito. As cidades, em particular, tendem a enfrentar a escassez recorrente de água. Além disso, um em cada quatro residentes urbanos, ou 1 bilhão de pessoas, não tem acesso à água encanada em sua casa. A mudança na distribuição geográfica do crescimento populacional, o processo de urbanização, o crescimento da classe média e as mudanças climáticas reformularão fundamentalmente a economia e a política da água. Como ressalta minha colega da Penn, Irina Marinov, oceanógrafa e criadora de modelos climáticos, "alteramos o sistema com maior intensidade nos últimos duzentos anos do que a natureza costuma fazer em ciclos de 100 mil anos".

Nossos problemas com a água se multiplicarão até 2030. "No oeste dos Estados Unidos, há um velho ditado que diz que o uísque é para beber e água é para brigar[5]", diz Ian Lyle, diretor de assuntos federais da National Water Resources Association[6].

5 NT: no original, "whiskey is for drinking, and water is for fighting".

6 NT: Associação Nacional de Recursos Hídricos, em tradução livre.

De acordo com a McKinsey & Co., a água é o terceiro setor mais importante e caro para o desenvolvimento futuro da infraestrutura, depois do transporte e da energia. É difícil (e caro) armazenar e transportar água por longas distâncias. O futuro das cidades depende da construção de novas infraestruturas hídricas e de incentivar a todos — consumidores, agricultores, fabricantes e produtores de energia — a serem mais conscientes sobre o uso da água.

A água e a gestão da água são essenciais para a sociedade humana em grande escala. Todas as grandes civilizações antigas — Egito, Mesopotâmia, a Civilização do Vale do Indo, China e Roma — desenvolveram infraestrutura e tecnologias de gestão de água para alimentar e sustentar grandes concentrações de população em ambientes urbanizados. Ao longo da história, grandes calamidades ocorreram após a escassez de água. Segundo as Nações Unidas, a maioria dos desastres naturais, talvez 90%, está relacionada à água. As principais crises de refugiados surgiram como resultado de secas ou conflitos sobre a água, como na Somália, em 2011, ou no Sudão e Mali, em 2012. A OCDE estima que, em 2030, quase 4 bilhões de pessoas — metade da população projetada no mundo — viverão em áreas com escassez grave de água, principalmente no leste da Ásia, no sul da Ásia e no Oriente Médio, precisamente onde as cidades estão crescendo com mais rapidez.

Considere o desafio: mais de dois terços da superfície da Terra são cobertos de água, mas 97,5% dela não é potável. Isso deixa apenas 2,5% para o consumo humano. A maior parte disso, talvez até 70%, é de difícil acesso — congelada em calotas polares, geleiras, pergelissolo e cobertura permanente de neve. Cerca de 30% são lençóis freáticos e menos de 1% está em rios, lagos, áreas úmidas e outros reservatórios. Atualmente, cerca de 1,2 bilhão de pessoas não têm acesso à água potável, e cerca de 2,8 bilhões enfrentam escassez de água durante pelo menos um mês por ano. O problema da escassez pode ser causado por razões físicas ou econômicas. Algumas partes do mundo carecem de água suficiente para sustentar os níveis atuais e futuros da população, enquanto em outras áreas, especialmente na África Subsaariana e partes do sul da Ásia, a escassez de água se deve à falta de infraestrutura, má administração de recursos ou outros fatores econômicos. Em algumas dessas regiões, as pessoas — principalmente mulheres e crianças — podem passar até cinco horas por dia em busca de água para suas famílias durante as secas.

A situação é especialmente terrível no sul da Ásia. "Mesmo em Chennai, Bangalore, Shimla e Delhi, a água está sendo racionada e a segurança alimentar da Índia está ameaçada. Com a vida e o sustento de milhões de pessoas em risco, a Índia urbana está gritando por água", observa um relatório da National Commission for Women[7] da Índia. "Por exemplo, a água é racionada duas vezes por semana em Bangalore, e por 30 minutos por dia em Bhopal... Mumbai vive cortes rotineiros no abastecimento de água de janeiro a junho, quando algumas áreas conseguem água uma vez a cada três dias em Hyderabad." As cidades mencionadas nessa citação estão entre os lugares que mais crescem no mundo.

Reinventando a Roda

Nas regiões mais pobres do mundo, mulheres e meninas andam longas distâncias para conseguir água para suas famílias, uma tarefa ainda mais difícil pelo peso representado por ela. A Organização Mundial da Saúde recomenda de 20 a 50 litros por pessoa, por dia, para beber, cozinhar e tomar banho. Em regiões da Ásia e da África, as mulheres andam uma média de 6 quilômetros por dia, carregando cerca de 11 litros de água por vez.

Cynthia Koenig decidiu resolver este problema. Depois de se formar na Universidade de Michigan, com um MBA e um mestrado em sustentabilidade global, ela lançou a Wello WaterWheel, uma organização social que fabrica e distribui tambores plásticos de água que podem ser facilmente rolados em diversas superfícies e terrenos. Sua invenção teve como objetivo substituir o tradicional jarro de água indiano de 8 litros, que é carregado na cabeça, por um tambor de plástico de 90 litros, semelhante a uma roda gorda com uma alça bem longa em forma de U, que pode ser empurrado como se fosse um carrinho de compras. Isso representa dez vezes mais água e muito menos esforço para transportá-la por vários quilômetros.

Embora Koenig não tenha inventado o conceito, o preço destacou seu produto no mercado. "A ideia da Wello nasceu de anos de experiência pessoal, vivendo e trabalhando em ambientes com escassez de água", lembra ela. "Enquanto morava em uma vila remota no México, lutei para transportar água suficiente para atender às minhas necessidades diárias." Ela começou a pensar em soluções durante uma viagem de averiguação ao Rajastão, na Índia. "Nossas ideias iniciais estavam por toda parte — desde balões para transporte de água até cestos ergonômicos para jumentos." Até o final de 2016, mais de 10 mil WaterWheels estavam em uso diário em Bangladesh, Índia, Quênia, Malawi, Paquistão e Zâmbia, atendendo a áreas rurais e urbanas.

---

7 NT: Comissão Nacional para as Mulheres, em tradução livre.

Em uma escala muito mais ampla, a maior ameaça para o futuro da água vem de práticas agrícolas inadequadas, uma vez que a agricultura é responsável por aproximadamente 70% do consumo mundial de água relacionado ao ser humano. O uso industrial representa cerca de 20%, deixando os 10% restantes para as famílias. No Capítulo 1, avaliamos o potencial de uma revolução agrícola-industrial na África, uma transformação que não pode ocorrer sem uma melhor gestão da água.

O Nexo Água-Energia

As cidades também têm mais chances de obter a água de que precisam se ficarmos mais atentos ao papel da água na produção de energia. Precisamos de água para extrair, lavar e classificar matérias-primas e combustíveis fósseis, resfriar usinas térmicas, cultivar biocombustíveis e turbinar hidrelétricas. Segundo as Nações Unidas, cerca de 90% de toda a geração de energia elétrica consome muita água. Mas o que acontece quando as necessidades de energia e a necessidade de preservar o fornecimento de água colidem? A poluição dos aquíferos devido à mineração ou ao fraturamento hidráulico (conhecido como "*fracking*") está aumentando. A mudança climática também será uma força disruptiva. A elaboração de políticas e o planejamento precisam levar em consideração as restrições e os riscos inerentes à crescente demanda por água e energia de uma população urbana em crescimento. Portanto, existe um "nexo água-energia", bem como um "nexo água-energia-alimento", de acordo com Ralph Exton, diretor de marketing da GE Power, Water & Process Technologies. "A água é o recurso mais usado, abusado e subvalorizado do mundo, e uma grande fração dela não é renovável ou é devolvida [à bacia hidrográfica] imprópria para consumo", observa meu colega de engenharia da Penn, Noam Lior. "Os governos relutam em intervir. Ninguém quer se comprometer a fazer uma análise completa dos custos e formular políticas baseadas nela."

As mudanças climáticas afetarão inevitavelmente o ciclo da água de formas imprevistas, ampliando secas e inundações episódicas. Além desses desafios recorrentes com relação à gestão da água, o aquecimento global apresenta novas ameaças e terá vários efeitos imediatos. Temperaturas mais altas significam aumento da evaporação, o que redirecionará a água que abasteceria córregos, rios e lagos para o benefício de moradores urbanos e rurais. Mudanças na vegetação alterarão os padrões das águas pluviais. O aquecimento fará as geleiras recuarem e finalmente desaparecerem, privando assim córregos e rios de seu fluxo constante de água. A água disponível para irrigação se tornará mais escassa. As fortes chuvas esporádicas nas regiões mais quentes levarão a acumulações temporárias, que fornecerão aos mosquitos novas áreas de reprodução, apresentando novos e significativos desafios à saúde pública.

Cultivo Dentro de um Contêiner

Se as cidades são a principal fonte de emissões de carbono e as mais afetadas pelas mudanças climáticas e pela escassez de água, talvez devamos pensar lateralmente e trazer para a cidade algumas das coisas que tornam o campo muito mais ecológico. Uma perspectiva tentadora para 2030 e mais além é que as cidades podem voltar a produzir os alimentos necessários para alimentar sua crescente população, tornando-se "ilhas verdes", em vez de ilhas de calor. Esse empreendimento também reduziria as emissões de carbono, reduzindo as importações de alimentos, e um aumento da vegetação urbana ajudaria a absorver algumas das emissões produzidas pelos carros e pelas instalações de produção de energia.

O conceito de "fazenda vertical" está surgindo nos países mais desenvolvidos. Originalmente proposta por Dickson Despommier, da Universidade de Columbia, a fazenda vertical envolve o cultivo de alimentos dentro de um edifício de dois andares ou mais. "Atualmente, os alimentos são cultivados em lugares improváveis, como fábricas antigas, armazéns abandonados e edifícios industriais", observa Ravindra Krishnamurthy, especialista no assunto. Jack Ng construiu a Sky Greens, uma das primeiras fazendas verticais grandes e comercialmente viáveis do mundo, em Singapura. Ele cultiva vegetais como alface e espinafre em torres em forma de A, com cerca de nove metros de altura. Trinta e oito camadas de cochos para crescimento giram a uma taxa de um milímetro por segundo, "o que garante distribuição uniforme da luz solar, circulação de ar adequada e irrigação para todas as plantas". A inovação está no uso eficiente de recursos. Cada torre tem um custo de operação de apenas US$3 por mês, com uma pegada de carbono extremamente baixa, uma vez que precisa "da energia equivalente à iluminação de uma lâmpada de 40 watts". A água é reciclada e "todos os resíduos orgânicos também são compostados e reutilizados".

A agricultura vertical tem o potencial de ajudar a revitalizar cidades decadentes. "Os empresários estão tirando proveito dos antigos armazéns e das fábricas de baixo custo em Detroit, transformando-os para uso agrícola na produção de alimentos locais", relata o *Detroit News*. Por exemplo, "o Green Collar Food pulveriza as raízes expostas de couve, coentro e pimentões, usando um sistema de aeroponia sob luzes fluorescentes em sua estufa de cerca de 37 metros quadrados envolta em plástico. O sistema é construído verticalmente, empilhando plantas nas prateleiras para crescer uma acima da outra". Jeff Adams criou a Artesian Farms, em 2015, em um armazém desocupado de 140 metros quadrados. Ele usa vinte vezes menos água para cultivar um pé de alface do que seus concorrentes na Califórnia. Mais importante ainda, a agricultura vertical nas cidades promete reduzir as emissões de carbono envolvidas no transporte e diminuir o tempo de entrega. "A comida que você está comendo agora mesmo foi produzida de sete a dez dias antes de chegar a Michigan", observa Adams. Mas sua produção vai "daqui ao mercado em um dia, no máximo, em 48 horas... Será um produto mais saboroso e muito mais nutritivo".

A agricultura urbana — vertical ou não — será crucial para atender às necessidades das cidades em rápido crescimento da África, onde o transporte do campo representa um gargalo fundamental na cadeia de suprimentos. Por exemplo, autoridades municipais de Kampala e Nairóbi, as capitais de Uganda e do Quênia, respectivamente, incentivam atividades agrícolas há anos, com graus variados de sucesso. Alguns estudos já indicam que "800 milhões de pessoas estão envolvidas na agricultura urbana em todo o mundo, produzindo de 15% a 20% da comida do mundo". A maioria delas está no mundo em desenvolvimento. Na África, entre 35 milhões e 40 milhões de pessoas recebem seus alimentos principalmente das fazendas urbanas.

Os agricultores estão apresentando ideias incomuns para atender às necessidades alimentares da África. "Estamos cultivando em um contêiner", diz Oluwayimika Angel Adelaja, uma empresária nigeriana que fundou a Fresh Direct Produce. Ela mudou sua fazenda para a capital nigeriana, Abuja, reduzindo assim os custos de transporte e garantindo que a maior parte da produção chegue ao mercado em perfeitas condições. Além disso, o cultivo em contêineres é muito mais eficiente no uso da água, e os painéis solares fornecem a energia. Com um passo de cada vez, a África está chegando mais perto de enfrentar os desafios relacionados à alimentação que surgirão como consequência do crescimento populacional em 2030 e além, desenvolvendo técnicas de agricultura urbana.

Cidades da Moda, de Bilbao a Pittsburgh

O pensamento lateral também será necessário para reverter um dos desafios urbanos mais importantes do mundo desenvolvido: a ruína resultante da desindustrialização, um processo que aumentou a pobreza e causou estragos na classe média.

Em 1997, o Museu Guggenheim Bilbao foi aberto ao público em uma cidade industrial decrépita, no país basco do norte da Espanha, uma região onde a indústria siderúrgica e a construção naval floresceram na segunda metade do século XIX — uma história comum de expansão e queda, semelhante ao que aconteceu em centenas de cidades nos cinturões da ferrugem abandonados da Europa e dos Estados Unidos. O edifício foi projetado pelo famoso arquiteto Frank Gehry. Suas formas curvas e voluptuosas de cor platina se tornaram uma sensação instantânea em todo o mundo. "Nos últimos tempos, Bilbao tem se tornado uma cidade de peregrinação", escreveu o renomado crítico de arquitetura Herbert Muschamp na *New York Times Magazine*. "Dizem que milagres ainda ocorrem, e que um dos maiores aconteceu aqui... As pessoas vêm se reunindo em Bilbao há quase dois anos, apenas para ver o esqueleto do edifício tomar forma. 'Você já esteve em Bilbao?' Nos círculos arquitetônicos, essa pergunta tem sido feita como se fosse uma senha. Você viu a luz? Você viu o futuro? Como funciona? Será que funciona?" Grande parte do apelo do edifício ao observador médio é sua forma irregular e complexa. Meu amigo Rafael del Pino, presidente executivo da Ferrovial, a construtora que construiu o edifício, brincou uma vez com um dos parceiros de Gehry: "Se o tivéssemos construído um pouco diferente, você teria notado?"

O Guggenheim Bilbao se tornou um símbolo global do renascimento urbano. "Houve declínio do sistema industrial, alto desemprego (entre 25% e 30%, atingindo 35% em certas áreas da grande região metropolitana), degradação do meio ambiente e da estrutura geral da cidade, emigração e estagnação da população, e problemas de exclusão social", lembra Ibon Areso, arquiteto de formação. Ele atuou como vice-prefeito, como chefe de planejamento urbano e (brevemente) como prefeito, e liderou a transformação de sua cidade. "Nas sociedades contemporâneas, as atividades culturais, as artes, o esporte e o lazer constituem um autêntico termômetro de vitalidade coletiva, determinando a atratividade de uma cidade, contribuindo para sua imagem no exterior", observa ele. "Estou convencido de que, no futuro, não haverá cidades que não sejam, ao mesmo tempo, financeiramente fortes e culturalmente importantes. Essa dupla função já se aplica a grandes capitais, como Londres, Paris e Nova York."

O Guggenheim Bilbao custou €132 milhões para ser construído (cerca de US$150 milhões). O plano foi amplamente criticado pelos moradores locais, que não conseguiam entender por que o governo gastaria tanto dinheiro em um museu quando havia tantas outras necessidades e prioridades. "A pesquisa de viabilidade realizada estimou que seriam necessários 400 mil visitantes por ano para justificar o investimento", lembra Ibon. "Durante o primeiro ano após sua inauguração, o museu recebeu 1,360 milhão de visitantes." Atualmente, a média é de cerca de 1 milhão de visitantes por ano. A atividade econômica induzida direta ou indiretamente pelo museu criou cerca de 4 mil empregos, quase o mesmo número que o estaleiro de construção naval mais importante da cidade durante seu apogeu. A infraestrutura construída para transformar a cidade — usando financiamento basco, espanhol e da União Europeia — girava em torno da nova e efervescente área do centro. No entanto, "esses números não levam em consideração outros fatores, como a publicidade positiva que essa ação trouxe à cidade ou seu efeito para se obter outros investimentos". O sucesso do museu também contribuiu para a "recuperação da autoestima de Bilbao".

Esses projetos de revitalização têm sido igualmente controversos nos Estados Unidos. "As cidades 'patrimônio' pós-industriais dos EUA estão passando por um renascimento", publicou a *Fast Company* em 2018, uma revista destinada a empresários. "Mas os enclaves de baixa renda e maioria negra estão sofrendo mais do que nunca."

Considere o caso de Pittsburgh, na Pensilvânia, cidade natal de Andrew Carnegie e Andrew Mellon, os "barões ladrões" da era industrial. Por cinco gerações, Pittsburgh abasteceu o país com aço, para a construção de arranha-céus, estradas e navios intercontinentais. A cidade teve muito mais sucesso do que Bilbao jamais teve durante a Primeira Revolução Industrial. Mas Pittsburgh também sofreu com o declínio da indústria. Agora, porém, em um terreno baldio ao longo do rio Monongahela, a Uber está testando carros autônomos. Um prédio decrépito nas proximidades, que fazia parte de uma usina siderúrgica, está sendo transformado no Instituto Advanced Robotics for Manufacturing. A Caterpillar criou uma instalação para desenvolver equipamentos autônomos de mineração e construção pesada. Bilhões de dólares em capital de risco estão chegando. Os residentes de longa data observaram que os preços dos imóveis estão subindo após décadas de declínio. "A transformação da cidade por pessoas novas, jovens, que trabalham em IA e robótica, tem sido espetacular", segundo Andrew Moore, da Universidade Carnegie Mellon, "mas foi mais uma abordagem de gentrificação do que uma inclusão da comunidade."

Reverter décadas de miséria urbana não é fácil. É isso que torna o caminho para 2030 e além tão desafiador para muitas cidades. "Pittsburgh está na moda agora", observou a *Fast Company* em 2018. No entanto, "olhe mais de perto o entusiasmo em torno de Pittsburgh, por exemplo, e você descobrirá que ele está agrupado em meia dúzia de bairros". Alan Mallach, autor do livro *The Divided City: Poverty and Prosperity in Urban America*[8], observa que em cidades como Baltimore, Cleveland, Detroit e Pittsburgh, "a renovação está ignorando os pobres". Sua conclusão é que "de uma cidade patrimônio para outra, à medida que algumas áreas são gentrificadas, diversos outros bairros, incluindo muitos que eram bastante sólidos, com classes trabalhadoras ou classes médias relativamente estáveis até recentemente, estão caindo de um penhasco social e econômico". No livro *The New Urban Crisis*[9], Richard Florida observa a natureza dualística das cidades: "As cidades são os grandes motores da inovação, os modelos de progresso econômico e social que os otimistas celebram, ou são as zonas de desigualdade e divisão de classes que os pessimistas condenam? A verdade é que são ambos." Até 2030, mais e mais cidades experimentarão uma bifurcação semelhante entre as áreas habitadas por profissionais altamente escolarizados em ascensão social e aquelas que abrigam analfabetos funcionais, que representam cerca de 15% da população adulta. Como as cidades tratarão esse abismo cada vez maior?

* * *

"Pardon me boy, is that the Chattanooga Choo Choo?"[10] Assim começa uma das mais famosas canções norte-americanas, originalmente gravada em 1941 por Glenn Miller e sua orquestra, e apresentada no filme *Quero Casar-me Contigo*. Tornou-se o sucesso número um e foi o primeiro a ganhar o Disco de Ouro, vendendo 1,2 milhão de cópias nas primeiras nove semanas. Chattanooga, no Tennessee, era então uma próspera cidade têxtil, moveleira e metalúrgica. Localizada às margens do rio Tennessee, na fronteira com a Geórgia, foi apelidada de "Dínamo de Dixie". Todos os trens que seguiam para o sul paravam lá.

---

8 NT: sem tradução para o português.

9 NT: sem tradução para o português.

10 NT: "Com licença, menino, isso é Chattanooga Choo Choo?", em tradução livre.

A população atingiu o pico de cerca de 130 mil habitantes no final da década de 1950, mas, mesmo assim, os brancos de classe média começaram a se mudar em massa para os subúrbios. Pouco tempo depois, os empregos nas fábricas começaram a diminuir em número. Em 1969, o governo federal determinou que a cidade tinha o "ar mais sujo de todas as cidades dos Estados Unidos", uma vez que as pitorescas montanhas ao redor prendiam os poluentes industriais dentro do vale. Em 1971, o serviço ferroviário de passageiros para Chattanooga chegou ao fim.

A recuperação da cidade durante os anos 1990 foi igualmente dramática. Graças ao financiamento filantrópico local, os esforços para reconstruir a sinuosa margem do rio receberam um impulso: em 1992, o maior aquário de água doce do mundo foi inaugurado, seguido por um parque, uma escola e um complexo habitacional. Chattanooga tornou-se uma dentre as apenas dezoito cidades norte-americanas a testemunhar o crescimento da população durante os anos 1990. Empregos nas áreas de turismo, finanças e seguros cresceram a taxas de dois dígitos. A cidade já estava em ascensão quando a Volkswagen anunciou, em 2008, que investiria US$1 bilhão para construir uma grande fábrica na região.

Mas talvez a ação mais visionária tomada pelas autoridades de Chattanooga e por seus patrocinadores privados tenha sido investir em uma rede de internet de fibra ótica de alta velocidade em toda a cidade, a primeira de todas as cidades norte-americanas (menos de duzentas cidades criaram uma). Conhecida como "The Gig", por sua velocidade de gigabit por segundo, ela possui a conexão mais rápida do país. "Chattanooga é um exemplo de volta por cima, deixando de ser aquela que poderia ter sido outra cidade fracassada de tamanho médio para se tornar um centro de startups, povoada por exilados de Manhattan, São Francisco e Austin", escreve Jason Koebler, da *Vice*. "No período de 2011 a 2015, a infraestrutura de fibra gerou benefícios econômicos e sociais progressivos, que variam de US$865,3 milhões a US$1,3 bilhão, além de criar entre 2.800 e 5.200 novos empregos", concluiu um estudo de Bento Lobo, economista da Universidade do Tennessee, em Chattanooga. Entre muitas outras empresas, a Claris Networks, com sede em Knoxville, decidiu instalar-se em Chattanooga porque "em Knoxville, um serviço de 100 Mbps da AT&T custaria US$1.400 por mês, enquanto um serviço comparável aqui [na rede de fibra de Chattanooga] custa US$300, uma economia de US$1.100". A economia é ainda maior para o serviço de internet gigabit: "Considerando que esse serviço pode custar entre US$5 mil e US$7 mil por mês por meio da AT&T, o mesmo serviço custa US$1.400 por mês aqui [na EPB de Chattanooga], uma economia entre US$3.600 e US$5.600 por mês". Como veremos no Capítulo 6, o serviço ajudou Chattanooga a atrair inúmeras startups que dependem de internet de alta velocidade.

Gays e Boêmios

Quando as pessoas pensam em um centro criativo urbano, o que vem à mente é geralmente o Vale do Silício ou o Beco do Silício de Manhattan. Chattanooga é muito diferente em muitos aspectos. "Você olha para os paraísos de startups e normalmente os encontra nos estados democratas, muito liberais, muito jovens. Isso é normalmente o que se vê", observa Jack Studer, chefe de uma aceleradora de *startups* de Chattanooga. "Esta é uma cidade do sul. As pessoas na [empresa de mudanças baseada em tecnologia com sede em Chattanooga] Bellhops, todas caçam, pescam, assistem a jogos de futebol da SEC[11]. Você não vê isso no Facebook. É apenas diferente."

Cidades globais como São Francisco ou Nova York desempenham um papel diferente na economia, "fazendo o trabalho da globalização", tomando por referência a pesquisa pioneira da socióloga Saskia Sassen sobre o assunto. Elas são ímãs para a chamada "classe criativa", um termo proposto pelo professor da Universidade de Toronto e autor *best-seller* Richard Florida para registrar o fenômeno dos profissionais do conhecimento — de cientistas e engenheiros a arquitetos, artistas e projetistas. As cidades competem entre si para atraí-los e retê-los. A classe criativa, por sua vez, atrai todos os tipos de negócios, em um ciclo virtuoso. O mais importante é que muitas cidades se tornaram centros de inovação.

Atualmente, a classe criativa representa cerca de um terço da força de trabalho norte-americana, proporção que deve chegar a 50% até 2030. Trabalhadores criativos "recorrem a corpos complexos de conhecimento para resolver problemas específicos". Florida resume o que é necessário para uma cidade desenvolver uma classe criativa dinâmica com seu conceito dos "três Ts": talento, tolerância e tecnologia.

11 NT: Southeastern Conference, conferência da Divisão I da NCAA (Associação Atlética Universitária Nacional), com sede oficial em Birmingham, no Alabama.

Dos três, a "tolerância" atraiu bastante atenção. Florida argumenta que as cidades com alta pontuação no que ele chama de "Índice Gay" e "Índice Boêmio"[12] acabam se saindo melhor. Ele define tolerância em termos de um grande caldeirão de pessoas diferentes, incluindo membros da comunidade LGBTQ, artistas e músicos, entre outros. De maneira mais ampla, toda a classe criativa está associada a um estilo de vida distinto, que promove a mentalidade aberta. "A tolerância e a abertura à diversidade são partes integrantes da ampla mudança cultural em direção aos valores pós-materialistas", escreve ele. Elas fornecem "uma fonte adicional de vantagem econômica, que trabalha em conjunto com a tecnologia e o talento". Os três Ts trabalham juntos para atrair as pessoas que impulsionam a economia do conhecimento. Um dos argumentos específicos de Florida diz respeito à renovação urbana. Sua "cultura de rua" se refere à "mistura abundante de cafés, músicos de calçada e pequenas galerias e bistrôs, onde é difícil traçar uma linha entre participante e observador, ou entre a criatividade e seus criadores".

A crescente importância da criatividade se manifesta em um grande número de ocupações. David J. Deming, economista da Harvard Graduate School of Education, descobriu que uma quantidade crescente de empregos exige habilidades analíticas não rotineiras. Mais importante ainda, as habilidades sociais que envolvem coordenação, negociação, persuasão e percepção social estão em alta demanda. A pesquisa de Deming sugere que, em 2030, a maioria dos empregos exigirá o uso de habilidades sociais e criatividade.

Florida e seus colegas classificaram as trinta cidades mais criativas dos Estados Unidos. Cupertino e Palo Alto, na Califórnia, McLean, na Virgínia, e Bethesda, em Maryland, lideraram a lista em 2015 (Chattanooga não estava presente). Vale ressaltar que um dos dois estados com o maior número de cidades com baixa pontuação em sua métrica de criatividade é a Califórnia (o outro é Nova Jersey). Assim, "cidades com participações ultra altas e ultra baixas da classe criativa existem lado a lado", conclui o CityLab de Florida em um de seus relatórios. "Parece que a crescente lacuna econômica entre as regiões é menos profunda do que o divisor entre ter e não ter lugares em alguns dos centros econômicos mais robustos dos Estados Unidos."

12 NT: tradução livre dos originais em inglês "Gay Index" e "Bohemian Index", respectivamente.

O CityLab também classificou as cidades e as regiões metropolitanas ao redor do mundo em três categorias. Os "gigantes globais" incluem Nova York, Los Angeles, Londres, Paris, Tóquio e Osaka-Kobe. San Jose, Boston, Seattle, San Diego, Washington, DC., Chicago, Austin, Dallas, Atlanta, Portland (Oregon), Denver, Amsterdã, Estocolmo e Zurique são "capitais do conhecimento". Alguns outros são classificados como "âncoras asiáticas": Hong Kong, Cingapura, Seul-Incheon, Xangai, Pequim e Moscou. Amy Liu, que dirige o Metropolitan Policy Program[13] da Instituição Brookings, observa um aspecto fundamental sobre o crescimento contínuo das cidades globais. "A ironia agora é que toda essa energia e todo esse progresso surge em meio a um novo ambiente: o crescente ceticismo em relação ao comércio global, as preocupações com imigrantes e refugiados e o pessimismo relacionado a uma economia mundial de crescimento lento", ela escreve. "Como as cidades podem aprofundar seus esforços para serem globalmente engajadas e competitivas, enquanto encaram as disparidades e consequências negativas que advêm de uma maior integração global?" Lembre-se de que a maioria dos filhos e netos viciados em drogas de Rosa Lee mora em Washington, DC., uma região metropolitana classificada como uma das capitais do conhecimento mundial, onde 45% da força de trabalho pertence à classe criativa.

A teoria da classe criativa de Florida se coaduna com a evolução das sociedades, de valores tradicionais a valores seculares-racionais, e de valores da sobrevivência a valores de autoexpressão, conforme identificado por Ronald Inglehart, cientista político da Universidade de Michigan e um dos mentores da World Values Survey. Embora as sociedades não tendam a convergir completamente ao longo do tempo em termos de valores e normas culturais, as pessoas relatam uma adesão crescente aos valores associados à secularização, à racionalidade, à autoexpressão e ao pós-materialismo, e uma aceitação crescente do divórcio, dos direitos ao aborto, da eutanásia, do suicídio, das diferentes orientações sexuais e da igualdade de gênero. A ressalva é, no entanto, que os dados sobre a evolução dos valores culturais mostram que as pessoas, em pelo menos metade dos países do mundo, ainda são principalmente tradicionais ou principalmente orientadas à sobrevivência. Uma minoria significativa tem uma alta pontuação em ambos, nos valores tradicionais e de sobrevivência, especialmente no sul da Ásia, no Oriente Médio e no norte da África.

13 NT: Programa de Política Metropolitana, em tradução livre.

As Cidades Serão Habitáveis em 2030?

O filme *Metrópolis*, o renascimento de Bilbao e a gentrificação de Pittsburgh e muitas outras cidades norte-americanas nos lembram os altos e baixos da vida urbana. O mesmo acontece com as histórias de Rosa Lee Cunningham e as de engenheiros, artistas, médicos e investidores altamente qualificados que habitam as cidades globais do mundo. Em 2030, haverá quatrocentas cidades com populações de mais de 1 milhão de pessoas. Essas aglomerações urbanas serão de natureza dualista e habitadas principalmente por pessoas com sobrepeso ou obesas, agarrados a seus serviços de streaming e aplicativos de mídia social favoritos, uma tendência que leva ao isolamento social em oposição ao engajamento. Muitas serão o lar de uma vibrante classe criativa de trabalhadores intensivos em conhecimento. A maioria enfrentará enormes desafios relacionados à poluição, ao congestionamento e à segurança. As cidades mais expostas às mudanças climáticas sofrerão com a escassez de água doce e o excesso de água salgada na forma de inundações. Nossas adaptações comportamentais causarão algum impacto? A agricultura vertical se desenvolverá rápido o suficiente? Uma inovação tecnológica virá em nosso socorro? Os Capítulos 6, 7 e 8 exploram a próxima revolução em termos de invenção e inovação, e seu potencial para melhorar a qualidade de vida nas cidades e em outros lugares daqui para frente.

6

MAIS CELULARES QUE VASOS SANITÁRIOS

Reinventando a Roda, a Nova Explosão Cambriana e o Futuro da Tecnologia

> Destruição criativa é... o processo de mutação industrial que revoluciona incessantemente a estrutura da economia, de dentro para fora, destruindo incessantemente a antiga, criando incessantemente uma nova.
>
> – Joseph Schumpeter, economista

Inventores e empreendedores produzem novas ideias, produtos e tecnologias a cada minuto — mas apenas alguns são aproveitados e menos ainda se provam verdadeiramente transformacionais. Considere o vaso sanitário.

Depois de se formar na Universidade de Stanford com um diploma em literatura comparada, o primeiro trabalho de Virginia Gardiner foi para uma revista de decoração. Ela foi designada para escrever sobre a indústria de cozinhas e banheiros. "O primeiro artigo que escrevi para a revista foi sobre vasos sanitários — sobre o fato de que eles não mudam."

De acordo com a British Association of Urological Surgeons[1], o vaso sanitário mais antigo que conhecemos remonta a um povoado neolítico na Escócia, por volta de 3.000 a.C. Panelas de barro, possivelmente enxaguadas com baldes de água após cada uso, podem ser admiradas no Palácio Grego de Cnossos (1.700 a.C.). Em seu artigo, Gardiner observou que o moderno vaso sanitário com descarga, com uma cisterna elevada, foi inventado em 1596 (ou talvez alguns anos antes) por Sir John Harington, um cortesão inglês e afilhado de Elizabeth I, a rainha que lançou as bases para que a Inglaterra se tornasse uma potência europeia — e, posteriormente, uma potência global. O tubo em forma de S para evitar odores, chamado sifão, foi inventado em 1775 pelo relojoeiro Alexander Cummings. O projeto do vaso sanitário não mudou muito nos séculos seguintes e, no mundo desenvolvido, não temos motivos para reclamar. Isso porque a verdadeira inovação está abaixo dele: o nosso sistema de esgoto.

O que nos leva ao dilema de Eleonore Rartjarasoaniony, uma mãe de 47 anos que mora em Antananarivo, capital de Madagascar, onde é dona de uma pequena loja. Sua casa não tem conexão com o sistema de esgoto, tornando inútil um vaso sanitário. Há alguns meses, ela substituiu a latrina de fossa por um vaso sanitário que funciona sem água, novinho em folha, que usa uma membrana biodegradável branca para selar os dejetos e armazená-los sob o vaso sanitário (bônus adicional: é inodoro). O fabricante do vaso sanitário coleta os dejetos uma vez por semana. "Minha família de quatro pessoas usa essa membrana, além dos meus três inquilinos que alugam a casa ao lado — ela está incluída no valor do aluguel", observa. "Até meu filho pode usá-la." Assim como muitas outras mães na África e no resto do mundo em desenvolvimento, ela vive com medo de que seu filho possa um dia se afogar em uma fossa cheia de excrementos humanos.

O fabricante do vaso sanitário de Eleonore é a Loowatt, uma empresa sediada em Londres. A criadora? Virginia Gardiner. Após seu período como escritora de revistas, ela passou a frequentar um mestrado na Royal College of Art, em Londres, onde escreveu sua tese sobre um sistema de vasos sanitários que funcionam sem água. Ela fundou a empresa em 2010. Um ano depois, ela conseguiu uma bolsa do novo Reinvent the Toilet Challenge[2], da Fundação Bill e Melinda Gates, com o objetivo de incentivar a inovação no saneamento sustentável. Um canadense que vive em Mada-

1 NT: Associação Britânica de Cirurgiões Urológicos, em tradução livre.

2 NT: desafio para a criação de unidades sanitárias que não requerem água corrente ou encanamento extenso e que possam desinfetar com segurança e eficiência os dejetos humanos.

gascar soube do seu empreendimento e se tornou seu primeiro investidor. No período de um ano, ela lançou um programa-piloto e construiu uma pequena instalação de processamento, que transformava os dejetos em biogás, para gerar eletricidade e carregar — você provavelmente adivinhou — telefones celulares. Mulheres malgaxes como Gloria Razafindeamiza veem outro benefício para os vasos sanitários que funcionam sem água. Antes, ela tinha que compartilhar um banheiro externo com vários vizinhos, mas agora, "com esse vaso sanitário, me sinto segura e protegida".

"Em muitas comunidades em toda a África, as pessoas podem conversar pelo celular, mas não conseguem acender uma luz ou ligar uma torneira de água. Muito menos dar a descarga em um vaso sanitário. E eles podem estar passando fome", diz Winnie V. Mitullah, diretora do Institute for Development Studies[3] da Universidade de Nairóbi. "No que diz respeito aos serviços mais básicos que muitos de nós consideramos garantidos — água, esgoto, eletricidade, estradas —, uma enorme quantidade de pessoas pode estar vivendo no século XIX." Mitullah argumenta que a falta de acesso confiável à eletricidade e água corrente é mais do que um mero inconveniente. "As crianças ficam doentes e morrem quando não há água limpa suficiente para o banho e não há descarte seguro do esgoto. E, sem luzes para estudar à noite, ou nenhuma maneira de se conectar ao mundo exterior — exceto seu telefone celular —, suas oportunidades de educação e sucesso são limitadas."

Zafar Adeel, diretor do Institute for Water, Environment and Health[4] da Universidade das Nações Unidas, adverte que "quem foge do assunto [saneamento], considerando-o repugnante, o minimiza como indigno ou considera desprezíveis os necessitados, deve permitir que outras pessoas assumam o comando pelo bem de 1,5 milhão de crianças e inúmeras outras pessoas que morrem a cada ano devido à água contaminada e ao saneamento insalubre". No total, existem 1,5 bilhão de pessoas que possuem ou compartilham um telefone celular *e* precisam se aliviar ao ar livre ou ir a um banheiro externo compartilhado. E a lacuna continua a aumentar: os investimentos em telecomunicações móveis aumentaram, enquanto os de saneamento básico diminuíram na África Subsaariana e no Sul da Ásia. Entre os 20% piores domicílios indianos em termos de renda, por exemplo, há três vezes mais telefones celulares do que vasos sanitários.

3 NT: Instituto de Estudos do Desenvolvimento, em tradução livre.

4 NT: Instituto de Água, Meio Ambiente e Saúde, em tradução livre.

No mundo desenvolvido, temos como certos tanto o saneamento quanto os celulares. O uso de telecomunicações móveis expandiu-se rapidamente na África Subsaariana, porque é uma tecnologia relativamente barata de se implementar. Dado que mais de 60% da população é rural, as torres de celular são muito mais baratas e rápidas de instalar do que as linhas fixas — sem falar nos esgotos e nos vasos sanitários com descarga. E, como menos de 10% da população na maioria dos países da África Subsaariana tem uma conta bancária ou cartão de crédito, o celular se tornou o instrumento *de facto* para realizar e receber pagamentos. Aliás, existem mais pessoas nessa parte do mundo que usam plataformas de pagamento móvel do que no leste da Ásia, no sul da Ásia, na Europa ou nas Américas. Mais concretamente, muitos deles sequer usam dinheiro físico.

Não é surpresa que a mudança tecnológica tenha invadido as economias e as culturas do mundo, ou que isso altere as regras do jogo. Como ilustram o telefone celular e o vaso sanitário que funciona sem água, a tecnologia também tem o potencial de melhorar a qualidade de vida de bilhões de pessoas, especialmente nas cidades. Quando se trata de aplicativos de consumo de nova tecnologia, no entanto, o aspecto mais importante não é o que a tecnologia pode realizar, mas como ela interage com as tendências demográficas e sociais, criando padrões e resultados altamente inesperados, alguns bons e outros ruins.

Antes de me aprofundar em tudo isso, gostaria de contar a história do relógio.

Tudo Começou com Dick Tracy e Superman

Se o celular parece onipresente, o relógio é ainda mais: pessoas em todo o mundo que possuem um relógio estão em maior número do que as que possuem um celular. A história do relógio de pulso moderno — incluindo o Rolex e o Apple Watch — mostra que sucessivas ondas tecnológicas transformaram tudo, desde a forma como o dispositivo é feito até a maneira como é vendido e usado. Martin Cooper, que foi pioneiro nas comunicações sem fio e inventou o primeiro celular enquanto trabalhava para a Motorola na década de 1970, inspirou-se no relógio de pulso via rádio bidirecional, usado pela primeira vez pelo detetive Dick Tracy, em 1946, na história em quadrinhos de mesmo nome (coincidentemente, um episódio do programa de rádio *Superman*, "The Talking Cat"[5], também apresentou um dispositivo semelhante naquele ano).

5 NT: "O gato falante", em tradução livre.

Antes que o rótulo "fabricado na Suíça" se tornasse sinônimo de relógio, a Inglaterra abrigava a mais inovadora indústria de peças de relojoaria. Os relógios portáteis apareceram pela primeira vez nos anos 1400. A história nos diz que os relógios de bolso não se tornaram comuns até os anos 1600. Talvez a primeira grande inovação tecnológica tenha ocorrido em 1657, quando Robert Hooke ou Christiaan Huygens tiveram a ideia de adicionar um espiral à roda de balanço, o que aumentou significativamente a precisão (uma inovação que esquecemos hoje em dia, quando esperamos que nossos relógios estejam certos). Quem foi o responsável por essa ideia é um fato muito contestado. Hooke era filósofo, arquiteto e polímata natural da Inglaterra. Huygens, entretanto, era um físico, matemático e astrônomo holandês que descobriu Titã, a maior lua de Saturno. Ele foi um dos gigantes da Revolução Científica: inventou o relógio de pêndulo e é amplamente reconhecido como o fundador da física matemática (aliás, a Titan Watches Limited, uma empresa indiana em operação desde 1984, cujo nome homenageia Huygens, é hoje uma das maiores empresas de relógios do mundo).

Para complicar ainda mais as coisas, os brasileiros afirmam que o pioneiro da aviação, Alberto Santos Dumont, inventou o conceito de usar um relógio pendente ou um relógio de bolso no pulso. No entanto, a maioria das histórias dessa engenhosa tecnologia vestível dá crédito aos suíços, cujo exército precisava de um meio de coordenar táticas no terreno acidentado e montanhoso conhecido como Alpes.

Independentemente da obscuridade que cerca as origens do relógio, não foram os ingleses, holandeses ou brasileiros que dominaram o setor, mas os suíços. Eles tinham excelentes joalheiros e artesãos graças, em parte, à chegada dos huguenotes franceses perseguidos, muitos dos quais eram muito hábeis na fabricação de sofisticadas engenhocas mecânicas. Eles fabricavam relógios de pulso de luxo em pequenos lotes e os vendiam por toda a Europa. Os suíços tiveram tanto sucesso que até a Rolex, fundada originalmente em Londres em 1905, mudou sua base de operações para a Suíça em 1919, a fim de aproveitar essa força de trabalho altamente qualificada na bela Cordilheira do Jura, ao norte de Genebra.

Então veio uma revolução. Com base nas técnicas desenvolvidas durante a Segunda Guerra Mundial, as empresas norte-americanas tiveram a ideia de produzir relógios em massa. Tudo o que precisavam era usar ligas em vez de metais preciosos e uma bateria em vez de uma mola como fonte de energia. A empresa que chegou para dominar essa tecnologia — e ganhar muito dinheiro — foi a Timex. E eles realmente leram os sinais dos tempos! O consumo em massa nos Estados Unidos estava definindo a época. As pessoas exigiam grandes quantidades de tudo, de geladeiras e máquinas de lavar a carros e relógios. O preço tinha prioridade sobre a qualidade e durabilidade. A Rolex definhava, enquanto a Timex avançava.

Uma segunda onda de mudança tecnológica atingiu a indústria na década de 1960. Um engenheiro suíço inventou um mecanismo engenhoso para simplificar o projeto e, portanto, tornar sua fabricação mais barata. Era baseado em um diapasão, uma peça metálica de duas pontas que vibra quando atingida. A frequência da vibração poderia então ser convertida em uma medida de tempo muito mais precisa do que o tradicional escape, que consistia em um intrincado mecanismo de engrenagens. E foi outra empresa norte-americana, a Bulova, que se aproveitou e se beneficiou da inovação. Os suíços, por outro lado, não a aproveitaram, pois eram orgulhosos demais para deixar de fabricar o relógio artesanalmente, uma peça de cada vez — que era, afinal, uma obra de arte.

O terceiro vendaval de inovação ocorreu quando os japoneses decidiram participar da diversão. Eles simplificaram ainda mais o projeto, incorporando uma nova tecnologia baseada em quartzo. Foi, mais uma vez, um engenheiro suíço que descobriu que, se uma corrente elétrica percorre um pedaço de quartzo, esse cristal natural produz vibrações, que podem ser usadas como uma medida de tempo extraordinariamente precisa. Na década de 1970, empresas como a Seiko, a Citizen e a Casio tiraram toda a diversão da Timex e da Bulova. Da década de 1970 até o final da década de 1980, a maioria dos relógios de quartzo era fabricada no Japão, não na Suíça ou nos Estados Unidos.

Apenas no final dos anos 1980 os suíços finalmente conseguiram reagir às sucessivas ondulações da transformação tecnológica, apresentando o Swatch, um produto que não só informava as horas com precisão, mas também servia como acessório de moda e item de colecionador. Celebridades foram contratadas para vendê-los por meio de publicidade. A indústria suíça de relógios, que havia perdido quase todos os seus postos de trabalho, se recuperou após a ascensão do Swatch. De repente, os relógios japoneses começaram a parecer entediantes.

Então, veio o celular. Se há uma ruptura radical que afeta a necessidade de se ter um relógio, é um dispositivo portátil que informa a hora *e* faz chamadas. De repente, o relógio se torna um luxo, útil apenas para ocasiões sociais ou simplesmente para diversão. E agora temos um círculo completo, já que empresas de tecnologia como Apple, Samsung ou Xiaomi, que nos apresentaram os smartphones, agora estão tentando nos vender *smartwatches*.

Uma lição importante a se tirar desta história é que, cada vez que uma nova tecnologia substituía uma antiga, empregos eram criados e destruídos, diferentes indústrias nacionais de relógios subiam e desciam e novos modos de consumo surgiam. E o relógio é apenas um dos muitos exemplos. A refrigeração substituiu o gelo como resfriador, o telefone se mostrou superior ao telégrafo, as lâmpadas incandescentes substituíram as lâmpadas de descarga em gás, o transistor eliminou o tubo de vácuo, o motor a jato superou a hélice, o CD transformou o vinil em item de colecionador, o processador de texto tornou obsoleta a máquina de escrever, a imagem digital suplantou a fotografia química e os videogames se mostraram mais divertidos que os brinquedos tradicionais. Usamos o termo "disrupção" para nos referir a essas transformações dramáticas, com o relógio de pulso sendo apenas uma ilustração desse padrão generalizado.

Uma Nova Explosão Cambriana de Destruição Criativa

A tecnologia causa a disrupção do *status quo*, alterando um ou mais dos seguintes itens: o conceito do produto, a forma como é fabricado, como é vendido, quem o usa, como as pessoas o usam ou como as pessoas interagem umas com as outras. O tempo de vida médio de uma empresa no índice de ações da Standard & Poor's 500 caiu de sessenta anos para meros dez anos no último meio século. Em 2030, a mudança tecnológica dará início a uma nova realidade, na qual haverá bilhões de computadores, sensores e braços robóticos em fábricas, escritórios, hospitais, escolas, casas, veículos e todos os tipos de infraestrutura. Pela primeira vez, haverá mais computadores que cérebros humanos, mais sensores que olhos e mais braços robóticos que trabalho humano na fabricação. Estamos passando pelo equivalente tecnológico da explosão cambriana, que ocorreu há 541 milhões de anos e durou entre 13 milhões e 25 milhões de anos. Foi durante o Período Cambriano que espécies animais complexas apareceram na terra e os ecossistemas marinhos foram desenvolvidos. Até aquele momento, a maioria dos organismos era unicelular. Durante o Período Cambriano, surgiram pequenos organismos tão intrincados quanto os animais de hoje, incluindo um carnívoro de cinco olhos e um caranguejo rendado com cabeça, coluna, tórax, pernas e dois pares de antenas.

Da realidade virtual à impressão 3D, e da inteligência artificial às nanotecnologias, quase não é exagero comparar a transformação de hoje à explosão cambriana. Essas novas tecnologias prometem resolver todos os tipos de problemas difíceis, desde a pobreza e as doenças à degradação ambiental, mudanças climáticas e isolamento social. Isso dá origem a uma nova classe de empreendedores visionários, em sua maioria jovens, muitos deles na faixa dos 20 anos, descritos como "mestres do universo", fazendo referência a Tom Wolfe.

Cada onda tecnológica de disrupção é acompanhada pela ilusão de que a tecnologia pode nos libertar de nossos problemas, pequenos e grandes. De fato, é uma força que tende a criar problemas e gerar soluções. A automação, por exemplo, liberta os seres humanos do tédio e muitas vezes das terríveis consequências físicas e psicológicas do trabalho repetitivo, talvez mais bem ilustrado por Charlie Chaplin no filme clássico *Tempos Modernos*. No entanto, também tem o efeito de substituir trabalhadores em empregos que forneceram um caminho confiável para a classe média décadas atrás. Se os trabalhadores não tiverem a flexibilidade ou os recursos para encontrar outras ocupações dentro da empresa, eles podem se ver substituídos sem um plano B, algo que pode ser ainda mais complicado devido à idade ou à possibilidade de sair em busca de novas oportunidades. Categorias e comunidades de trabalho inteiras podem ser eliminadas porque alguém inventou ou inovou em um espaço tradicionalmente dependente de trabalho, supervisão e experiência humanos.

O economista e cientista político austríaco, Joseph Schumpeter, apresentou uma das metáforas mais oportunas de todos os tempos — "destruição criativa" — para descrever a essência do que estamos explorando. Ele argumentou que a tendência da economia de mercado de incorporar novas tecnologias e seus impactos em cascata, que substituem as mais antigas e ineficientes, é tanto seu aspecto corrosivo quanto sua força. "O impulso fundamental que aciona e mantém o motor capitalista em movimento", escreveu ele em 1942, "provém dos novos bens de consumo, dos novos métodos de produção ou transporte, dos novos mercados, das novas formas de organização industrial que a empresa capitalista cria." Ele descreve essa dinâmica como "o processo de mutação industrial que revoluciona incessantemente a estrutura da economia, *de dentro para fora*, destruindo incessantemente a antiga, criando incessantemente uma nova". Ele concluiu que "esse processo de destruição criativa é o fato essencial sobre o capitalismo".

Schumpeter, portanto, nos lembra de que a disrupção é tão normal quanto onipresente. Ela vem reformulando a vida humana desde o início da revolução agrícola, cerca de 12 mil anos atrás. Embora não seja um fenômeno novo, parece ocorrer com mais frequência e rapidez com o passar do tempo. É uma força que transforma não apenas a economia, mas todos os aspectos da vida, da política às relações interpessoais.

"Os Computadores São Inúteis — Eles Só Podem Dar Respostas"

Quando a disrupção tecnológica chega — ela acontece repetidamente. Veja o relógio — a dinâmica diabólica da destruição criativa se instala: vidas são deslocadas, carreiras são descarriladas e comunidades são destruídas.

Em termos de suas possíveis consequências, o campo da inteligência artificial (IA) é um campo fértil para análise. Assim como em relação ao relógio, existem interesses e crenças concorrentes sobre onde estamos agora e para onde estamos indo. Em 1992, o *Economist* publicou um editorial sobre "Estupidez Artificial", dizendo que "não há razão prática em se criar inteligências de máquinas indistinguíveis das humanas" porque "há uma oferta abundante de pessoas". Eles também observaram que "em caso de escassez, existem métodos comprovados e populares para aumentar seu número" (isso pressupõe que as pessoas desejam procriar, o que agora sabemos que era uma ilusão nos anos 1990). Na mesma linha, Elon Musk twittou recentemente que "a automação excessiva da Tesla foi um erro", acrescentando que "os seres humanos são subestimados". E Pablo Picasso observou uma vez que "os computadores são inúteis — eles só podem dar respostas"[6].

Na realidade, a IA abre toda uma gama de novas oportunidades, e essa é a grande razão pela qual o mundo como o conhecemos está chegando ao fim. A IA inclui uma ampla variedade de aplicativos para executar tarefas que tradicionalmente eram da esfera do cérebro humano, como reconhecimento de fala, percepção visual e tomada de decisão. Ela está sendo implantada em carros e caminhões autônomos, infraestrutura eficiente e responsiva, e sistemas médicos e biológicos inteligentes. Em nossos dias, a IA acelerou consideravelmente. Em 1997, o computador Deep Blue da IBM derrotou o campeão de xadrez Gary Kasparov. Um ano depois, a Tiger Electronics desenvolveu um brinquedo robótico com tecnologia de reconhecimento de voz. Em 2000, a Honda lançou o ASIMO, um robô humanoide que serve como assistente pessoal multifuncional. Em 2011, a Apple incorporou uma assistente virtual, a Siri, em seus smartphones. De publicidade em mídia social direcionada a marcação de fotos, a IA já está à nossa volta. Na China, o aparato de segurança estatal está usando a tecnologia de reconhecimento facial habilitada para IA para monitorar pessoas de pequenos povoados em seus comportamentos diários. O objetivo deste programa,

6 NT: tradução livre do original em inglês "computers are useless — they can only give you answers".

conhecido como Sharp Eyes, é calcular uma pontuação para cada cidadão com base no seu comportamento real. É, estranhamente, uma reminiscência do Big Brother de George Orwell, em *1984*.

Alguns visionários preveem que o mundo chegará ao fim, literalmente, quando a "singularidade" chegar — ou seja, quando a IA for sofisticada e inteligente o suficiente para assumir e tornar os humanos, como um todo, inúteis. É um futuro em que as máquinas programam e controlam outras máquinas. Seria, como argumentou o cientista da computação Irving Good, em 1965, "a *última* invenção que o homem precisa fazer". Seu colega Alan Turing, que liderou os esforços para quebrar o código secreto da Enigma do exército alemão durante a Segunda Guerra Mundial e ajudou no desenvolvimento pioneiro do computador, declarou, em 1951, que a IA "ultrapassaria nossos fracos poderes" e "assumiria o controle". O físico teórico Stephen Hawking acrescentou sua opinião dizendo que "poderia significar o fim da raça humana".

Apocalipse à parte, restam poucas dúvidas de que a IA trará mudanças épicas. Existem, como falamos, centenas de milhares de programadores aprimorando o alcance e a potência do aprendizado inteligente de máquina e de suas aplicações.

* * *

Enquanto isso, de volta à realidade, em uma parada de caminhões em algum lugar do coração dos Estados Unidos, os motoristas de reboques de trator estão descansando um pouco. Eles fazem um trabalho essencial para a economia: transportam mercadorias por todo o país. Eles trabalham longas horas por um salário miserável, especialmente se forem prestadores de serviço independentes. Para os envolvidos nos transportes de longo alcance, pertencer a qualquer comunidade é difícil. Os caminhoneiros constituem o maior grupo ocupacional em 29 dos 50 estados da União. As únicas exceções estão, em sua maior parte, na Nova Inglaterra, no Médio Atlântico, na Califórnia e no Texas, onde desenvolvedores de software, professores de escolas primárias, agricultores, secretárias, auxiliares de enfermagem, balconistas, representantes de atendimento ao cliente ou advogados ocupam o primeiro lugar. Segundo um estudo encomendado pela Casa Branca durante o governo de Obama, entre 1,5 milhão e 2,2 milhões de motoristas de caminhões leves e pesados correm o risco de perder o emprego como resultado da tecnologia de veículos autônomos. Isso representa entre 60% e 90% do número total de motoristas empregados em 2015. Se adicionarmos motoristas de ônibus, taxistas, motoristas particulares e autônomos, a perda total potencial de empregos com essa tecnologia poderá chegar a 3 milhões.

Os testes atuais com veículos autônomos indicam um futuro brilhante, pois os seres humanos são descuidados e pouco confiáveis. Podemos ficar distraídos, entediados ou cansados. Um computador pode otimizar uma viagem complexa e se adaptar às condições do tráfego e da estrada, além de economizar combustível. E, mais importante ainda, os computadores podem se comunicar com outros computadores. Nós nos comunicamos na estrada contando com meios primitivos, como luzes, buzinas e sinais manuais. Por outro lado, um carro autônomo, em sincronia com outros carros nas proximidades, pode gerenciar coletivamente o fluxo de trânsito (e reduzir acidentes não intencionais) de maneira coordenada.

E não para por aí. Nas fábricas, um único robô pode substituir uma média de cinco a seis trabalhadores. O número de pessoas empregadas em atividades repetitivas de trabalho braçal nos Estados Unidos era 28 milhões em 1983. Em 2015, esse número havia aumentado para apenas 30 milhões. Durante esse período, 300 mil robôs foram instalados, fazendo o trabalho de quase 2 milhões de trabalhadores. A tecnologia é parcialmente responsável pela estagnação da classe média norte-americana de trabalhadores manuais e não manuais, ou cognitivos rotineiros que discutimos no Capítulo 3. E agora que 35 mil robôs estão sendo instalados a cada ano, o impacto será acelerado na próxima década. Em 2030, o setor industrial empregará mais programadores e controladores do que trabalhadores diaristas.

Da mesma forma, o número de empregos cognitivos rotineiros aumentou de 28 para 33 milhões, incluindo, principalmente, funcionários de escritório e atendentes de lojas. Por outro lado, os trabalhos manuais não rotineiros, como mecânicos especializados, aumentaram de 14 milhões para 27 milhões, e as ocupações cognitivas não rotineiras, como professores, projetistas, programadores e profissionais de saúde, aumentaram de 28 milhões para 57 milhões. Pelo menos por enquanto, parece que existem certos empregos fora do alcance dos poderes de destruição criativa da tecnologia.

Mas não demorará muito para que ocupações cognitivas rotineiras, como trabalho de escritório e administração, sejam afetadas pela IA e em números tão sísmicos quanto o próprio big data. Cirurgiões que realizam procedimentos de rotina, jovens advogados ajudando a montar um processo legal e professores ensinando matérias introdutórias correm o risco de ver seus trabalhos realizados por máquinas inteligentes. O próximo passo, e talvez o final, seria a eliminação de alguns postos de trabalho não rotineiros, especialmente se a singularidade realmente chegar.

Considere as tarefas executadas por um cirurgião, entre as mais complexas e sofisticadas do mundo, para as quais são necessários quase dez anos de educação avançada e formação no local. "Em uma inovação na cirurgia robótica", relatou o Instituto de Engenheiros Eletricistas e Eletrônicos em 2016, "um robô suturou o intestino delgado de um porco usando sua própria visão, suas ferramentas e sua inteligência para realizar o procedimento". Mais importante, "o Robô Autônomo Inteligente para Tecidos (STAR)[7] fez um trabalho melhor durante a operação do que cirurgiões humanos que receberam a mesma tarefa". As suturas feitas por cirurgiões humanos eram menos consistentes e menos resistentes a vazamentos do que os pontos do robô. Nas palavras de Peter Kim, cirurgião pediátrico que participou da pesquisa: "Embora nós, cirurgiões, nos orgulhemos de nosso ofício na realização de procedimentos, ter uma máquina que trabalhe conosco para melhorar os resultados e a segurança seria um tremendo benefício." Ele acha que os robôs, antes de tudo, oferecerão aos cirurgiões humanos uma ajuda, assim como os carros autônomos "que começaram ajudando a estacionar, depois apresentaram uma tecnologia que diz para você não entrar na via errada". Nesse sentido, a robótica não necessariamente substituiria os trabalhadores, mas poderia ajudá-los a serem melhores no que fazem.

Outra característica atraente dos robôs é que eles não julgam, pelo menos ainda não. "Passamos muito tempo conversando com Alexa e Siri", argumenta a jornalista Laura Sydell. "Imagine se essas personalidades artificiais fossem colocadas dentro de um robô fofo e adorável." Alexander Reben, pesquisador do MIT, construiu um robô de papelão chamado Boxie. Um dia, ele encontrou um homem compartilhando seus problemas com Boxie. Ele "simplesmente começou a conversar com essa coisa como se fosse outra pessoa". Reben decidiu se unir ao artista e cineasta Brent Hoff para projetar um robô fofo que incentivasse as pessoas a desabafarem. "É o sorriso perfeito", diz Hoff. "É aberto e cativante, para garantir que [o robô] seja tão crítico e inofensivo quanto possível." E os primeiros resultados mostram que está funcionando. Sherry Turkle, especialista do MIT em interações homem-máquina, diz que não é difícil fazer com que os humanos se abram para um robô: "Somos uma espécie que se apega fácil."

7 NT: sigla em inglês para Smart Tissue Autonomous Robot.

O Dilema do Bonde na Era da Máquina Inteligente

A tecnologia traz benefícios — e dilemas éticos. Imagine um carro sem motorista se aproximando de um cruzamento em nível para fazer uma curva à direita. Os sensores no veículo monitoram cuidadosamente o ciclista à direita. De repente, uma criança escapa da mão de sua mãe e corre para o outro lado da rua. O computador deve decidir em uma fração de segundo se deve poupar o ciclista ou a criança. Não há tempo para coletar mais dados ou fazer cálculos elaborados sobre como causar o menor dano ou para considerar como priorizar uma vida em detrimento de outra, a criança pequena ou o ciclista. O que o computador fará?

Esta é uma versão modificada do experimento clássico de pensamento conhecido como "dilema do bonde". Nesse problema, um bonde descontrolado correndo pelos trilhos está prestes a atingir e matar cinco pessoas. Se você pudesse deslocar o bonde para um trilho diferente, onde atingisse e matasse apenas uma pessoa, você faria? O dilema do bonde revela uma difícil questão, que não pode ser resolvida por simples razões morais ou éticas. No filme *A Escolha de Sofia*, Meryl Streep interpreta uma mãe polonesa de dois filhos que colaborou com a resistência durante a ocupação alemã. Ela é capturada e enviada para Auschwitz, onde um oficial nazista a coloca na posição impossível de ter que escolher qual de seus filhos iria para a câmara de gás e qual iria para o campo de trabalho. No calor do momento, Sofia tem que fazer uma escolha terrível, assim como o motorista da nossa ilustração anterior. Esse tipo de dilema moral ajuda a explicar por que os pilotos de drones apresentam taxas mais altas de transtorno de estresse pós-traumático do que os pilotos convencionais. Os pilotos de drones tomam decisões sobre vida e morte a partir do conforto de um centro de controle a milhares de quilômetros de distância, enquanto pilotos reais estão realmente colocando suas próprias vidas em risco. Em um artigo do *New York Times* sobre um operador de drones chamado Aaron, Eyal Press escreve: "O que se desenrolava diante dos olhos de Aaron era assustadoramente íntimo: caixões sendo carregados pelas ruas após ataques aéreos com drones." Embora fosse um experiente operador militar de drones, Aaron começou a se sentir doente e emocionalmente angustiado. Ele desenvolveu sintomas debilitantes, incluindo náusea, urticárias e problemas digestivos crônicos. "Eu estava muito, muito mal", disse ele a Press. Ele estava sofrendo pelas decisões sobre quem matar e quem poupar que tomava rotineiramente.

Em 2016 e 2017, uma equipe de pesquisadores internacionais reunidos pelo MIT conduziu um projeto que eles chamaram de experimento da Máquina Moral, para avaliar como as pessoas de diferentes culturas lidam com esses tipos de dilemas. Usando uma plataforma online, eles reuniram quase 40 milhões de decisões sobre condução de automóveis de mais de 2 milhões de pessoas, em mais de 200 países e territórios. Foram apresentadas 13 situações aos entrevistados, nas quais a morte de alguém era inevitável. Algumas das decisões foram indiscutivelmente mais fáceis de serem tomadas do que outras. Por exemplo, o motorista deve poupar um animal de estimação ou um humano? Deve-se priorizar um número maior ou menor de vidas? Mas outras eram muito difíceis em termos éticos e morais. Deve-se poupar aquele que é saudável ou o portador de necessidades especiais? E quem escolher entre um cidadão criminoso ou um cumpridor da lei? No experimento, as pessoas mostraram uma tendência acentuada de poupar os seres humanos em relação aos animais, mais vidas em relação a menos vidas, e jovens em comparação aos mais velhos. "Consequentemente", argumentaram os pesquisadores, "essas três preferências podem ser consideradas elementos essenciais para a ética da máquina."

Como era esperado, houve algumas diferenças. Tanto homens quanto mulheres estavam mais inclinados a poupar as mulheres, com as mulheres exibindo uma preferência mais forte. As pessoas que eram mais religiosas tinham uma tendência mais forte a poupar os humanos em relação aos animais. E a pesquisa revelou algumas diferenças gritantes entre os países. "A preferência por poupar pessoas mais jovens em detrimento das mais velhas é muito menos pronunciada em países do aglomerado oriental [países confucionistas da Ásia e alguns muçulmanos] e muito maior em países do aglomerado meridional [América Latina e África francófona]. O mesmo vale para a preferência por poupar pessoas de mais alto prestígio." No aglomerado meridional, as pessoas exibiam "uma preferência muito mais fraca por poupar humanos em vez dos animais de estimação". Curiosamente, "apenas a preferência (fraca) por poupar pedestres em vez de passageiros e a preferência (moderada) por poupar os legais em vez dos ilegais parecem ser compartilhadas na mesma extensão em todos os grupos". Nos países com culturas mais individualistas, as pessoas eram mais propensas a poupar os jovens, e nos países mais pobres as pessoas eram mais tolerantes com os pedestres imprudentes do que com os pedestres que observavam as regras. Misteriosamente, os entrevistados em países com mais desigualdade econômica estavam mais dispostos a poupar pessoas de mais alto prestígio.

Uma implicação preocupante da pesquisa é que "as pessoas que pensam em ética de máquinas fazem parecer que é possível criar um conjunto perfeito de regras para robôs", disse Iyad Rahwan, um dos autores do estudo. "O que mostramos aqui por meio de dados é que não existem regras universais." Outro coautor, Edmond Awad, observou que "mais pessoas começaram a perceber que a IA poderia ter consequências éticas diferentes para diferentes grupos de pessoas. O fato de as pessoas estarem envolvidas com isso — acho que é algo promissor". Como afirma Barbara Wege, gerente da unidade de veículos autônomos da Audi na Alemanha: "Precisamos chegar a um consenso social sobre quais riscos estamos dispostos a correr."

Os dilemas morais envolvidos no dilema do bonde não são os únicos ocasionados pelo surgimento da IA. Como Srikar Reddy, diretor executivo da Sonata Software, e eu discutimos recentemente em um blog do Fórum Econômico Mundial, é preciso distinguir entre os padrões éticos deontológicos e teleológicos, com o primeiro se concentrando na intenção e nos meios, e o último nos fins e nos resultados. Qual abordagem é melhor depende da tecnologia e do contexto. "No caso de veículos autônomos, o fim como um sistema de transporte livre de erros, que também seja eficiente e que respeite o meio ambiente pode ser suficiente para justificar a coleta de dados em larga escala sobre a condução sob diferentes condições e também os experimentos baseados em aplicativos de IA." Comparativamente, é difícil justificar ensaios clínicos baseados em big data por motivos teleológicos, dada a terrível história dos experimentos médicos em seres humanos inocentes. Uma abordagem deontológica com base em intenção e meios faz mais sentido.

Os dilemas éticos e morais colocados pela automação, pela IA e pelo big data estão se tornando difíceis de serem ignorados. "Nunca na história da humanidade permitimos que uma máquina decidisse autonomamente quem deveria viver e quem deveria morrer, em uma fração de segundo, sem supervisão em tempo real", concluíram os pesquisadores da Máquina Moral. Vamos ter que lidar com isso a qualquer momento", o que, se você estiver querendo saber minha opinião, acontecerá em 2030. "Antes de permitir que nossos carros tomem decisões éticas, precisamos ter uma conversa global para expressar nossas preferências às empresas que projetarão algoritmos morais e aos legisladores que os regularão." A questão é que a ética e a moral da automação não podem ser automatizadas ou definidas de forma algorítmica.

"Quem Precisa dos Acordos Climáticos de Paris Quando se Tem a Impressão 3D?"

Essa é a pergunta provocativa colocada por Richard A. D'Aveni, professor da Tuck School of Business da Faculdade de Dartmouth. As novas impressoras 3D criam um objeto tridimensional imprimindo camadas ultrafinas em sequência e empilhando-as umas sobre as outras, para compor uma forma tridimensional. O termo técnico é "manufatura aditiva". Essa técnica reduz o desperdício, usando apenas a quantidade exata de material necessário para produzir de tudo, de peças plásticas a peças dentárias ou tecidos humanos para reposição. Como a manufatura tradicional, ela precisa de energia, mas "emite menos fumaça e outros gases tóxicos". E dentre os maiores benefícios está o fato de que, com "estações e minifábricas de impressão mais próximas dos clientes, as empresas precisarão de muito menos serviços de transporte". Aceitamos com muita facilidade a ideia de que, na manufatura, as economias de escala são essenciais para a entrega de produtos de baixo custo. As miniusinas e os métodos de produção flexíveis iniciaram uma tendência nos anos 1980, que seria acelerada e aumentada pela impressão 3D, trazendo muitos benefícios ao meio ambiente. "Vamos abandonar a ética do desperdício do século XX", prevê ele. "As pessoas comprarão menos e ficarão mais felizes com o que recebem — exatamente o que os ambientalistas estão nos dizendo para fazer. Ao produzirmos menos produtos com menos material, despejaremos muito menos carbono na atmosfera."

Em outras palavras, a impressão 3D será popularizada se os gerentes e clientes abandonarem antigas premissas e mudarem seus hábitos, se saírem da zona de conforto e imaginarem novas possibilidades, se pensarem lateralmente. Em vez de fabricar para estocar (armazenando o que eles produzem em um armazém para que esteja pronto para uso), as empresas devem aprender a produzir sob demanda, em tempo real. Os clientes industriais também devem aprender a esperar até que realmente precisem de algo. "O transporte de mercadorias... é responsável por cerca de um quarto de todas as emissões de carbono nos países ricos." A gigante dos transportes UPS, observa D'Aveni, conta com uma extensa rede de armazéns para atender às necessidades de seus clientes industriais. "Ela instalou recentemente uma centena de grandes impressoras 3D em seu centro de distribuição em Louisville, com o objetivo de reduzir o espaço de armazenagem e as distâncias de transporte. Cada vez mais peças serão fabricadas apenas conforme o necessário." Em 2017, a UPS lançou uma parceria com a SAP, empresa alemã de consultoria em tecnologia, para imprimir sob demanda peças de reposição para clientes. A UPS está se reinventando de forma eficiente "como uma empresa de logística, não como uma transportadora".

A tecnologia de impressão 3D é ideal para peças personalizadas, mas não pense apenas em dentaduras. Cidades que estão cada vez mais sob a ameaça de inundações (consulte o Capítulo 5) podem se beneficiar de paredões impressos em 3D com "estruturas complexas de concreto curvo, que dispersam a energia das ondas em várias direções". A Volvo, montadora sueca, firmou parceria com organizações locais em Sydney, na Austrália, para construir um recife artificial semelhante às árvores dos manguezais, fornecendo um espaço para a vida marinha, como se fosse um recife real. A biodiversidade resultante ajuda a remover da água os metais pesados e material particulado, como o plástico. Os ladrilhos são feitos de concreto, usando moldes impressos em 3D.

E existem muitas outras aplicações que podem nos ajudar a evitar o pior de uma futura crise climática. Como arquiteto, Platt Boyd se sentia cada vez mais frustrado com as limitações dos materiais de construção tradicionais e com o desperdício da indústria da construção. Ele decidiu se tornar um empreendedor no campo incipiente da impressão 3D. Em 2015, transferiu sua empresa, a Branch Technologies, para uma aceleradora de startups em Chattanooga, no Tennessee, que era o único complexo ligado a uma rede de gigabits em toda a cidade, como vimos no Capítulo 5. A Branch usa "uma tecnologia revolucionária que combina robôs industriais, algoritmos sofisticados e uma nova tecnologia de extrusão 'de formato livre', que permite que o material se solidifique no espaço aberto", explica ele, com orgulho. "Essa tecnologia, chamada Cellular Fabrication (C-FABTM)[8], inspira-se na maneira como a natureza cria forma e estrutura e se propõe a revolucionar a indústria da construção por meio da liberdade de projeto e da administração de recursos sem precedentes." As vantagens da impressão 3D são inúmeras. "A Branch está democratizando a liberdade de projeto e desenvolvendo um novo produto de construção, que pode ser mais leve, mais forte, disponibilizado mais rapidamente no local e com uma liberdade de projeto dez vezes maior, por meio de um processo que é inerentemente livre de desperdícios (manufatura aditiva versus manufatura 'subtrativa', que é como acontece em quase todos os métodos de construção até hoje)". Em sua sede, a empresa possui a maior impressora 3D de formato livre do mundo e detém o recorde mundial da maior estrutura impressa em 3D: uma concha em um parque de Nashville, em comemoração aos Objetivos de Desenvolvimento Sustentável das Nações Unidas.

8 NT: Fabricação Celular, em tradução livre.

Annie Wang e Zach Simkin decidiram aproveitar também as oportunidades oferecidas pela impressão 3D. Eles se conheceram quando faziam MBA na Wharton. Como a maioria de seus colegas de classe, eles pretendiam seguir uma carreira tradicional após a formatura, trabalhando para uma grande empresa ou um banco. Eles sabiam pouco sobre impressão 3D. Seu primeiro encontro ocorreu durante uma aula de inovação, pouco antes de se formarem, em 2013. Eles viram uma oportunidade de combinar a inteligência artificial e o aprendizado de máquina para ajudar clientes industriais a projetar peças e componentes a serem fabricados usando uma impressora 3D. Annie desistiu de um cobiçado cargo em tempo integral na empresa de cosméticos Estée Lauder para seguir com esse projeto visionário, mas arriscado. Cinco anos depois, a empresa deles, chamada Senvol, tem entre seus clientes várias agências de defesa dos EUA, a Marinha dos EUA e corporações industriais. Ela é uma entre centenas de empresas, empreendimentos e iniciativas que estão contribuindo para o renascimento da manufatura norte-americana.

Outra aplicação revolucionária da impressão 3D envolve algumas áreas da saúde, incluindo a odontologia e os "tecidos impressos" para transplantes. E empresas chinesas estão imprimindo casas inteiras, um movimento que pode acelerar a recuperação e o desastre após eventos como furacões — que estão se tornando mais frequentes e devastadores devido às mudanças climáticas. Talvez a perspectiva mais tentadora para a impressão 3D seja a exploração e a colonização do espaço. Imagine um acampamento humano em Marte que, em vez de solicitar o envio de equipamentos, peças e componentes da Terra, tenha uma impressora 3D disponível para criar tudo o que for necessário, usando matérias-primas locais. Isso economizaria não apenas dinheiro, mas também tempo, já que uma viagem entre a Terra e o planeta Marte leva sete meses.

Pode haver uma série de benefícios com a impressão 3D, mas ela também colocará em risco algumas das ocupações mais qualificadas e mais bem pagas, especialmente aquelas envolvidas em certos segmentos da cadeia de suprimentos. As implicações políticas também podem ser significativas (considere o fato de que agora é possível fabricar armas de fogo simples usando impressoras 3D). É essencial entender que automação, IA e impressão 3D realmente mudam as regras do jogo. A automação redefine o relacionamento entre pessoas e trabalho. A IA substitui a atividade mental humana pelo , e a fala humana pelo processamento da linguagem natural. A tecnologia de impressão 3D reconfigura a maneira como os compradores e fornecedores interagem na economia e reformula nosso ecossistema de transporte existente.

Tornando o Setor de Seguros Mais Emocionante — E Justo

Espera-se que as companhias de seguros pequem pelo excesso. Elas calculam os riscos meticulosamente, escolhendo com cuidado os clientes a quem atender. São cansativas, uma vez que seu papel na economia é proteger a todos e a tudo contra perdas catastróficas. Ao contrário da manufatura, nada verdadeiramente revolucionário acontece no setor de seguros. Durante séculos, as seguradoras cobraram prêmios mais altos para pessoas em "categorias de alto risco", como fumantes, motoristas menores de 30 anos ou entusiastas de esportes radicais. Esse tipo de classificação frequentemente resulta em preconceitos e discriminação absoluta contra grupos desfavorecidos. Porém, no futuro, a coleta de dados em tempo real permitirá que as companhias de seguros cobrem taxas com base no uso, dependendo do comportamento real das pessoas na estrada, em oposição aos estereótipos generalizados de certos grupos "de risco". Maus motoristas individuais ou de alto risco acabam pagando mais pelo seguro, independentemente de serem homens ou mulheres, jovens ou velhos. As conotações de Big Brother são assustadoras, mas muitas pessoas podem concordar com o monitoramento em tempo real de seu comportamento ao dirigir se isso significar taxas mais baixas de seguro.

A constelação de tecnologias por trás desses avanços em potencial é chamada "Internet das Coisas" — todos os sensores interconectados e outros dispositivos projetados para operar fábricas, minas, sistemas de energia, sistemas de transporte, instalações de varejo, veículos, residências, escritórios e até pessoas. Ela tem o potencial de revolucionar não apenas o setor de seguros, mas toda a economia e a sociedade. Em 2030, haverá cerca de 200 bilhões de dispositivos e sensores conectados a ela. As áreas que crescem mais rapidamente incluem fábricas, cidades, assistência médica, varejo e transporte. O ecossistema necessário para implementar uma Internet das Coisas abrangente é amplo, incluindo não apenas os dispositivos, mas também instalações de transmissão e armazenamento de dados, centrais de análise e ciclos de retroalimentação. Indiscutivelmente, um grande número de empregos será criado para apoiar essa gigantesca infraestrutura. Essa onda de destruição criativa promete eliminar e gerar empregos.

Treinando Seu Cérebro Para Torná-lo Mais Feliz e Saudável

Até alguns anos atrás, eu pensava que a realidade virtual (RV) atraía apenas jogadores de videogame viciados. Acontece que ela é muito mais útil e revolucionária. Na área da saúde, os cirurgiões e seus assistentes agora estão começando a usar óculos de realidade virtual para visualizar a melhor maneira de realizar tipos complexos de cirurgia. Os psicólogos estão usando a RV como terapia para pacientes com medo de altura, vertigem, distúrbios de ansiedade e transtorno de estresse pós-traumático. Dois pesquisadores da Universidade de Oxford estão usando a RV para ajudar pacientes com delírios persecutórios, uma forma de paranoia. "A maneira mais eficaz de fazer isso é ajudar o indivíduo a aprender, por meio da experiência, que as situações que teme são realmente seguras", explicam. "À medida que a sensação de segurança aumenta, o delírio diminui." Seus pacientes experimentam uma melhora rápida, mesmo após apenas uma sessão. "A realidade virtual não está aqui apenas para permanecer no mundo dos jogos", observam eles. Acreditamos que é provável que ela desempenhe um papel central na avaliação e no tratamento em centros de saúde mental do futuro." Essa tecnologia também está sendo usada para reduzir a ansiedade no consultório do dentista ou durante uma ressonância magnética.

A RV vem se mostrando eficaz no estímulo das funções motoras de pessoas com lesões em certas regiões do cérebro. Pesquisadores na Coreia do Sul descobriram que "o equipamento de RV pode ser usado para transportar estímulos significativos e adequados ao sistema nervoso de um indivíduo e, assim, tirar proveito da neuroplasticidade para estimular os sistemas motor e cognitivo". Da mesma forma, a RV está ajudando algumas crianças a lidar com o autismo. "Crianças e adultos usam diariamente a tecnologia em smartphones, computadores, *smartwatches*, TVs e jogos e sem pensar em absolutamente nada, exceto na diversão", observa o VR Fitness Insider, um site dedicado a aplicativos de realidade virtual na área do bem-estar. "Algumas crianças e adultos com autismo, que são minimamente verbais ou não verbais, usam iPads e aplicativos de voz para falar por eles e como uma ferramenta educacional todos os dias." Ao monitorar a atividade cerebral durante uma sessão de RV, os médicos podem estudar os aspectos cognitivos e sociais do comportamento em crianças com e sem autismo. Um terapeuta pode ajudar os pacientes a praticar estímulos faciais e corporais para superar barreiras na interação social. A RV também pode ajudar crianças com autismo a desenvolver habilidades sociais na escola, para que possam aprender com mais facilidade e eficácia. Em 2030, esse tipo de tecnologia — juntamente com a experiência acumulada por médicos e terapeutas ao longo das décadas — poderá reduzir a prevalência de distúrbios psicológicos em várias ordens de magnitude.

Detendo as Mudanças Climáticas com Nanotecnologias

Um dos maiores contribuidores para as mudanças climáticas é a indústria de vestuário. As estimativas indicam que ela é responsável por cerca de 8% do total de emissões de carbono. Isso é mais do que os voos internacionais e o transporte marítimo combinados. O novo campo da nanotecnologia poderia reduzir imensamente nossa dependência de fibras sintéticas feitas a partir de combustíveis fósseis. O processo de fabricação de uma camiseta de poliéster emite mais que o dobro de carbono do que a de algodão. O fenômeno do "*fast fashion*", com novas criações aparecendo a cada poucas semanas, exacerbou o problema. "Há 20 novas peças de roupa fabricadas por pessoa a cada ano e estamos comprando 60% a mais do que em 2000", publicou a *Nature* em 2018. "Cada peça de roupa é usada menos vezes antes de ser descartada, e essa vida útil mais curta significa maiores emissões relativas de fabricação... Haverá um crescimento contínuo à medida que a classe média se expandir e as compras aumentarem para acompanhar essa mudança demográfica." Além disso, em algumas ocasiões, há um estigma associado à compra de roupas usadas. Em contrapartida, compradores de automóveis experientes compram veículos "usados" em vez de novos.

As nanotecnologias oferecem outros caminhos para abordar a questão da contribuição do setor de vestuário para as mudanças climáticas. Essas tecnologias envolvem a manipulação da matéria em escala atômica, molecular ou supramolecular. Estamos falando aqui sobre a concepção de partículas com o tamanho de um bilionésimo de polegada, com o objetivo de se chegar a materiais mais fortes, mais baratos ou mais ecológicos. Talvez a aplicação mais difundida das nanotecnologias seja a matéria programável — materiais dotados com a capacidade de alterar suas propriedades físicas, como forma, densidade, condutividade ou propriedades ópticas, em resposta a sinais ou sensores. Em 2030, talvez não tenhamos que reorganizar nossos armários sazonalmente. A mesma peça de roupa pode nos aquecer no inverno e aliviar o calor no verão. Ela pode até mudar de cor em resposta à temperatura externa. O MIT Self-Assembly Lab[9] afirma que "as roupas que você pode vestir independentemente

9 NT: Laboratório de Automontagem do MIT, em tradução livre

do clima não são mais um sonho de ficção científica". Os pesquisadores criaram "um material inteligente, que funciona exatamente como os poros da pele humana, expandindo e contraindo, dependendo da temperatura ambiente". O material se contrai no clima frio para fornecer isolamento e afrouxa à medida que a temperatura aumenta, permitindo a circulação de ar.

As nanotecnologias também podem ajudar a evitar o aquecimento global descontrolado de 2030, melhorando a eficiência energética. Compósitos mais resistentes já são utilizados em todos os tipos de mercadorias, de aeronaves e automóveis a esquis e raquetes de tênis. Eles ajudam a reduzir a quantidade de energia necessária para realizar o trabalho. A indústria da construção sofrerá uma mudança como resultado do uso de materiais mais duráveis, que economizam energia. "A nanotecnologia promete tornar o isolamento térmico mais eficiente, menos dependente de recursos não renováveis, como uma estratégia importante no caminho para construções verdes", indica uma pesquisa recente. "A aplicação de nanomateriais de isolamento para limitar a espessura da parede é uma das maiores características potenciais de economia de energia para os edifícios existentes, bem como para o patrimônio arquitetônico."

A matéria programável também pode ser usada como uma "peça sobressalente universal". A Defense Advanced Research Projects Agency (DARPA)[10] está concentrada em aplicações militares. Mitchell Zakin, gerente de programa de lá, explica que "no futuro, um soldado terá algo que se parece com uma lata de tinta na traseira de seu veículo... repleta de partículas de tamanhos, formas e capacidades variados, tais como computadores pequenos, cerâmica, sistemas biológicos — possivelmente qualquer coisa que o usuário quiser que elas sejam". Se, no meio da batalha, "o soldado precisar de uma chave inglesa de tamanho específico, ele transmite uma mensagem para o contêiner, fazendo com que as partículas criem a chave inglesa automaticamente. Depois que a chave foi usada, o soldado percebe que precisa de um martelo. Ele coloca a chave de volta na lata, onde ela se desmonta, voltando a ser apenas componentes, e se transforma em um martelo". Da mesma forma, a matéria programável permitiria que uma aeronave alterasse a forma, a densidade ou a flexibilidade de suas asas, tornando-as mais eficientes em termos energéticos, sob condições de voo variáveis. Esses usos das nanotecnologias certamente ajudarão a desacelerar a taxa de mudanças climáticas.

10 NT: Agência de Projetos de Pesquisa Avançada de Defesa, tradução livre.

Um novo campo da "nanomedicina" surgiu para diagnosticar e tratar uma ampla variedade de doenças. Em 2018, a National Foundation for Cancer Research[11] anunciou um avanço potencial em termos de transporte de medicamentos a células cancerígenas com extrema precisão. "Esses nanorrobôs podem ser programados para transportar cargas moleculares e causar bloqueios no suprimento sanguíneo local de tumores, o que pode levar à morte de tecidos e encolher o tumor", disse um dos membros da equipe de pesquisa sino-americana. No caso do câncer de ovário, as nanotecnologias podem ajudar na detecção precoce, quando a doença está afetando apenas cem células. E as nanotecnologias prometem oferecer substitutos baratos e biodegradáveis ao plástico, para evitar poluir a atividade pesqueira com pequenas partículas nocivas, que prejudicam a vida selvagem e podem ser incorporadas na cadeia alimentar.

E-books, Vinhos e Sapos

A recente evolução da tecnologia parece uma ladainha vitoriosa de progresso. As alternativas digitais substituíram o consumo tradicional de notícias (jornal físico), música (o disco) ou filmes (descanse em paz, Blockbuster). Os Buggles comemoraram esse processo com sua música de 1979, "Video Killed the Radio Star"[12]. Os e-books, por outro lado, ainda não substituíram o livro físico nos Estados Unidos e em outros países desenvolvidos. Então, o que está por trás da extraordinária resiliência da inovação de quinhentos anos de Johannes Gutenberg?

Pode-se suspeitar que o uso de e-books não substituiu os livros físicos porque os millennials não leem mais. Mas, de acordo com o Pew Research Center, este grupo relata a leitura de mais livros em todos os formatos do que qualquer outra faixa etária. Outra possibilidade é que os editores de livros são prisioneiros da "inércia estrutural", que desencoraja indivíduos, organizações e comunidades de realizar uma transição suave entre uma maneira de fazer as coisas para outra que oferece melhor desempenho. A inércia se manifesta como uma relutância psicológica, cognitiva e organizacional em buscar um novo modelo, dados hábitos, rotinas e procedimentos estabelecidos. É por isso que os relojoeiros suíços perderam o potencial comercial das tecnologias de diapasão e quartzo, mesmo que eles os tenham inventado. Outra possibilidade ainda tem a ver com o formato exclusivo do livro impresso, perfeito para presentes e como decoração de casa (para grande desgosto dos verdadeiros bibliófilos).

11 NT: Fundação Nacional para Pesquisa do Câncer, tradução livre.

12 NT: "O vídeo matou a estrela do rádio", em tradução livre.

Então, podemos chegar a um princípio geral do motivo pelo qual os e-books fracassaram nos mercados desenvolvidos, enquanto o streaming de áudio e vídeo triunfou? O comentarista de tecnologia e autor best-seller Edward Tenner argumenta que existem várias razões pelas quais as pessoas relutam em abandonar uma tecnologia antiga em favor de uma nova. O primeiro envolve as possíveis vulnerabilidades da coisa nova. Por exemplo, a máquina de fax agora é uma peça de museu, mas por um tempo, as pessoas continuaram a preferi-la em vez de enviar documentos digitalizados, por questões de segurança. Outra razão potencial envolve estética e nostalgia. Embora ofuscadas por CDs de música e streaming, as vendas de discos de vinil continuam a crescer no nicho de mercado dos aficionados por música. E, apesar das melhorias nos câmbios de transmissão automática, alguns amantes de carros preferem veículos manuais.

Talvez a chave para entender a resiliência de formato seja que as tecnologias nascem e morrem como parte dos ecossistemas, raramente por contra própria ou sozinhas. Esses ecossistemas precisam evoluir rapidamente, por meio da inovação aberta, a fim de atrair novas gerações de usuários, transformando o cenário no processo. As plataformas de e-book permaneceram radicalmente fechadas para os inovadores externos, sobretudo em relação ao software. Como resultado, a funcionalidade dos e-books permanece limitada. Além disso, pesquisas indicam que a leitura de um livro físico permite ao leitor absorver informações com mais eficiência do que a leitura do mesmo livro em um leitor digital ou um tablet. "A sensação implícita de onde você está em um livro físico acaba sendo mais importante do que imaginávamos", argumenta Abigail Sellen, pesquisadora da Microsoft Research Cambridge, na Inglaterra. "Você começa a sentir falta somente quando pega um e-book. Não acho que os fabricantes de e-books tenham pensado o suficiente sobre como você pode visualizar onde está em um livro."

E, de acordo com um artigo publicado na *Scientific American*, "telas e leitores digitais interferem em dois outros aspectos importantes dos textos de navegação: serendipidade e senso de controle. As pessoas relatam que gostam de voltar a uma seção anterior de um livro em papel quando uma frase evoca uma lembrança de algo que leram anteriormente". Os e-books não são tão interativos quanto as revistas digitais. Em 2011, um vídeo do YouTube intitulado "Uma revista é um iPad que não funciona"[13] se tornou viral. "Uma garota de um ano de idade passa os dedos pela tela sensível ao toque de um iPad, embaralhando grupos de ícones." Ela então

13 NT: tradução livre do original em inglês "A Magazine Is an iPad That Does Not Work".

desliza, aperta e cutuca as páginas de uma revista impressa, ficando frustrada por nada acontecer. "Para minha filha de um ano", observa o pai sobre sua filha da geração nascida digital, "uma revista é um iPad que não funciona. Vai continuar assim por toda a vida." A geração "nascida digital" que encontramos no Capítulo 2 não parece entusiasmada com os e-books, porque eles são pouco mais que uma versão digital de livros impressos. Talvez os *e-books* se tornem mais atraentes se o próprio processo de criação do texto evoluir. "Alguns escritores", relata a *Scientific American*, "estão fazendo parceria com programadores de computador para produzir ficção e não ficção interativas cada vez mais sofisticadas, nas quais as escolhas pessoais do leitor determinam o que se lê, ouve e vê em seguida."

Embora os *e-books* fracassem nos Estados Unidos e em outros países ricos, eles podem se tornar uma dádiva de Deus nos países em desenvolvimento — se ousarmos pensar lateralmente. Um dos principais desafios para o avanço da África é como educar sua população em rápido crescimento. Como discutimos no Capítulo 1, entre 2020 e 2030 nascerão cerca de 450 milhões de bebês africanos, um terço do total do mundo. A missão da startup sul-africana Snapplify, a maior plataforma e agregadora de conteúdo educacional digital na África, é levar livros para áreas onde não há bibliotecas ou livrarias nas proximidades. Atualmente, ela atende a algumas centenas de escolas e 170 mil crianças em idade escolar, por isso tem muito espaço para crescimento. A Worldreader, uma organização sem fins lucrativos com sede em São Francisco, representa outra abordagem. Eles fornecem acesso gratuito a uma biblioteca de livros digitais, por meio de leitores digitais e telefones celulares, para escolas em todo o mundo em desenvolvimento. Nas áreas rurais fora da rede, eles oferecem uma solução integrada, incluindo painéis solares, centrais USB, iluminação de LED, leitores digitais e acesso à biblioteca digital.

A África pode muito bem se tornar o principal usuário mundial de e-books, da mesma forma que já está na vanguarda dos pagamentos móveis. Uma das características mais contraditórias e surpreendentes deste mundo em rápida evolução é que os países e regiões "menos desenvolvidos" oferecem a melhor janela panorâmica para o futuro, enquanto aqueles que rotulamos como "desenvolvidos" estão tão ligados aos modos de pensar e fazer já estabelecidos, que acham difícil se desapegar do passado. "O pulo do sapo ou *leapfrogging*" permite que os retardatários se recuperem, pulando períodos inteiros dentro dos quais surgiram inovações incrementais no passado.

E há outros exemplos de resiliência de formatos antigos, além dos livros. Apenas uma pequena proporção do total de vendas de vinhos fora de bares e restaurantes ocorre online: patéticos 1,8% nos Estados Unidos, 3,3% na Alemanha e no Japão e 4,3% na França. A exceção é a China, o maior mercado mundial em volume, onde 19,3% do volume são vendas online. Apenas dois outros países têm proporções maiores que 10%: a Austrália (11,3%) e o Reino Unido (10,3%) o que, devido ao seu amor pelo vinho, talvez não seja surpreendente.

Por que, exatamente, os consumidores relutam em comprar vinho online? Isso está longe de ser uma pergunta banal. Em contrapartida, as vendas pela internet representam mais de 50% das compras de roupas e calçados em muitos países. À primeira vista, isso parece estranho: as lojas de roupas incentivam você a experimentar roupas diferentes e escolher o que fica melhor, enquanto as lojas de bebidas apenas ocasionalmente permitem que você deguste seus produtos na própria loja, e apenas os de uma seleção limitada. Talvez os consumidores, em média, tenham pouco conhecimento sobre vinho e prefiram as recomendações da equipe interna. Ou talvez pensem que o vinho comprado online quebrará durante o transporte. Talvez as pessoas sejam impacientes e estejam ansiosas para consumi-lo imediatamente. Uma razão mais convincente é que a maioria das pessoas compra vinho de última hora — por exemplo, para uma ocasião especial ou antes de ir a uma festa. Todos esses fatores, sem dúvida, comprometem o potencial do comércio online de vinhos. Mas nenhum deles ajuda a explicar por que China, Austrália e Reino Unido são as exceções à regra.

Na China, tem sido difícil construir lojas físicas de vinho com rapidez suficiente, dado o rápido crescimento da classe média, como vimos no Capítulo 3. Mas e a Austrália e o Reino Unido? A resposta está no fato de que alguns vinhos são engarrafados e vendidos sob um rótulo (vinhos "*terroir*" mais caros e sofisticados), enquanto outros, sob uma marca (mais baratos). Na França, por exemplo, existem 27 mil vinícolas e a mesma quantidade de rótulos de vinho, cada um com características e sabor distintos. O vinho *terroir* vendido como rótulo não se presta tão facilmente ao canal online quanto o vinho padronizado vendido sob uma marca. Uma das marcas de vinho mais conhecidas é a Yellow Tail, da Austrália. Na Austrália, no Reino Unido e na China, muitos consumidores veem o vinho mais em termos de marca do que de rótulo, porque a comercialização em massa decolou relativamente tarde, na década de 1980, e os novos consumidores de vinho não tiveram tempo para explorar as complexidades dos vinhos *terroir*. "O fato de o Reino Unido ser agora um dos maiores mercados de vinho do mundo", escreve Julie Bower em um recente artigo de pesquisa publicado na revista *Beverages*, "deve muito ao sucesso das... marcas mais antigas e daquelas que chegaram mais tarde, na década de 1990, com a Austrália substituindo a França como fonte de apelo no mercado de comercialização em massa. Como no caso dos e-books, vemos que a opção online desperta a imaginação dos consumidores apenas em circunstâncias muito específicas. Sem eles, nem mesmo a tecnologia mais conveniente ou barata consegue ser bem-sucedida.

Quais Tecnologias Valem a Pena Desenvolver e Reinventar?

Dados os desafios do envelhecimento da população, da degradação ambiental e das mudanças climáticas, é melhor pensarmos com cuidado sobre quais tecnologias devem ser desenvolvidas com mais urgência antes de 2030. Vasos sanitários que funcionam sem água e e-books para aqueles que não têm acesso às coisas convencionais estariam no topo da minha lista pessoal. As terapias baseadas em RV para ajudar as pessoas a superar condições psicológicas ou cognitivas crônicas também devem ser prioridade. As nanotecnologias prometem nos libertar de alguns dos materiais mais prejudiciais ao meio ambiente, e a impressão 3D pode nos ajudar a desperdiçar menos. Mas cada uma dessas tecnologias pode ser devastadora se empregos forem destruídos, se reduzirem nossa privacidade ou se incentivarem a proliferação de notícias falsas.

Também podemos pensar em tecnologias antigas e em como elas podem ser implementadas de maneiras novas e criativas. Um tentador exemplo atual de "reinvenção da roda" parece ser o volante, um engenhoso dispositivo usado por milênios como parte das rodas de oleiro, para ajudar a suavizar o movimento rotacional, possibilitando a produção da melhor e mais suave cerâmica. Ele foi provavelmente inventado pelos antigos sumérios no atual Iraque. James Watt encontrou outro uso para ele na década de 1770, prendendo um disco ao eixo de seu famoso motor a vapor, para que ele girasse a uma velocidade consistente, apesar dos movimentos irregulares para cima e para baixo dos pistões.

Durante a década de 2010, uma empresa de Massachusetts desenvolveu um projeto com base no volante para ajudar a salvar o planeta, armazenando o excesso de energia que de outra forma seria desperdiçada, e também para equalizar o fluxo de eletricidade nas usinas de energia para uma geração mais eficiente. Sua primeira instalação em Stephentown, em Nova York, consiste em duzentos volantes que podem armazenar até 20 megawatts de energia, o suficiente para atender a um décimo do consumo diário de eletricidade do estado. Para esse efeito, um volante não é mais feito de pedra ou aço, mas de fibra de carbono leve e suspenso dentro de uma câmara de vácuo com a ajuda de ímãs, para reduzir o atrito. Assim, ele pode girar em velocidades superiores às de um motor a jato e armazenar energia na medida em que retém seu impulso. Com a aplicação de um freio, pode-se transformar a energia cinética do volante em eletricidade, sempre que desejado. Essa tecnologia também promete melhorar o desempenho dos painéis solares em dias nublados e de parques eólicos quando houver apenas uma brisa ou o ar estiver parado. Assim, a tecnologia do volante está encontrando novas aplicações na era da escassez de energia e da maior conscientização ambiental, reinventando a roda em resposta a novas tendências.

No fim das contas, as tecnologias se propagam e são adotadas se forem identificadas com algo que já está em andamento na sociedade ou na economia. A nova tecnologia vence se viabilizar o crescimento e o acesso, como acontece com os telefones celulares e os e-books na África, ou com as vendas de vinho online na China e no Reino Unido. Para realmente mudarem o mundo, para serem totalmente transformadoras, as inovações tecnológicas devem enfrentar uma onda demográfica ou econômica muito grande, como veremos no Capítulo 7.

7

IMAGINE UM MUNDO SEM POSSES

Surfando nas Ondas, Efeitos da Rede e o Poder de 8,5 Bilhões de Conexões

Imagine que não há posses
Eu me pergunto se você pode
Sem a necessidade de ganância ou fome
Uma irmandade dos homens
Imagine todas as pessoas
Partilhando todo o mundo

– Yoko Ono e John Lennon

Linsey Howard não tem um emprego das nove às cinco ou um carro. Ela está disposta a se comprometer com horários estranhos e a trabalhar quando as oportunidades surgirem. Mas ela não é uma desajustada social ou uma funcionária temporária mal remunerada. Engenheira de formação, sua vida gira em torno de plataformas colaborativas digitais como o TaskRabbit. Ela as utiliza para escolher tarefas publicadas por empresas de todo o mundo. Isso se chama economia gig. Se ela concluir o trabalho com rapidez e precisão, seu rendimento aumentará. Depois que a tarefa é concluída, ela costuma ir ao supermercado, como muitos de nós. A maneira como ela chega lá, no entanto, pode ser menos familiar: ela usa um serviço de compartilhamento de bicicletas e chama um carro para ajudar a levar para casa todas as sacolas. Howard é uma entre dezenas de milhões de trabalhadores desse tipo apenas nos Estados Unidos, contra apenas 20 milhões em 2018. Alguns realizam tarefas manuais, como distribuir folhetos ou realizar pequenas tarefas, enquanto outros, como Howard, se concentram nas tarefas cognitivas. Em um editorial de 2018, o *Economist* imaginou o futuro como se estivesse olhando para trás: "Desde 2026, o LinkedIn, uma rede social de profissionais, garante que pode encontrar um trabalhador adequado para qualquer tarefa em um período de seis horas — e, graças a um acordo com a Uber, pode garantir que eles estejam no local em até um dia útil." Em 2030, o número de coisas que poderemos compartilhar — casas, carros e empregos — pode ser quase infinito.

As previsões sobre a dimensão e o impacto da economia colaborativa no futuro próximo são diferentes. A Instituição Brookings estima que ela será vinte vezes maior em 2025. De acordo com a PwC, uma empresa de consultoria, as maiores taxas de crescimento serão em financiamento coletivo (ou *crowdfunding*), recrutamento de pessoas online, acomodações ponto a ponto (ou *peer-to-peer*), compartilhamento de transporte e streaming de música e vídeo. Uma extrapolação linear dessas tendências indica que, em 2030, a economia colaborativa será responsável por mais de 30% do trabalho e do consumo totais.

O poder das plataformas colaborativas digitais foi captado pela primeira vez pelos empreendedores responsáveis por empresas como a Uber e o Airbnb. Em 19 de janeiro de 2009, quase 2 milhões de pessoas se reuniram no National Mall, em Washington, DC, para a posse histórica do presidente Barack Obama. Os hotéis do distrito estavam claramente despreparados para fornecer acomodações suficientes para a crescente multidão que vinha de fora da cidade. Três amigos e jovens empresários — Brian Chesky, Joe Gebbia e Nathan Blecharczyk — viram uma oportunidade única de divulgar os serviços oferecidos em seu site, o Airbnb. Eles imaginavam pessoas comuns oferecendo quartos disponíveis em suas casas, servindo de anfitriões para os viajantes. Os três empresários forneceriam o mecanismo para colocar os possíveis hóspedes em contato com os possíveis anfitriões. Dois meses depois, Steve Jobs anunciou que o iPhone, com nove meses de idade, executaria um software especializado chamado "apps". Enquanto isso, o Google facilitava a locomoção de todos com a ferramenta Maps. Só foi preciso uma dose de pensamento lateral para reunir todos esses elementos em uma plataforma.

O Airbnb foi lançado em outubro de 2007, quando seu primeiro hóspede ficou em uma casa geminada no distrito de South of Market, em São Francisco. Hoje, o Airbnb possui mais de 4 milhões de anúncios em 65 mil cidades, vilas e aldeias em 191 países, e a empresa está avaliada em quase 40 bilhões de dólares. Como Brad Stone, autor do livro best-seller *As Upstarts: Como a Uber, o Airbnb e as killer companies do novo Vale do Silício estão mudando o mundo*, declarou: "Quem quiser construir uma empresa grande de verdade tem que saber surfar numa onda grande de verdade. Precisará prestar atenção nas ondas de mercado e nas ondas de tecnologia de um jeito diferente das outras pessoas e percebê-las antes." Nesse caso, a grande onda de mercado foi impulsionada pela interseção da tecnologia móvel e pela mudança geracional de atitudes em relação a viagens e experiências (consulte o Capítulo 2). Como uma plataforma bilateral, o Airbnb reuniu os jovens viajantes e a geração cada vez mais envelhecida de proprietários de casas.

A proposta de valor do Airbnb está nos benefícios da intimidade como experiência. "Acho que a chave que compõe o Airbnb é o fato de sermos uma comunidade, não apenas uma série de mercadorias", disse Brian Chesky, cofundador e CEO. "Eu não viajo para relaxar, viajo para ter experiências novas e interessantes", diz River Tatry, um autônomo de 23 anos, morador de Nova York. "Para mim, vale muito mais a pena me integrar em um lugar, aprender algo novo, fazer amigos locais a quem visitar novamente e criar uma comunidade." Esse é um exemplo fabuloso de pensamento lateral que está transformando a economia e os nossos próprios hábitos.

O Compartilhamento e o Retorno à "Velha Norma"

O consumo colaborativo e o compartilhamento de ativos não são, de forma alguma, inéditos. De fato, em cerca de 90% dos registros históricos os seres humanos não apenas sobreviveram, mas prosperaram sem a propriedade privada, especialmente quando se tratava de terra. Com base no registro arqueológico de comunidades humanas que datam de antes da revolução agrícola, e no estudo antropológico das populações atuais de caçadores-coletores na África, os pesquisadores argumentam que os seres humanos que não possuem propriedades são geralmente mais felizes do que aqueles que as possuem. "O advento da agricultura, por exemplo, aumentou o poder coletivo da humanidade em várias ordens de magnitude", argumenta Yuval Noah Harari, autor de *Sapiens — Uma Breve História da Humanidade*. "No entanto, isso não necessariamente melhorou a situação do indivíduo.... Os camponeses geralmente tinham uma alimentação pior do que os caçadores-coletores... O imenso aumento do poder humano não foi acompanhado por um aumento igual na felicidade humana." Mesmo algumas comunidades agrícolas sedentárias evitavam propriedades individuais em favor do compartilhamento de terras de pastagem. Em 2030, o consumo colaborativo superará mais uma vez a propriedade individual.

Hoje, os jovens estão abandonando a ideia de propriedade, preferindo usar os pertences de outras pessoas — pagando uma taxa. Eles veem a propriedade de uma forma colaborativa, na qual até mesmo alguns de nossos bens mais íntimos são compartilhados com outros, para vantagem mútua. Outras faixas etárias também estão acostumadas com a ideia de alugar em vez de possuir. Até *Os Simpsons*, que sempre fizeram um bom trabalho em refletir nossa cultura em evolução, transformaram Marge Simpson em motorista da Uber (e o Sr. Burns chamou um Uber). E o impacto do compartilhamento está apenas começando. Em 2030, quase metade de nossos gastos será sob a forma de consumo "colaborativo" ou "compartilhado", que incluirá carros, residências, escritórios, engenhocas e itens pessoais de todos os tipos. A propriedade está fora de moda. O compartilhamento é a tendência do momento.

"Minha geração está passando de uma cultura do 'eu' para uma cultura do 'nós'", diz Rachel Botsman, autora de *O Que É Meu É Seu: Como o Consumo Colaborativo Vai Mudar o Nosso Mundo*. Tudo se resume a "compartilhar por meio do smartphone na era de estarmos permanentemente conectados". Em 2016, a empreendedora millennial Caren Maio argumentou que "em apenas uma década, o sonho americano da casa própria perdeu muito do seu brilho". Em vez disso, "o aluguel, há muito considerado uma solução paliativa, está emergindo silenciosamente como a nova escolha norte-americana". O *Financial Times* observa que "de Nova York e Londres a Nova Déli e Xangai, os millennials estão cada vez mais eliminando as fronteiras entre casa, trabalho e lazer — compartilhando espaços para economizar dinheiro e tempo, além de fazer novos amigos". A revista *Forbes* chamou isso de "NOwnership". "Considerando que ser uma 'família de dois carros' (ou até três ou quatro) já foi um sinal de prestígio", argumenta Marr, "hoje em dia, muitos millennials veem mais prestígio em ser uma família de um carro só ou até mesmo sem carro, e fazer uso de serviços como Uber, Lyft, CarGo e outros".

Os millennials norte-americanos surpreenderam muitas pessoas com sua relutância, não apenas em possuir um carro, mas até mesmo em obter carteiras de motorista. Em 2015, apenas 77% dos norte-americanos entre 20 e 24 anos se deram ao trabalho de tirar uma carteira de motorista, em comparação com os 92% de 1983, por exemplo. Mas, ao mesmo tempo, o segmento das populações de 15 a 35 anos está se tornando mais diversificado étnica e linguisticamente, simplesmente porque os imigrantes recentes tendem a ter mais filhos. E sabemos que os imigrantes e seus filhos tendem a desejar o casamento, a propriedade e dirigir seu próprio carro. Portanto, ainda não há uma conclusão sobre como se comportará o segmento dos jovens consumidores nos Estados Unidos e em partes da Europa em 2030. Tudo depende do comportamento dos filhos de imigrantes, que representam pelo menos dois terços da sua faixa etária demográfica.

Pesquisas mundiais indicam que pelo menos dois terços dos adultos (de todas as idades) estariam dispostos a anunciar suas casas e carros em aplicativos. E as proporções são maiores nos mercados emergentes, o que é um bom sinal para a capacidade de resistência da economia do compartilhamento no futuro. A economia do compartilhamento potencializa o consumo, e sua maior comodidade e seus custos mais baixos significam que esse consumo é progressivo. Mas também representa um tremendo desafio para indivíduos e empresas, cujo bem-estar depende de indústrias tradicionais — hotéis e táxis, por exemplo — que estão sendo afetados pela mudança.

Além disso, devemos ter em mente o crescimento futuro da economia do compartilhamento, prestando atenção à dinâmica entre gerações, que abordamos no Capítulo 2. Por exemplo, o Airbnb relata que seus anúncios de aluguel estão crescendo mais rapidamente entre a população acima de sessenta do que em outras faixas etárias. A mesma tendência vale para os aplicativos de transporte, como Uber e Lyft, nos dois lados do serviço: motoristas e passageiros. O sucesso dos fundadores dessas plataformas não é por acaso. Eles demonstraram um senso agudo de pensamento lateral, reunindo millennials e idosos como os dois lados de uma única plataforma.

Agora, vamos olhar globalmente. Na Ásia-Pacífico, no Oriente Médio e na África, a proporção de millennials dispostos a usar serviços ou bens oferecidos por plataformas de compartilhamento está acima da média global, enquanto que na América Latina, nos Estados Unidos e na Europa, ela está significativamente abaixo. Essas diferenças não ocorrem entre os membros da Geração Silenciosa, os baby boomers, da geração X ou da geração Z. Claramente, os millennials são diferentes — até agora.

Em mais de uma maneira, a economia do compartilhamento desafia suposições e aspirações essenciais mantidas por gerações, até mesmo por milênios. Qual é o "modo de vida norte-americano", afinal, se deixarmos de lado a ambição de possuir coisas? Todo norte-americano acima de 40 anos cresceu no momento em que a instituição da propriedade era tida como certa, pelo menos no chamado mundo livre. Partes inteiras da economia são dedicadas a garantir que adquiramos, mantenhamos e nos beneficiemos da propriedade. Grande parte do sistema legal se relaciona a proteger a propriedade. Muitos escritores e agitadores famosos ao longo da história fizeram um grande estardalhaço sobre quem é o proprietário de que tipo de propriedade. Muitas ideias revolucionárias e muitos manifestos — lembra do Karl Marx? — promoveram a abolição da propriedade privada como o caminho para curar todos os tipos de problemas sociais. A propriedade privada tem sido a espinha dorsal da hierarquia social, o contribuinte mais importante para a desigualdade e a motivação por trás de muitos tipos de crime, especialmente a guerra. E a propriedade está na base da economia de mercado e do intercâmbio econômico. As hipotecas domésticas são tão norte-americanas quanto a torta de maçã. Napoleão disse uma vez que a Grã-Bretanha era uma nação de comerciantes. Bem, os Estados Unidos se tornaram uma nação de proprietários. Os direitos de propriedade "são uma expressão cristalizada dos papéis variados do estado, da política, da lei e da cultura", escreve o sociólogo de Stanford, Andrew Walder. "Eles são centrais na definição de padrões de desigualdade social e desempenho econômico."

Costumávamos definir a classe social e, portanto, realização e felicidade, em virtude de suas posses (ou falta delas): a aristocracia rural, os comerciantes, a burguesia comercial e industrial, a classe média de proprietários de casas, o proletariado, os agricultores, e assim por diante. Uma nova categoria social está sendo introduzida pela tecnologia: a "classe do compartilhamento". Ela é definida pelo estilo de vida, não pela propriedade. Em grande parte, a tecnologia — juntamente com a mudança dos valores culturais — está por trás dessa tendência transformadora. O verbo transitivo "uberizar" já se tornou parte do vernáculo, reconhecido como tal com uma entrada em nada menos do que o *Collins English Dictionary*: "Sujeitar (um setor) a um modelo de negócios no qual os serviços são oferecidos sob demanda, por meio do contato direto entre um cliente e um fornecedor, geralmente via tecnologia móvel."

Se o compartilhamento de casas e carros fosse a única grande tendência impulsionada pelas plataformas digitais, o impacto não seria tão potencialmente transformacional. A economia do compartilhamento de ativos é apenas uma parte mais ampla da "economia colaborativa", que também inclui empréstimos ponto a ponto (ou *peer-to-peer*), financiamento coletivo (ou *crowdfunding*), colaboração coletiva (ou *crowdsourcing*), revenda, trabalho conjunto (ou *co-working*), autonomia compartilhada (ou *co-freelancing*) e muitas outras formas de cooperação online. O que reúne todas as plataformas lançadas como parte da economia colaborativa ou alternativa é que "elas geralmente têm mercados baseados em classificações e sistemas de pagamento no aplicativo", comenta Nathan Heller, da *New Yorker*. "Eles dão aos trabalhadores a chance de ganhar dinheiro seguindo seus próprios horários, e não pela adesão profissional. E eles encontram apoio nas indústrias esclerosadas." Embora muitas dessas formas de colaboração e compartilhamento existam há séculos, o que há de novo é que as empresas envolvidas no processo "não representam apenas uma nova forma de pensar ou novos serviços", argumenta o autor best-seller Bernard Marr, "mas uma nova forma de usar os dados de maneira eficaz, para fornecer serviços às pessoas quando e onde elas os desejarem". Sem um aplicativo e um sistema algorítmico de processamento de dados, a Uber ou a Lyft nunca teriam decolado. Na verdade, muitas das empresas que povoam a economia do compartilhamento são melhor descritas como facilitadoras. Não são elas que produzem ou entregam seus serviços. Essas plataformas reduzem os custos de transação, tornando o envolvimento em colaboração conveniente e acessível. "Acho que estamos chegando na próxima onda da civilização humana", diz o empresário Caitlin Connors. "Os humanos podem [agora] operar de forma direta entre eles, compartilhando ideias e negócios, sem intermediários." As grandes questões laterais para 2030 são: A economia colaborativa tornará o mundo mais ou menos desigual? Será que os empregos como os conhecemos desaparecerão por causa dela? Ela pode ajudar a resolver a crise ambiental?

"E o Mundo Viverá Como um Só"

Em 2014, o Facebook pagou US$19 bilhões para comprar o WhatsApp, um aplicativo de mensagens praticamente sem ativos físicos e com menos de sessenta funcionários. O que fez da empresa um atraente alvo de aquisição foi sua ampla base de usuários, de 1,5 bilhão de pessoas. O WhatsApp foi fundado em 2009 por Brian Acton e Jan Koum, dois ex-engenheiros da Yahoo. Koum mudou-se da Ucrânia para os Estados Unidos (outro "empresário imigrante" para adicionar à lista que vimos no Capítulo 1), enquanto Acton nasceu em Michigan. "Não queremos criar um aplicativo de encontros para que você possa encontrar um estranho com quem conversar", observou Acton. "Não é disso que se trata. Nosso alvo são seus relacionamentos íntimos." Enquanto isso, Koum mostrou uma atitude mais ambiciosa: "Não vamos parar até que cada pessoa no planeta tenha uma maneira acessível e confiável de se comunicar com seus amigos e entes queridos." Mark Zuckerberg, por sua vez, deu uma explicação controversa de que as pessoas gostam de se conectar porque "faz bem estar mais conectado a todas essas pessoas. Você tem uma vida mais rica".

Muitos tipos de empresas se beneficiam dos chamados efeitos de rede. De fato, toda a economia do compartilhamento depende deles. Um efeito de rede positivo ocorre quando o valor da rede para qualquer participante aumenta de acordo com o número de participantes. O telefone é um exemplo clássico. Quanto mais pessoas tiverem uma linha, mais útil será minha própria linha, porque eu posso ligar para mais pessoas. O telefone é uma rede unilateral, no sentido de que todos os usuários podem fazer e receber chamadas. Por outro lado, um efeito de rede bilateral ocorre quando o aumento da participação de um grupo aumenta o valor da participação para um grupo diferente. A economia colaborativa representa os efeitos de rede bilaterais. Quanto mais pessoas anunciarem seus quartos, apartamentos ou residências no Airbnb, maior a probabilidade de os hóspedes recorrerem à plataforma e vice-versa. É o que diz a última linha de “Imagine” de Ono e Lennon, “E o Mundo Viverá Como um Só”.

Em 2030, a questão principal não será se os efeitos de rede dominam a economia, mas que tipo de efeitos de rede prevalecerão. Uma dimensão importante será se os efeitos de rede operam nos níveis local, nacional, regional ou global. Embora a maioria das pessoas assuma que todos os efeitos de rede são de natureza global, poucos realmente são. Por exemplo, os efeitos de rede locais são essenciais no caso de serviços de transporte por aplicativo. Como passageiro, me preocupo com quantos motoristas estão por perto quando preciso de um transporte. Da mesma forma, a maioria das plataformas de encontros casuais depende dos efeitos de rede locais. Por outro lado, os aplicativos de encontros são principalmente de âmbito nacional. Certas plataformas dependem principalmente de efeitos regionais. Por exemplo, o Airbnb percebeu, há muito tempo, que a maioria do turismo internacional é regional (isto é, na Europa, na América Latina, na África ou na Ásia) e não global. Em alguns grandes países — como os Estados Unidos e a China —, a maioria do turismo é doméstica. Assim, embora a Uber precise criar uma massa crítica de motoristas e passageiros em cada localidade, o Airbnb precisa atingir um limite mínimo em cada região. Existem relativamente poucas plataformas bilaterais puramente globais.

Como norte-americanos, somos influenciados por empresas como Airbnb, Uber, Lyft, WeWork e eBay, uma vez que elas dominam o mercado norte-americano. Deveríamos começar a ampliar nosso alcance. Na China, por exemplo, as empresas locais reinam supremas, são maiores que as norte-americanas e se expandem internacionalmente de forma muito rápida. Isso inclui gigantes como a Didi (transporte por aplicativo e compartilhamento de bicicletas), a WeChat (mídias sociais), a Tujia (compartilhamento de acomodações) e a UCommune (espaço de trabalho compartilhado). Em 2017, havia mais unicórnios da economia do compartilhamento — empresas avaliadas em US$1 bilhão ou mais — na Ásia do que nos Estados Unidos. Como vimos no Capítulo 3, em 2030, a situação provavelmente tenderá a favorecer ainda mais a Ásia, fundamentalmente por causa da crescente classe média da região. O compartilhamento e a economia colaborativa, no entanto, estão criando faixas inteiramente diferentes de consumidores e trabalhadores.

Proletários de Todos os Países, ao Ataque!

Karl Marx, junto com seu coautor e apoiador financeiro Friedrich Engels, pediu à classe trabalhadora que se unisse para derrubar a ordem estabelecida e melhorar sua situação. Os trabalhadores da economia gig (ou *gig workers*) são melhores ou piores do que aqueles que têm empregos tradicionais? A ascensão da classe do compartilhamento reduz ou aumenta a desigualdade? De acordo com Robert Reich, que trabalhou como secretário do trabalho na administração Clinton, os trabalhadores da economia gig são "motoristas da Uber, compradores da Instacart[1] e anfitriões do Airbnb. Eles incluem distribuidores do TaskRabbit, advogados sob demanda da Upcounsel[2] e médicos online da Healthtap[3]. Eles são os Turcos Mecânicos[4]". Todos eles vão e voltam em busca de oportunidades. Reich argumenta que esses "empregos" são aviltantes e mal remunerados. "O eufemismo está no termo economia 'compartilhada'. Um termo mais preciso seria economia de 'compartilhamento de restos'".

Reich vê a economia do compartilhamento como o auge dos esforços das empresas para reduzir sua folha de pagamento de trabalhadores em tempo integral, voltando-se para trabalhadores temporários, agências de emprego temporário, plantonistas, contratados independentes e autônomos. O crescimento mais amplo da economia gig acompanhou o aumento do número de trabalhadores em empregos não convencionais,

1 NT: serviço de entrega e retirada de mercadorias nos Estados Unidos e Canadá.

2 NT: mercado online de serviços jurídicos que permite aos usuários encontrar e contratar advogados por meio de seu site.

3 NT: empresa de tecnologia que fornece um conjunto de aplicativos de saúde conectados.

4 NT: referência a uma célebre fraude do século XVIII, em que o inventor Wolfgang von Kempelen alegava ter construído um autômato para jogar xadrez.

incluindo aqueles que operam como contratados independentes no lado da oferta das plataformas. Os economistas Lawrence Katz e Alan Krueger (ex-presidente do Conselho de Consultores Econômicos do presidente Obama) estimam que, entre 2005 e 2015, a proporção desses trabalhadores cresceu de 10% para quase 16% do total.

Reich não está sozinho em suas críticas. Guy Standing, um economista britânico, cunhou o termo "precariado" (uma combinação das palavras "precário" e "proletariado") para se referir a essa classe de trabalhadores. Escrevendo para a *Salon* em 2016, Steven Hill viu um padrão na evolução das startups de compartilhamento. "Depois de lançar, com muito alarde e contando com dezenas de milhões de capital de risco, prometendo uma revolução na maneira como as pessoas trabalham e como a sociedade organiza as transações econômicas entre pares", argumenta ele, "no final, muitas dessas empresas se transformaram no equivalente a agências de emprego temporário à moda antiga (e outras simplesmente implodiram no grande vazio do buraco negro)." O título do livro mais vendido de Hill diz tudo: *Raw Deal: How the Uber Economy and Runaway Capitalism Are Screwing American Workers*[5]. Rebecca Smith, vice-diretora do National Employment Law Project[6], observa que a economia gig parece nos levar de volta ao tempo em que a maioria dos trabalhadores era "corretora de mão de obra", como no sistema doméstico (ou *putting-out*), fabricando coisas em suas casas em vez de na fábrica. Na sua opinião, as plataformas de economia alternativa "estão operando exatamente como empreiteiros agrícolas, distribuidores de vestuário e centros de trabalho diários".

Apesar dos efeitos negativos do emprego precário, alguns pesquisadores descobriram que a economia do compartilhamento ajuda os que estão na base da distribuição de renda. Usando os dados da Getaround, uma plataforma de compartilhamento de carros, os economistas da Universidade de Nova York, Samuel Fraiberger e Arun Sundararajan, descobriram que os mercados de aluguel ponto a ponto beneficiam os consumidores, especialmente os de baixa renda. "Esse segmento tem maior probabilidade de passar da propriedade para o aluguel, oferece um nível mais alto de demanda de mercado ponto a ponto, é mais propenso a contribuir para a oferta de mercado e desfruta de níveis significativamente mais altos de ganhos excedentes." Em resumo, eles concluíram que a economia do compartilhamento tem o potencial de ajudar os economicamente desfavorecidos, tanto como consumidores (lado da demanda) quanto como trabalhadores (oferta).

5 NT: sem tradução para o português.

6 NT: Projeto Nacional de Direito do Trabalho, em tradução livre.

No entanto, também há evidências indicando que, para a maioria das pessoas, o dinheiro ganho na economia alternativa é uma renda suplementar, não a principal fonte de sustento. Juliet Schor, socióloga do Boston College, decidiu avaliar quem estava realmente se beneficiando de aplicativos como Airbnb, RelayRides[7] e TaskRabbit. Em seu estudo qualitativo, ela descobriu que "os provedores são altamente instruídos e muitos têm empregos bem remunerados. Eles usam as plataformas para aumentar sua renda". Em sua pesquisa, Schor encontrou "um advogado, um agente político, consultores administrativos, profissionais de tecnologia, pesquisadores médicos, professores, um contador, um professor universitário e um representante de vendas" trabalhando no lado da oferta da economia do compartilhamento.

Schor argumenta que há um efeito de exclusão, na medida em que "muitos estão envolvidos em trabalhos manuais, incluindo limpeza, mudança e outras tarefas que são tradicionalmente realizadas por trabalhadores com baixa escolaridade". Os anfitriões do Airbnb costumam fazer o que os funcionários e a equipe de limpeza fazem depois que cada hóspede faz o check-out. No TaskRabbit — o aplicativo de tarefas em que as pessoas pagam outras pessoas para limpar, dirigir, montar móveis, organizar salas, consertar coisas e buscar compras — ela encontrou profissionais de alta qualificação, com empregos em tempo integral, fazendo trabalhos manuais, incluindo um advogado, um cientista de biotecnologia e um contador.

Valéria, uma estudante que faz faxina para clientes do TaskRabbit, observa que "no começo eu era péssima na limpeza. Péssima. As pessoas estavam deixando avaliações negativas... porque em casa eu nem arrumava minha cama, sabia? Tinha uma pessoa que limpava minha casa". Schor conclui que o resultado final é um crescente grau de desigualdade de renda, tanto porque as pessoas com melhor escolaridade estão obtendo renda adicional, quanto porque os que têm pouca qualificação estão vendo seu domínio tradicional invadido pelos aplicativos.

Outra fonte de desigualdade decorrente da economia alternativa está relacionada ao fato de que a hospedagem no Airbnb pode ser uma importante fonte de renda, mas apenas para aqueles com dinheiro suficiente para possuir propriedades. "É preciso ter dinheiro para ganhar dinheiro", disse Kiran, anfitrião do Airbnb entrevistado para o estudo de Schor. Shira, uma jovem solteira, ganha US$30 mil por ano alugando um apartamento — um valor que, segundo ela, parece "quase bom demais para ser verdade". Schor descobriu que a maioria das pessoas em sua amostra que alugou pelo Airbnb ganhou mais dinheiro com o serviço do que com o emprego principal.

7 NT: empresa norte-americana de compartilhamento de carros ponto a ponto.

O desejo de ganhar um dinheirinho extra está frequentemente ligado a uma causa virtuosa. Muitos jovens trabalhadores da economia gig "usaram seus ganhos com a plataforma para diminuir suas dívidas", descobriu Schor. "Um casal, que ganhou US$11 mil no Airbnb, usou o dinheiro para pagar os empréstimos da faculdade do marido." Mas talvez a descoberta mais impressionante do estudo seja que muitas pessoas viram o trabalho que fazem como "tecnologicamente avançado, uma coisa nova e legal". Alguns, de acordo com Schor, pensavam que "estavam fazendo algo ecológico, criando conexão social, ajudando pessoas ou promovendo o intercâmbio cultural". Outro anfitrião, escreveu Nathan Heller no *New Yorker*, comentou que "o Airbnb me permitiu voltar a estudar em período integral, além de trabalhar como fotógrafo em meio período". Como Sundararajan observou, os serviços oferecidos pela economia gig são "bem-sucedidos, porque estão explorando o tempo das pessoas com mais eficiência. Poderíamos dizer que as pessoas estão monetizando seu próprio tempo de inatividade".

Muitos trabalhadores da economia gig estão simplesmente tentando evitar se tornar um "homem das cavernas" dentro de um minúsculo cubículo em um escritório, como os mostrados na história em quadrinhos do *Dilbert*. "Tenho uma história que quero contar por meio da minha escrita e a Uber está me permitindo fazer isso", diz Kara Oh, motorista de Uber de 67 anos, de Santa Barbara, na Califórnia, que escreve romances pela manhã e dirige para as pessoas à tarde e à noite. Travis Kalanick, cofundador da Uber e antigo CEO, certa vez argumentou que "os motoristas valorizam sua independência — a liberdade de pressionar um botão em vez de registrar o ponto, usar Uber e Lyft simultaneamente, dirigir a maior parte da semana ou apenas por algumas horas". Esse é o principal benefício que outros analistas veem na economia gig. Como Diane Mulcahy, pesquisadora sênior da Kauffman Foundation e professora da Babson College[8], escreve em seu livro *The Gig Economy*[9]: "Os empregos tradicionais de tempo integral são inseguros, cada vez mais escassos e cheios de funcionários que desejam estar fazendo qualquer outra coisa em suas vidas." Mulcahy acredita que as plataformas digitais "podem oferecer uma alternativa atraente, interessante, flexível e até lucrativa e segura ao cubículo corporativo". Para ela, "há uma tendência de se concentrar mais no tempo e nas experiências do que nos bens materiais. A ênfase do novo sonho americano é a qualidade de vida, não a quantidade de coisas".

8 NT: escola particular de negócios em Wellesley, Massachusetts.

9 NT: sem tradução para o português.

Certamente, há outros que acham que seu trabalho na economia gig é degradante. Katy, graduada em direito, sem um emprego compatível com suas credenciais acadêmicas, explicou que trabalhar no TaskRabbit "era muito, muito humilhante". Ela menciona o diploma em seu perfil, e as pessoas "fazem comentários demonstrando que acham uma pena que eu, uma pessoa formada em direito, precise limpar seu apartamento, e eu odeio isso... É como se falassem algo do tipo, 'Oh, que droga que você tem que fazer isso.' E eu penso, 'Sim, eu sei que é péssimo. Não preciso que me lembrem disso.'" Veronica, que possui mestrado em ciências, recusou um pedido para buscar um café na Starbucks por US$8. "Foi tipo, 'Não! Levante esse traseiro e pegue você mesmo.'... eu não quero ser uma criada."

O mercado de trabalho de 2030 pode parecer muito diferente, pois as plataformas bilaterais continuam a se expandir. Pode ser verdade que, como afirma Sundararajan da NYU, eles sejam uma resposta eficiente ao fato de que algumas pessoas possuem coisas desejadas por outras ou que algumas têm dinheiro, enquanto outras têm tempo. "Mais cedo ou mais tarde, muitas empresas de economia tradicional podem adaptar um mercado de trabalho baseado em aplicativos de maneiras que ainda não podemos antecipar", refletiu Hill na *Salon*. "Mas isso significa que precisamos descobrir uma maneira de lançar uma rede de segurança universal e portátil para todos os trabalhadores dos EUA."

Um Sistema de Classes Definido Pelo Compartilhamento?

"Vivemos em um mundo dominado pelo princípio da propriedade privada", observa Julian Brave NoiseCat, um membro do conselho da nação Canim Lake Bad Tsq'escen, na Colúmbia Britânica, Canadá, e um ativista que busca promover os direitos dos povos nativos das Américas. "Os frutos de bilhões de acres de terras indígenas expropriadas e loteadas nas Américas, na África, na Ásia, na Irlanda e na Austrália permitiram que dois impérios da língua inglesa — primeiro os britânicos e depois os norte-americanos — chegassem ao domínio global." Vários outros países europeus — da Dinamarca à Bélgica e Itália e da Holanda a Portugal e Espanha — também receberam tal recompensa. Depois que os imperialistas partiram, seus descendentes locais continuaram a possuir grandes extensões de terra e a dominar o sistema político.

Como a maioria das pessoas em todo o mundo, os norte-americanos desenvolveram um relacionamento íntimo com a propriedade ao longo dos anos. "A propriedade", argumenta NoiseCat, "propaga uma visão utópica chamada sonho americano, no qual trabalho duro, terra e casa são plataformas para oportunidades ilimitadas — ou pelo menos para escapar — da dominação do capital." Como vimos no Capítulo 3, a propriedade de residências e automóveis costumava definir a classe média norte-americana. As eleições e as políticas do governo eram frequentemente motivadas pelos interesses daqueles que possuíam (ou desejavam possuir) propriedades.

A estagnação da velha classe média na Europa e nos Estados Unidos e o aumento da desigualdade de riquezas — os 1% mais ricos possuem mais riqueza do que os outros 99% combinados — estão questionando suposições preciosas sobre até que ponto os direitos de propriedade devem ser protegidos, especialmente quando se trata de tributação. "As gerações anteriores responderam a crises semelhantes voltando-se para o comunismo", observa NoiseCat. "Mas, nos dias de hoje, Marx, Lenin e Mao já não oferecem uma foice afiada o suficiente para derrubar os caules do capitalismo." As pessoas estão respondendo às tensões participando da economia do compartilhamento, estimuladas pela falta de recursos suficientes para garantir a propriedade e por uma preferência distinta por maneiras novas, colaborativas e comunitárias de usar seus bens, como casas e automóveis.

A propriedade de uma casa e outros bens caros há muito tempo influenciam o comportamento político. Não está claro, no entanto, que elas aumentam a probabilidade de as pessoas apoiarem políticas econômicas ou sociais conservadoras. Pesquisas descobriram que proprietários têm mais chances de votar e se envolver politicamente. Se, em 2030, a maioria desses bens for de origem compartilhada e não de propriedade, é possível prever mais apatia por parte dos cidadãos, uma relutância em se envolver politicamente ou comparecer às eleições. Dado que a maioria dos compartilhadores no lado da demanda dessas plataformas tende a ser jovem, isso tende a diminuir ainda mais o engajamento político entre as pessoas nessa faixa etária.

Mas há outro efeito devastador da economia gig na política. O cientista político de Yale, Jacob Hacker, argumentou em seu livro *The Great Risk Shift*[10] que, há décadas, os governos e as empresas vêm cumprindo seus compromissos com cidadãos e trabalhadores, propondo uma cultura de responsabilidade pessoal. A noção de responsabilidade pessoal baseia-se em valores conservadores e representa um ataque

10 NT: sem tradução para o português.

direto a alguns dos ideais progressistas mais estimados que impulsionaram a adoção de redes de segurança social na Europa e nos Estados Unidos desde a Depressão. Como disse Bo Fishback, fundador e CEO da Zaarly, uma plataforma de serviços domésticos, a economia gig criou "o melhor mercado de emprego por adesão voluntária, onde não há desculpa para as pessoas que dizem: 'Eu não sei como conseguir um emprego, não sei como começar'".

A ascensão da classe do compartilhamento reacendeu debates políticos sobre discriminação. Ao contrário de um hotel tradicional, observa Sundararajan, "alguém que hospeda no Airbnb pode dizer: 'Bem, este é o meu espaço. Eu só quero um certo tipo de pessoa no meu quarto de hóspedes'." A economia gig desafia as noções convencionais do que constitui discriminação, mais uma maneira pela qual parece abandonar as regras tradicionais do jogo.

Se as plataformas de compartilhamento de empregos estão transformando o mercado de trabalho, a colaboração coletiva e o financiamento coletivo estão revolucionando as campanhas políticas. A campanha do então senador Barack Obama para presidente em 2008 foi a primeira a usar efetivamente essas novas ferramentas. Seu maior sucesso foi recrutar e organizar milhões de voluntários por meio de mensagens de texto e da internet, mesmo antes do crescimento viral das redes sociais digitais. Obama tinha cerca de 850 mil amigos no MySpace, em comparação com os 220 mil de seu oponente, John McCain, e 120 mil seguidores no Twitter, em comparação com os 5 mil de McCain, segundo uma fonte. "Para John F. Kennedy, era a televisão. E, para Barack Obama, são as mídias sociais." E o mais importante, sua campanha levantou um recorde de US$800 milhões de 4 milhões de doadores, em grande parte usando técnicas de financiamento coletivo. Um estudo concluiu que "a Campanha presidencial de Barack Obama em 2008 criou uma organização virtual em todo o país, que motivou 3,1 milhões de colaboradores individuais e mobilizou um movimento popular de mais de 5 milhões de voluntários". O que tornou a campanha sem precedentes foi o uso abrangente de novas técnicas para alcançar uma variedade de objetivos. "Claramente, a campanha de Obama utilizou essas ferramentas para ir além de educar o público e arrecadar dinheiro para mobilizar o jogo de base, aumentar a participação política e obter os votos." E, então, a eleição de 2016 nos trouxe as "notícias falsas (ou fake news)" através da manipulação das redes sociais difundidas.

Outra mudança política histórica adicional que a ascensão da classe social pode trazer é que muito mais trabalhadores podem não se aposentar, pelo menos na íntegra. Pense na conexão lateral entre o trabalho gig e a aposentadoria. Aposentados são um grupo distinto quando se trata de comportamento político, especialmente com relação a votos. Como vimos, são mais propensos a comparecer às urnas do que outras faixas etárias. Embora muitas pessoas acreditem que a proliferação de trabalhadores da economia gig exacerbará o problema das aposentadorias deficitárias, esquece-se frequentemente que muitas pessoas trabalham além da idade da aposentadoria, especialmente em ocupações flexíveis, porque gostam disso. Assim, a classe do compartilhamento de trabalhadores da economia gig pode adiar a aposentadoria ou aposentar-se parcialmente, representando taxas mais altas do que os empregados em período integral. Muitos idosos são anfitriões do Airbnb porque gostam de conhecer novas pessoas.

Também é verdade que, em um momento em que a expectativa de vida continua a subir e os sistemas de pensão públicos e dos empregadores estão sob pressão, a economia gig pode realmente fornecer algum alívio. Analistas escreveram sobre "a economia gig como um plano de aposentadoria de reserva". Outra possibilidade é que "os funcionários com empregos tradicionais das nove às cinco estão dispondo de meios alternativos para preencher lacunas em suas economias de aposentadoria".

É provável que a classe do compartilhamento de consumidores e trabalhadores da economia gig tenha uma visão diferente sobre as principais questões políticas: discriminação, equidade salarial, pensões, rede de segurança social. Considerando seus horários flexíveis, eles também podem ter mais chances de comparecer às eleições do que os funcionários em período integral. Sua mentalidade de autoconfiança e independência pode ressoar tanto com os valores liberais sobre a economia quanto com os mais conservadores em relação às questões sociais. O cenário político, de fato, parecerá muito diferente se, em 2030, mais da metade da força de trabalho na Europa, nos Estados Unidos e em outras partes do mundo for composta de trabalhadores da economia gig. Mas as plataformas digitais monopolistas, com parcelas dominantes de mercado, acabarão explorando trabalhadores e consumidores?

Os Perigos de Serem Grandes Demais Para Serem Banidas

Em entrevista com Travis Kalanick, cofundador da Uber, um entrevistador do *Wall Street Journal* fez uma pergunta aparentemente inocente a respeito da resposta da Uber a uma "ordem de não fazer e desistir"[11] da California Public Utility Commission[12] e da Agência de Transportes Municipais de São Francisco, quatro meses depois que a empresa lançou seu serviço de transporte por aplicativo por lá.

"Vocês já deixaram de operar?"

"Não."

"Vocês já desistiram?"

"Não."

"Então vocês basicamente os ignoraram?"

"O problema é que uma 'ordem de não fazer e desistir' é algo que diz: 'Ei, acho que você deveria parar', e estamos dizendo: 'Não achamos que deveríamos'." Kalanick estava, na realidade, aderindo a um antigo princípio no Vale do Silício: "É melhor pedir perdão do que permissão."

Uma razão que torna controversa a economia do compartilhamento é que ela não é regulamentada. Ela é tão nova e inovadora que as regras existentes parecem não se aplicar. Nesse sentido, é uma das maneiras mais importantes pelas quais o mundo como o conhecemos está chegando ao fim.

A Uber, fundada em 2009, é uma plataforma bidirecional que reúne motoristas e passageiros com o objetivo de obter ganho mútuo. Ela opera em quase 900 cidades e áreas metropolitanas em 73 países. Apesar da notoriedade da Uber, é importante observar que existem 4.500 cidades no mundo com mais de 100 mil habitantes. Portanto, a empresa está presente em apenas uma em cada cinco delas. A Uber procura criar uma massa crítica de motoristas em cada localidade, prometendo a eles que podem estar ocupados com uma sucessão quase interminável de viagens. Os passageiros gostam da conveniência de usar o aplicativo móvel, da disponibilidade de carros e do preço do serviço. Um sistema de classificação fornece transparência.

11 NT: tradução livre do original em inglês "cease-and-desist".

12 NT: Comissão de Utilidade Pública da Califórnia, em tradução livre.

O único problema foi que a maioria das cidades possui um rigoroso sistema de licenciamento para transporte urbano. Os motoristas e proprietários de táxis estão entre os oponentes mais ferozes dos serviços de transporte por aplicativo. A abordagem inicial da Uber foi simplesmente ignorar as exigências de licenciamento. Algumas cidades os toleraram devido à promessa da empresa de oferecer serviços acessíveis e convenientes aos residentes, com congestionamento reduzido e aumento da receita tributária. Mas muitas cidades não o fizeram, sob pressão do *lobby* dos taxistas. A Uber teve que decidir se concordaria em ser regulamentada ou ser restringida em sua expansão e, em alguns casos, decidiu interromper completamente as operações. Marcus Wohlsen, um jornalista do Vale do Silício, uma vez comparou a Uber à Amazon, uma comparação que parece ignorar as diferenças óbvias entre as duas gigantes. "Mas suas histórias são parecidas", argumenta. "Uma startup liderada por um CEO carismático e impetuoso pega uma indústria antiquada desprevenida. Ela cresce rapidamente, e sua popularidade explode à medida que sua marca se torna quase sinônimo do serviço disruptivo que está oferecendo." Quando confrontadas com uma reação negativa por parte de concorrentes ou reguladores, as duas empresas avançaram, embora reconhecidamente de maneiras diferentes. Qual é o cálculo delas?

Praticamente todas as ambiciosas startups do Vale do Silício querem ser grandes, rápidas — grandes porque a escala gera lucros, e rápidas para impedir que outros empreendimentos imitem seu modelo de negócios. No caso da Uber, a estratégia era tornar-se "grande demais para ser banida". Isso significa recrutar pessoas que se beneficiam de seus serviços para defender a empresa contra interesses arraigados e o desejo de alguns governos municipais de controlar o transporte. A Uber cresceu "em parte tratando os obstáculos — sejam empresas concorrentes ou regulamentos do governo — como inconvenientes a serem destruídos", escreveu Sheelah Kolhatkar no *New Yorker*. Considere o exemplo de Londres, uma das histórias de sucesso mais importantes da Uber. Ela iniciou suas operações em 2012, em antecipação aos Jogos Olímpicos de Verão. Atualmente, a empresa possui 40 mil motoristas ativos em Londres e impressionantes 3,5 milhões de usuários regulares. A empresa enfrentou vários tipos de concorrentes enquanto procurava crescer: "um negócio dominado por uma experiente corporação de cocheiros, que podiam ser contratados nas ruas, com uma indústria sombria de trabalhadores ocasionais e motoristas particulares vivendo em harmonia". Em junho de 2014, os *black cabbies* (como são conhecidos os taxistas licenciados) realizaram sua primeira manifestação contra a Uber. "Durante a tarde, entre 4 mil e 10 mil taxistas pararam de trabalhar... atravessando seus carros na Lambeth Bridge e causando engarrafamentos por toda Westminster, até a Piccadilly Circus... Os downloads do aplicativo da Uber aumentaram 850%", relatou o Guardian. "O protesto dos taxistas — sua truculência, a publicidade involuntária que deu à Uber — parece o comportamento clássico de um mercado condenado."

As táticas agressivas de crescimento da Uber devem ser vistas no contexto dos efeitos de rede puramente locais subjacentes à sua estratégia. Quanto mais motoristas e passageiros em sua plataforma em uma determinada cidade, melhor. Sua abordagem, portanto, gira em torno do crescimento mais rápido possível de sua base de suporte. "A transformação que a Uber provocou na indústria global de táxis se baseia em uma teoria", observou o *Guardian*. "É que, adicionando grandes volumes de passageiros e motoristas a um determinado mercado — liquidez — os táxis podem ficar mais baratos e os motoristas podem ganhar mais ao mesmo tempo." Como Marcus Wohlsen observou: "Quanto mais passageiros acostumados a ter a conveniência na ponta dos dedos como uma opção a Uber puder colocar dentro de seus carros, menos incentivos políticos serão necessários no caso da Uber." O ponto é que "ao baixar drasticamente seus preços, a Uber está fazendo mais do que aumentar sua base de clientes. Ela está cultivando um eleitorado... Se a Uber puder sobreviver às suas muitas batalhas políticas, ela pode vir a se tornar uma empresa global enorme e extremamente valiosa. Para os investidores, isso significa US$1 bilhão bem gastos". Dias após a cidade de Londres decidir banir a Uber em 2017, quase 800 mil pessoas assinaram uma petição a favor da empresa. Os reguladores não tiveram escolha a não ser permitir que a Uber operasse até que o recurso fosse resolvido em algum momento no futuro próximo. Esse é o tipo de pensamento lateral que permitiu que a Uber crescesse tanto. Ela apostou que motoristas e passageiros iriam em seu socorro se fossem banidos. Ela se tornou grande demais para ser banida.

O que é de fato revolucionário sobre a economia do compartilhamento é que ela altera os papéis e os relacionamentos socioeconômicos. A Uber promete uma renda adicional aos trabalhadores e aposentados mal remunerados e trabalho autônomo aos desempregados. Os motoristas gostam da flexibilidade e transparência e acham o aplicativo libertador, pois não dependem mais de um expedidor. Os passageiros desfrutam de uma variedade maior de opções e de um serviço que potencialmente chega até os subúrbios carentes e aos bairros centrais da cidade. A empresa também alega que as taxas de condução em estado de embriaguez estão caindo como resultado da presença da Uber. Até a Mothers Against Drunk Driving[13], a influente

13 Mães Contra a Embriaguez ao Volante, em tradução livre.

organização de base, se uniu à empresa para oferecer transportes gratuitos em algumas datas importantes, como bailes do ensino médio ou dias de jogos, nos quais os jovens podem se arriscar dirigindo embriagados.

A Uber aproveitou várias tendências sociais distintas e juntou todas elas por meio do pensamento lateral. Nesse sentido, é possível que as plataformas digitais ajudem nas mudanças climáticas?

Matar ou Salvar o Planeta? A Tragédia dos Comuns Digitais

Em 2017, um leitor do *Financial Times* escreveu uma carta ao editor argumentando que "a Uber tem sido um exemplo clássico" da tragédia dos comuns. Ele levava em consideração a cidade de São Francisco, onde turistas e empresários precisam de opções convenientes de transporte. No entanto, a cidade possui capacidade de tráfego limitada. "O resultado são ruas superlotadas com o desfecho trágico previsto", incluindo baixos salários para motoristas, serviço abaixo da média devido a motoristas inexperientes, congestionamento e poluição do ar. Em um artigo publicado no *Guardian*, a colunista Arwa Mahdawi observou que, segundo o Airbnb, "o mercado de aluguel de curto prazo é uma maneira brilhante de fomentar o espírito comunitário, revitalizar bairros, ajudar pessoas comuns a sobreviver e promover a paz mundial". Ao mesmo tempo, o Airbnb contribui para tornar a habitação inacessível para muitos. E os vizinhos reclamam não apenas do aumento dos aluguéis, mas também do ruído e da interrupção de suas rotinas diárias. "A chamada economia do compartilhamento é mais precisamente a economia de monetizar tudo o que você puder." As casas das pessoas não são mais um sinal de condição de classe média. Elas se tornaram uma oportunidade de "monetização".

Como essa faca de dois gumes está se tornando uma realidade em todos os lugares do mundo, dos bairros de Barcelona às ruas da cidade de Nova York, devemos reconhecer as desvantagens que essa disrupção traz, que podem ser sistêmicas e sistemáticas.

Muitos anos atrás, Adam Smith, o iluminado escocês considerado o fundador da economia moderna, argumentou que "não é da benevolência do açougueiro, do cervejeiro ou do padeiro que esperamos o nosso jantar, mas do empenho deles em relação a seus próprios interesses". A implicação lateral era que a "mão invisível" do livre mercado oferece o melhor arranjo possível para consumidores e produtores, com o primeiro garantindo tudo o que precisa em busca do melhor negócio, e o segundo obtendo lucro ao atender a essas necessidades. Essa intuição básica é válida em muitas circunstâncias, com pelo menos duas exceções notáveis (e bem conhecidas).

A primeira foi identificada por John Nash, o matemático que ficou famoso devido ao filme *Uma Mente Brilhante*, que argumentou que não se pode prever o resultado das escolhas de vários tomadores de decisão se analisarmos suas decisões isoladamente. No filme, essa percepção fundamental ajuda a explicar um evento em um bar que acionou o pensamento lateral de Nash. Ele observa vários estudantes do sexo masculino cortejando a mesma mulher, que rejeita todos eles. Por sua vez, isso inspira as outras mulheres no bar a fazerem o mesmo, pois nenhuma delas queria ser vista como a opção reserva. Foi um resultado ruim tanto para as mulheres quanto para os homens envolvidos, Nash pensou. O exemplo permitiu a ele identificar uma falha na teoria amplamente aceita de Smith, de que o comportamento competitivo em um livre mercado beneficia a todos.

A segunda exceção notável às maravilhas dos mercados motivados pelo interesse próprio é o sistema de recursos compartilhados conhecido como bens comuns, onde o abuso egoísta do bem comum por alguns indivíduos leva ao esgotamento do recurso para todos os outros. O problema foi observado pela primeira vez pelo economista britânico do século XIX, William Forster Lloyd, que escreveu sobre os perigos ambientais do pastoreio não regulamentado em terras públicas. Filósofos, ecologistas, antropólogos e cientistas políticos logo utilizaram sua perspectiva para estudar todas as coisas, desde poluição do ar e bacias poluídas ao esgotamento das unidades populacionais de peixe e derretimento das calotas polares da Groenlândia. Foi o ecologista Garrett Hardin que cunhou o termo "tragédia dos comuns" em um famoso ensaio publicado na revista *Science* em 1968, cujo resumo dizia simplesmente: "O problema da população não tem solução técnica; ele requer um aumento fundamental da moralidade." Hardin estava preocupado principalmente com o crescimento da população e o que isso significava para o futuro dos recursos limitados da Terra. Lembre-se de que as pessoas pensavam que um número excessivo de bebês acabaria com o mundo, como vimos no Capítulo 1. Para ele, o problema estava na falta de boas intenções e boas instituições.

Algumas pessoas reagem de forma veemente, às vezes até violenta, contra a Uber e o Airbnb, porque veem uma tragédia dos comuns em formação. Elas temem que um transporte por aplicativo não regulamentado possa levar a mais congestionamentos nas ruas. Ou que os motoristas da Uber são mais propensos a acidentes do que os taxistas. Ou que uma classe não profissional de motoristas possa abusar dos passageiros. E apontam o perigo de que um sistema de transporte público já negligenciado possa se tornar ainda mais decadente ao competir com aplicativos e serviços de transporte. Por exemplo, na cidade de Nova York, a Uber roubou clientes dos táxis em Manhattan até a 59th Street, mas sua presença levou a um aumento de 40% no número de passageiros no resto da cidade, quando comparado à época anterior à Uber, o que agravou os problemas de trânsito e reduziu o apetite por investimentos no transporte público. Da mesma forma, embora os serviços do Airbnb tragam muitos benefícios, a empresa também foi acusada de atrair um número excessivo de turistas, causar a degradação de bairros e o crescimento dos aluguéis, o que torna as cidades inacessíveis. O que devemos pensar sobre esses benefícios e problemas, que parecem surgir em conjunto?

Em defesa das plataformas de compartilhamento digital, deixe-me fazer três argumentos laterais. O compartilhamento pode nos ajudar a aliviar a pressão sobre os recursos naturais, reduzindo a necessidade de um grande estoque de veículos em condições operacionais, por exemplo. O norte-americano médio usa o carro apenas 6% ou 7% do tempo ao longo da semana. Assim, o compartilhamento de carros pode realmente representar um melhor uso dos recursos existentes.

O segundo argumento é que parece que as pessoas estão dispostas a pagar para compartilhar bens e serviços, porque isso agrega valor às suas vidas. Usando dados de 48 milhões de sessões da UberX nas quatro maiores cidades dos Estados Unidos, Steve Levitt, coautor do livro *Freakonomics*, e seus colegas estimaram que os consumidores desfrutavam de um ganho econômico implícito aproximadamente 1,6 vezes maior que o custo dos próprios transportes, graças à Uber. Isso se traduz em cerca de US$18 milhões por dia apenas nessas quatro cidades: "Se a Uber desaparecesse inesperadamente por um dia, é isso que os consumidores perderiam."

O terceiro argumento a favor do compartilhamento é talvez o mais importante. Simplesmente não é verdade que a tragédia dos comuns seja um resultado inevitável sempre que as pessoas recebem um transporte gratuito em um recurso compartilhado. A brilhante cientista política Elinor Ostrom — a primeira mulher a ganhar o Prêmio Nobel de Ciências Econômicas — estava entre os muitos norte-americanos que cuidavam de um "jardim de guerra" (outro tipo de agricultura urbana) durante a Segunda Guerra Mundial, juntamente com sua mãe. Essa experiência despertou em sua mente a ideia de que, sob certas condições, as pessoas cooperam para o bem comum. Ela passou a vida estudando todos os tipos de situações nas quais as pessoas compartilham recursos, incluindo vigilância comunitária, criação de lagostas, florestas, sistemas de irrigação e, sim, terras de pastagem. Seu argumento é que a tragédia dos comuns pode ser evitada quando as pessoas se organizam de baixo para cima para evitar a exaustão de recursos e o colapso do ecossistema. Sua recomendação foi definir regras claras para o compartilhamento de recursos, estabelecer mecanismos de resolução de conflitos, projetar uma escala de sanções escalonadas para os infratores e promover um compromisso com a autodeterminação comunitária, com base na confiança.

Em certo sentido, Ostrom pede aos usuários que se organizem e gerenciem sozinhos os recursos comuns, sem esperar que o governo o faça por meio de regulamentação. O que ficou conhecido como lei de Ostrom afirma que "um arranjo de recursos que funciona na prática pode funcionar em teoria", mostrando que as iniciativas de base podem funcionar quando se tratam de promover o bem comum. Talvez seja a melhor maneira de garantir que a economia do compartilhamento funcione para todos, ou seja, aqueles que participam dela e os afetados por ela.

"Não Desperdice Essa Alface — Compartilhe-a"[14]

"Cerca de um terço de todos os alimentos produzidos no mundo é desperdiçado", escreve Martin J. Smith. O aplicativo OLIO permite que vizinhos e empresas locais compartilhem alimentos, ajudando a evitar esse desperdício. Foi lançado em 2015 e agora tem 2 milhões de usuários em 49 países. "Compartilhe mais. Desperdice menos" é o seu lema. Por exemplo, os varejistas de alimentos podem contribuir com alimentos que estão prestes a atingir sua data de validade, especialmente os produtos agrícolas. Juntamente com os bancos de alimentos, que há muito tempo recebem estoques não vendidos de varejistas, as plataformas digitais podem ajudar a reduzir o desperdício e a pegada de carbono associada a ele.

Da mesma forma, a startup norte-americana Rent the Runway busca tornar a moda mais sustentável, permitindo às pessoas que aluguem peças de vestuário em vez de comprá-las. "Toda vez que você aluga, economiza toda a água, a eletricidade e as emissões usadas para fabricar uma nova peça de roupa", afirma a empresa. "A mulher média descarta em torno de 37 quilos de roupa por ano."

14 NT: tradução livre do original em inglês "Don't Toss That Lettuce—Share It".

Evitar desperdícios desnecessários em alimentos e roupas pode reduzir as emissões globais de carbono em até 10%. Depois do petróleo, essas são as duas indústrias que mais contribuem para as mudanças climáticas. "Em um mundo compartilhável, coisas como o compartilhamento de carros, as trocas de roupas, as cooperativas de cuidados infantis, as festas comunitárias e a coabitação tornam a vida mais divertida, ecológica e acessível", observa a revista online *Shareable*. "Quando compartilhamos, não criamos apenas uma vida melhor, mas também um mundo melhor". A *Scientific American* sugeriu que "compartilhar é cuidar", acrescentando que "em um mundo compartilhável, coisas como o compartilhamento de carros, as trocas de roupas, as cooperativas de cuidados infantis, as festas comunitárias e a coabitação tornam a vida mais divertida, ecológica e acessível".

Estudos sobre os benefícios ambientais do compartilhamento não produziram resultados consistentes. Um estudo descobriu que a plataforma online Craigslist diminuiu significativamente o descarte de resíduos depois que começou a operar em uma cidade. Serviços de compartilhamento de carros como o Zipcar também contribuíram para reduzir o congestionamento e as emissões. O Transportation Research Board[15] constatou que, nos Estados Unidos, "cada carro compartilhado substitui pelo menos cinco veículos particulares". Outros estudos consideram que são treze. Motoristas que compartilham pelo Waze as informações sobre trânsito e congestionamentos nas ruas contribuem para reduzir o congestionamento e o uso de combustível. A Uber, a Lyft e os outros serviços de transporte por aplicativo afirmam que estão contribuindo para um ambiente mais eficiente e limpo.

No entanto, uma pesquisa realizada por uma equipe liderada por Regina Clewlow, na Universidade da Califórnia, em Davis, mostra que, nas principais cidades dos EUA, plataformas de transporte por aplicativo resultaram em "mais carros, mais viagens, mais quilômetros", porque, quando as pessoas têm acesso a alternativas mais convenientes, elas evitam o transporte público: "A mobilidade compartilhada provavelmente afasta os norte-americanos dos serviços de ônibus e ferroviários ligeiros (redução líquida de 6% e 3% no uso, respectivamente) nas principais cidades." Ao mesmo tempo, o transporte por aplicativo complementa outros modos de transporte. Por exemplo, o uso de trens subiu 3% e a caminhada aumentou em 9%. No entanto, o efeito líquido parece ser negativo. "Atualmente, esses serviços facilitam a troca de modos mais sustentáveis por veículos de baixa ocupação nas principais cidades."

15 NT: Conselho de Pesquisa em Transporte, em tradução livre.

Da mesma forma, o Airbnb alega que os viajantes que se hospedam com um anfitrião usam muito menos energia por estadia do que se alugassem um quarto de hotel. A empresa encomendou um estudo ao Cleantech Group, uma consultoria que constatou que "em apenas um ano, os hóspedes do Airbnb na América do Norte economizaram o equivalente a 270 piscinas olímpicas em água, e evitaram emissões de gases de efeito estufa equivalentes a 33 mil carros rodando pelas estradas da América do Norte". Na União Europeia, os números foram ainda mais altos: economia de água equivalente a 1.100 piscinas e economia de emissões equivalente a 200 mil carros. Na América do Norte, o Airbnb alega que mais de 80% dos anfitriões possui pelo menos um dispositivo com uso eficiente de energia. O estudo também relatou que os hóspedes do Airbnb têm uma probabilidade de 10% a 15% maior do que os hóspedes de hotel de usarem o transporte público, caminhar ou usar uma bicicleta — embora os usuários do Airbnb também sejam muito mais jovens, em média, do que os usuários do hotel. Não há qualquer verificação independente desses números.

Também não está claro que o compartilhamento de bens subutilizados seja uma vitória líquida para a sociedade. Sim, em muitos casos, os carros ficam ociosos em mais de 90% do tempo. Mas se os proprietários os usarem como fonte de renda, trabalhando para a Uber ou a Lyft, os carros terão uma vida útil mais curta, à medida que aumentam sua quilometragem. Se os carros se depreciarem mais rapidamente, eles precisarão ser substituídos mais cedo. É melhor usar um carro por 5% do tempo em dez anos ou por 50% do tempo em um período mais curto? A resposta a essa pergunta não é fácil, pois os carros também perdem valor ao longo do tempo, independentemente do uso, em parte porque se tornam obsoletos à medida que novos modelos são lançados. Se, em 2030, uma proporção significativa de todos os carros de propriedade privada estiver listada em plataformas de transporte por aplicativo, não é evidente que a sociedade estará em melhor situação. Por exemplo, se os carros se depreciam mais rapidamente, precisamos pensar concretamente sobre como reciclar ou descartar um número maior deles, especialmente quando novos carros invadem as ruas. E o crescimento do transporte por aplicativo pode reduzir a dependência do transporte público. Assim, o transporte por aplicativo pode ter implicações ambientais negativas.

O caso do compartilhamento de acomodações exibe semelhanças e diferenças com o transporte por aplicativo. Muitas pessoas frequentemente deixam sua residência principal devido a viagens de férias ou relacionadas ao trabalho. Muitos deles têm quartos vagos para alugar. Do ponto de vista econômico, faz sentido monetizar um ativo que fica ocioso de tempos em tempos. O fato de as residências não se depreciarem tão rapidamente quanto os automóveis e as implicações ambientais não serem tão negativas quando comparadas às alternativas tradicionais de hotéis é uma grande vantagem.

Em geral, exceto talvez no caso do transporte por aplicativo, a economia do compartilhamento promete ajudar a preservar os recursos do planeta. Em uma pesquisa internacional realizada pelo banco holandês ING, as pessoas relataram que usam plataformas de compartilhamento porque acreditam que são boas para o meio ambiente e ajudam a construir comunidades. Quanto mais popular é o aplicativo de compartilhamento, mais as pessoas acreditam nesses benefícios ambientais.

O Compartilhamento e o Futuro

Como uma millennial típica, Linsey Howard está empenhada em fazer o que for necessário para proteger o meio ambiente e reduzir as emissões de carbono. Ela desistiu de um emprego estável em favor da execução de tarefas sob demanda, em parte porque seria capaz de evitar o deslocamento. Ela simboliza o "trabalhador sem emprego" que na verdade trabalha. A economia colaborativa cria uma nova realidade, distorcendo conceitos como trabalho e escritório, propriedade e acesso. O compartilhamento em uma sociedade em rede significa que o que costumava ser um emprego agora é dividido em tarefas, que podem ser executadas por diferentes pessoas trabalhando de casa ou usando espaços de escritório que acomodam diferentes trabalhadores em horários diferentes. A propriedade perde parte de seu significado, porque o acesso e o uso fracionados proporcionam flexibilidade e custos mais baixos. A cultura subjacente não é mais a de possuir, mas a de desfrutar e experimentar, uma visão de mundo aparentemente consistente com a ideia de igualdade de condições e de uma comunidade mais forte. Para relembrar a letra de uma música escrita por Yoko Ono e John Lennon, "Imagine um mundo sem posses..."

Essas mudanças se encaixam nas enormes alterações demográficas e tecnológicas, potencialmente criando uma transformação geral da ordem social. Podemos continuar a tomar como garantidos o casamento, os filhos, os efeitos do envelhecimento, os empregos na indústria, as hipotecas domésticas, as cidades e os computadores pessoais? E quanto a uma de nossas instituições mais generalizadas — o dinheiro? Vamos ao Capítulo 8 para descobrir.

8

MAIS MOEDAS QUE PAÍSES

Imprimindo Seu Próprio Dinheiro, Blockchain e o Fim do Sistema Bancário Moderno

Permita-me emitir e controlar o dinheiro de uma nação, e eu não me importarei com quem cria suas leis.

- Mayer Amschel Rothschild, banqueiro

A maioria das pessoas vivas hoje cresceu em um mundo em que cada país tinha símbolos distintos de soberania — uma bandeira, um líder e uma moeda. Mas, em 2030, algumas das moedas mais importantes do mundo serão emitidas não pelos governos, mas pelas empresas ou até mesmo pelos computadores. Hoje, porém, muitos consideram essa possibilidade uma perigosa heresia.

Quando observou pela primeira vez o uso do papel-moeda na China, no final do século XIII, Marco Polo ficou impressionado, dizendo: "Todos estes pedaços de papel são emitidos com tanta solenidade e autoridade como se fossem feitos de ouro ou prata puros." Esse papel estranho foi colocado em circulação pela primeira vez em 1260 por Kublai Khan, fundador da dinastia Yuan e neto de Genghis Khan, o implacável conquistador mongol. O papel-moeda moderno surgiu séculos depois, em meio à rivalidade anglo-francesa. Em 1694, os cortesãos do rei Guilherme III propuseram uma nova abordagem para financiar as aparentemente intermináveis guerras da Inglaterra com seu inimigo através do Canal da Mancha: uma nova empresa privada, o Banco da Inglaterra, obteve o direito de receber depósitos em forma de barras de ouro do público e emitir notas que poderiam ser emprestadas novamente.

De certa forma, ter mais moedas do que países não seria um fato inédito: até o final do século XIX, não era incomum ver as notas comerciais de bancos ou mesmo de empresas circularem como moeda para fins de concessão de crédito ou pagamento. Os banqueiros também não faziam cerimônia quando se tratava de tirar proveito da nova tecnologia. Segundo a lenda, os banqueiros Rothschild usaram pombos-correios para se informar, antes de qualquer outra pessoa em Londres, sobre a derrota de Napoleão em Waterloo, em 1815, e usaram essas informações preciosas para obter lucros consideráveis no mercado de títulos.

Desgastados por sua falta de controle sobre as moedas em uso em seus domínios territoriais e por crises bancárias recorrentes, os governos, iniciados há cerca de 150 anos, decidiram estabelecer um monopólio nacional sobre a impressão e a circulação de dinheiro. Até 2030, esses monopólios sobre a moeda nacional serão reduzidos, assim como os monopólios anteriores nos setores de linhas aéreas, eletricidade ou telecomunicações. As moedas nacionais ainda predominarão, mas alternativas digitais também estarão disponíveis.

Para visualizar um futuro em que moedas tradicionais, criptomoedas e outros tipos de tokens compartilham o cenário, é preciso primeiro entender como o dinheiro funciona. Para fazer isso, vamos considerar o fascinante exemplo de Salvador Dalí, um dos artistas mais célebres do século XX e figura pioneira do surrealismo. Hoje em dia, suas pinturas a óleo são vendidas por dezenas de milhões de dólares. Dalí também era um empresário experiente. Certa vez, ele convidou alguns amigos para almoçar em um restaurante caro na cidade de Nova York. Quando chegou a hora de pagar, o excêntrico artista adotou uma forma de pensamento lateral e decidiu fazer um pequeno experimento. No verso do cheque que assinara para cobrir as despesas, fez um esboço em seu estilo inimitável. Ele o autenticou com uma assinatura e o entregou ao garçom, que o repassou ao gerente do restaurante. Em circunstâncias normais, o cheque seria endossado e enviado ao banco para depósito. Mas aquele não era um cheque normal. Depois de ver o esboço e reconhecer o artista que o havia feito, o gerente decidiu enquadrar o cheque e pendurá-lo na parede, para que todos pudessem ver (Figura 9).

FIGURA 9

Dalí ficou encantado e fez o mesmo truque várias vezes. Como seria de esperar, um cheque emoldurado com um esboço de Dalí apareceu nas paredes de vários restaurantes. Considere o quão incomum essa situação realmente era. O dinheiro oferecido para pagar as refeições nunca foi depositado, pois os cheques foram transformados em obras de arte e tomaram um rumo diferente. Para Dalí, essa manobra foi um golpe de mestre. Ele poderia imprimir seu próprio dinheiro (seus desenhos tinham valor) e as pessoas estavam dispostas a aceitá-lo como forma de pagamento. É claro que, como pode acontecer com o dinheiro real, Dalí depreciou seu valor "imprimindo" muitos deles, e o valor dos desenhos começou a cair, valendo menos que o custo da refeição. Por fim, os gerentes do restaurante abriram os olhos.

O ponto principal aqui é que qualquer pessoa pode imprimir dinheiro, e que ele pode circular como forma de pagamento, desde que as outras pessoas confiem e achem conveniente usá-lo. Formas alternativas de dinheiro também podem ser usadas como veículo de investimento, o que significa que as pessoas podem assumir que o dinheiro se valoriza ao longo do tempo. Mas, como acontece com as moedas nacionais, qualquer dinheiro pode ser derrubado pelas leis da oferta e da demanda, pois uma oferta excessiva deprecia seu valor e reduz a disposição das pessoas em usá-lo.

* * *

O mundo ainda se sente internacionalmente dependente do dólar americano como o meio de pagamento, a unidade de conta e a moeda de reserva mais importantes. Mais da metade de todas as dívidas internacionais, dos empréstimos e das reservas cambiais são mantidas em dólares, e cerca de 45% do volume de negócios cambiais e dos pagamentos globais usam o dólar. Quando se trata de comércio, mais de 80% é faturado em dólares. A supremacia do dólar nas finanças e no comércio internacional, no entanto, será questionada à medida que nos aproximarmos de 2030.

Os mercados emergentes já representam mais da metade da economia global. Além disso, a China já é a maior nação comercial e está pronta para se tornar a maior economia. Mas seu *renminbi* ("o dinheiro do povo", em mandarim) não é uma moeda em que o cidadão confia — nem mesmo na China. Não é convertível, negociado livremente ou sujeito ao livre fluxo de capitais. Pela primeira vez na história, o país que em breve se tornará a principal potência econômica não tem uma moeda à altura. Quando Roma governou o mundo mediterrâneo, o *áureo* [em latim, *aureus*] reinou supremo. Durante o auge do Império Bizantino, os comerciantes honraram o *soldo* (em latim, *solidus*, que é, na minha opinião, o melhor nome já dado a uma moeda). Quando Florença dominava o comércio, o *florim florentino* era amplamente utilizado. Depois vieram o *florim neerlandês*, o espanhol e seu *real de a ocho* (apelidado de "dólar espanhol" porque era amplamente usado no início dos Estados Unidos), os britânicos com a libra esterlina e, é claro, o dólar americano. Cada economia ou império dominante tinha uma moeda em que todos confiavam e usavam.

"Não Existe Almoço Grátis"

Como nos lembra Milton Friedman, um dos economistas mais famosos do século XX, tudo tem um preço. O dinheiro é um dispositivo peculiar e engenhoso, construído com base na confiança. Às vezes, as moedas emitidas pelo governo são respaldadas por ativos reais, como o ouro, uma estratégia adotada pelos britânicos durante diferentes períodos de tempo para aumentar a confiança e impedir que os políticos gastassem demais e se endividassem no passado. É claro que isso exigia a necessidade de ouro real, o que fez os britânicos entrarem em guerra duas vezes contra os bôeres na África do Sul, onde existiam depósitos significativos do metal. Em 1944, os Estados Unidos também adotaram o padrão ouro para estabilizar o sistema financeiro global nos últimos dias da Segunda Guerra Mundial. Mais tarde, em 1971, quando os déficits dispararam e o Sistema de Reserva Federal dos Estados continuou a imprimir dinheiro, o presidente Richard Nixon encerrou o acordo. Desde então, a volatilidade da moeda, a especulação e as crises proliferaram em todo o mundo.

Costumo dizer aos meus alunos que eles não conseguirão entender completamente o valor do dinheiro, a menos que conheçam, em primeira mão, um país que lida com a hiperinflação (a grave erosão do valor de uma moeda em conjunto com o rápido aumento dos preços). Essa é uma pergunta que faço a eles: sob tais circunstâncias, você andaria de ônibus ou de táxi? A maioria dos meus alunos diz que adotaria a alternativa mais barata (transporte público), quando confrontada com o aumento rápido dos preços. Mas os preços relativos não importam tanto quanto o tempo, quando a inflação opera com taxas de três dígitos. Em outras palavras, é preferível você pegar um táxi porque paga no final da viagem, quando o valor da moeda tiver caído, em vez de pagar adiantado quando embarcar em um ônibus. Você percebe que a inflação se tornou um problema quando é relativamente "mais barato" andar de táxi do que de ônibus. Da mesma forma, a inflação beneficia os devedores, em oposição aos credores.

Milton Friedman disse uma vez que "a inflação é sempre e em toda parte um fenômeno monetário, ou seja, é um fenômeno que nasce de um aumento mais rápido da quantidade de moeda do que de produção". Em outras palavras, a inflação ocorre quando há muito dinheiro para muitos poucos bens, como nas cidades em expansão do oeste norte-americano durante a corrida do ouro, ou nas Grandes Planícies durante a recente explosão do petróleo de xisto. Daqui se conclui que seria prudente que os governos controlassem a oferta de dinheiro se tivessem em mente o bem-estar econômico de seus cidadãos. Essa é uma maneira de pensar sobre a política monetária (ou seja, a política adotada pela autoridade do banco central de um país). Para cada economista que concorda com a abordagem de Friedman, há outros que acreditam que essa ortodoxia monetária é rígida demais para lidar com os altos e baixos do ciclo de negócios. Friedman estava certo, no entanto, ao argumentar que "a inflação é tributação sem representação", algo que atrapalha os mercados, confunde os legisladores e, por fim, empobrece a população. Ele era a favor de uma taxa constante de crescimento monetário, e achava que um computador faria um trabalho muito melhor do que o Sistema de Reserva Federal dos Estados na administração da política monetária.

Insira as Criptomoedas

À medida que nos aproximamos de 2030, a tecnologia parece estar oferecendo novas maneiras de pensar sobre dinheiro. A menos que você fosse do governo, a impressão de moeda costumava ser um assunto moroso, caro e muitas vezes ilegal. As criptomoedas digitais não são complicadas nem caras para se criar, e — até que os governos as proíbam — tendem a proliferar rapidamente. Atualmente, o valor total de criptomoedas em uso atinge centenas de bilhões de dólares (embora seja reconhecidamente difícil de se calcular com precisão). Pela primeira vez em gerações, há mais moedas em circulação do que países, e essa discrepância só aumentará, à medida que mais criptomoedas, por mais fugazes que sejam, são lançadas a cada ano. O que torna as criptomoedas verdadeiramente revolucionárias é que elas não precisam de uma autoridade do governo central para serem emitidas e circularem amplamente. Tudo o que é necessário é uma rede informatizada. Agora, *isso* é verdadeiramente revolucionário — e potencialmente disruptivo.

Em teoria, pelo menos, as criptomoedas também cumprem o sonho de Milton Friedman de "substituir o Fed [Sistema de Reserva Federal dos Estados] por um computador". Ou seja, em vez de os governadores do Sistema de Reserva Federal dos Estados tomarem decisões sobre taxas de juros e ofertas de moeda, as criptomoedas seriam controladas por algoritmos de computador.

O que esse emocionante novo mundo das criptomoedas realmente significa? A especulação trará grande riqueza para alguns e muita decepção para a maioria, porque o valor das criptomoedas até agora tendeu a flutuar com frequência e amplamente. Considere como isso pode alterar o relacionamento dos cidadãos com o governo, se ele não tiver mais controle sobre o valor do dinheiro e o valor dos ativos e passivos ao longo do tempo. Isso certamente mudará a prática das finanças e dos bancos como a conhecemos.

As criptomoedas são uma forma de dinheiro eletrônico, na qual as transações são autenticadas pelos remetentes, usando criptografia. Pagamentos e saldos são registrados em uma espécie de registro eletrônico, que pode ser acessado por todos os participantes. Esse dispositivo de manutenção de registros recebeu um nome intrigante: blockchain. Na realidade, é uma ideia muito simples. Imagine uma parede de tijolos de um metro de comprimento. Registros de vários tipos podem ser gravados em cada tijolo pelas pessoas que passam por ela. Talvez elas escrevam seus nomes e a data que visitaram a parede, ou os nomes das pessoas que amam, ou o título de seu livro favorito. A única regra é que elas devem escrever em um tijolo ao lado de um que já foi escrito anteriormente, garantindo que não haja lacunas. Assim, conforme as pessoas contribuem, a linha superior é preenchida, em seguida a linha de baixo, e assim por diante. Nenhum registro pode ser apagado depois de ter sido gravado em um tijolo, e todos podem ver cada um desses registros. Depois que nossa parede imaginária estiver cheia, um segundo metro de comprimento é construído em paralelo e o processo é retomado. Essas paredes podem ser usadas para diversas finalidades — por exemplo, controlar quem fica em cada quarto de um hotel, quantas despesas acessórias cada hóspede do hotel acumula a cada dia e quanto pagam quando fazem o *check-out*. Ou quem possui cada moeda ou nota em circulação e quando o dinheiro é usado para efetuar um pagamento.

Em vez de manter esses tipos de registros em uma parede física, podemos criar um registro digital de gravações concatenadas e imutáveis — uma blockchain. Os computadores com acesso a ela verificam cada transação e fornecem a transparência necessária a todo o sistema. Cada computador tem uma cópia idêntica de toda a blockchain. Podemos acrescentar ainda o requisito de segurança de que mais da metade dos computadores na rede deve fornecer aprovação para a modificação de um registro de uma transação. Em face disso, a blockchain de bitcoin é muito segura. Considere que as chances de adivinhar um número vencedor da loteria Powerball[1] é de 1 em 292 milhões. A probabilidade de hackear uma chave privada de bitcoin, que usa criptografia de 256 bits, é de 1 em 2^{256} ou 1 em mais de 115 quattuorvigintilhões — um número com setenta e oito dígitos. Isso é equivalente às chances de ganhar na Powerball nove vezes seguidas.

Esse sistema descentralizado de transparência é exatamente o que Satoshi Nakamoto — um pseudônimo — propôs no famoso relatório "Bitcoin: A Peer-to-Peer Electronic Cash System"[2] publicado em uma lista de discussão sobre criptografia em 31 de outubro de 2008. Essa data é significativa, pois ocorreu algumas semanas após o colapso do Lehman Brothers. O documento propôs a noção revolucionária de que "uma versão de dinheiro eletrônico puramente ponto a ponto permitiria que pagamentos online fossem enviados diretamente de uma pessoa para outra, sem a necessidade de passar por uma instituição financeira".

---

1 NT: jogo de loteria dos Estados Unidos, oferecido em 44 estados norte-americanos, no Distrito de Columbia, Porto Rico e Ilhas Virgens Britânicas.

2 NT: "Bitcoin: Um sistema de dinheiro eletrônico ponto a ponto", em tradução livre.

Desde que inventamos o dinheiro e os serviços bancários, a confiança está no centro de qualquer atividade financeira. A afirmação mais ousada contida no relatório de bitcoin é que uma criptomoeda operacionalizada por meio da blockchain é "um sistema para transações eletrônicas sem depender da confiança". Para Nakamoto, "a rede é robusta em sua simplicidade não estruturada". É um sistema no qual os nós "votam com seu poder de CPU [unidade central de processamento], expressando sua aceitação de blocos válidos... Quaisquer regras e incentivos necessários podem ser aplicados com este mecanismo de consenso". Com o toque de uma tecla, Nakamoto pode muito bem ter provocado o fim de milhares de anos de desenvolvimento financeiro, sem qualquer cerimônia.

O objetivo de Nakamoto era democratizar os serviços financeiros, o que era compartilhado por todos os visionários, aficionados e empresários das criptomoedas. "Nossa missão é criar um sistema financeiro aberto para o mundo", diz Brian Armstrong, CEO da Coinbase. "Acreditamos que protocolos abertos para o dinheiro criarão mais inovação, liberdade econômica e igualdade de oportunidades, assim como a internet fez com a publicação de informações." Aqui encontramos, mais uma vez, a promessa de uma tecnologia libertadora que, afirmam os defensores, fará do mundo um lugar melhor.

Para cada um que acredita fortemente na criptomoeda, no entanto, existem muitos mais céticos, ou até mesmo os profundamente hostis. "Se você é estúpido o suficiente para comprar bitcoin", diz Jamie Dimon, CEO do JPMorgan Chase, "um dia pagará o preço". Nouriel Roubini, cuja previsão do colapso de 2008 lhe valeu o apelido de "Doutor Destino"[3], refere-se ao espaço da criptomoeda como uma "fossa fedorenta". Está registado que ele afirmou: "É realmente ridículo pensar que criptomoedas inúteis ou s***coins têm quaisquer fundamentos de valor." Ele acredita que "seu valor fundamental é ZERO ou realmente negativo... se você precificar corretamente sua externalidade negativa de monopolizar energia e destruir o meio ambiente" referindo-se ao fato de que a operação da blockchain (que suporta bitcoin) consome a mesma quantidade de eletricidade anualmente do que toda a Áustria, lar de quase 9 milhões de pessoas.

---

3 NT: alter ego de Victor von Doom, um personagem fictício que aparece nas histórias em quadrinhos publicadas pela Marvel Comics.

Enquanto o bitcoin como moeda teve seus altos e baixos — como refletido na queda de seu valor, de um pico de quase US$20 mil no final de 2017 para menos de US$2.500 um ano depois — a infraestrutura digital subjacente permaneceu. O motivo é que a blockchain fornece uma solução simples, elegante e eficiente para o clássico "problema de gasto duplo". Ou seja, como é possível impedir alguém de usar os mesmos meios de pagamento mais de uma vez, como quando alguém usa dinheiro falso para pagar pelas coisas? A blockchain supera esse problema, tornando o registro digital aberto, transparente e verificável pelas pessoas que participam dela, para que nenhum gasto duplo do mesmo *bitcoin* possa ocorrer. Para aumentar a confiança, as criptomoedas prometem taxas de crescimento constantes e relativamente lentas em sua oferta, sempre impulsionadas por um algoritmo de computador previsível e constante. Outra característica atraente é que, nas palavras de Nakamoto, "os nós podem sair e voltar à rede à vontade, aceitando a cadeia de prova de trabalho como prova de que aconteceu enquanto eles estavam fora".

Apesar de sua sólida base técnica, o bitcoin não conseguiu se estabelecer como um meio de troca confiável e conveniente, sem falar em uma unidade de conta ou reserva de valor. As razões são complexas, mas a maioria tem a ver com a incerteza de como os governos pretendem regular as criptomoedas e com o desejo insaciável dos especuladores de serem bem sucedidos. Outras criptomoedas populares também estão definhando, incluindo XRP, Ethereum, Litecoin, Zcash e Maker. Mas, embora nenhuma criptomoeda tenha suplantado qualquer moeda física, a *blockchain* já começou a mudar fundamentalmente o mundo como o conhecemos.

"A Tokenização de Tudo"

Todos os dias, bilhões de transações são feitas na economia de mercado global. Em cada uma delas, há pelo menos duas contrapartes: por exemplo, comprador e vendedor, seguradora e segurada, ou devedor e credor. De maneira mais ampla, os seres humanos se envolvem em todos os tipos de transações em que há uma parte e uma contraparte, incluindo acordos legais como casamento, divórcio ou um testamento que distribui as propriedades depois que alguém morre. Tecnologias como a blockchain podem tornar todo esse processo mais fácil e barato. E isso não vai parar por aí. Como argumenta o especialista em criptomoeda Joseph Buthorn, a blockchain pode levar à "tokenização de tudo" ou, essencialmente, criar um certificado digital de ações, mercadorias, dívida, imóveis, arte, nascimentos, uniões civis, diplomas, votos e assim por diante. Até os dados podem ser transformados em um token, sendo uma potencial disrupção dos "likes" do Google e do Facebook.

Até agora, os registros oficiais eram centralizados e controlados por uma entidade ou pessoa de confiança de todos os usuários ou, mais frequentemente, criados pelo estado. Enquanto os primeiros registros escritos datam de 5 mil anos, o livro impresso e, mais recentemente, o computador, mudaram os negócios de manutenção e compartilhamento de registros. A blockchain, com sua natureza única descentralizada e imutável, promete trazer mudanças ainda mais revolucionárias.

De acordo com um relatório da União Europeia, as tecnologias de registro digital criam "Oportunidades em todos os tipos de serviços públicos, como pagamentos de saúde e bem-estar e, na fronteira do desenvolvimento da blockchain, são contratos de execução automática, abrindo caminho para as empresas que operam sem intervenção humana". O potencial mais inovador das blockchains é que elas "afastam das elites centrais o controle sobre as interações diárias com a tecnologia, redistribuindo-o entre os usuários. Ao fazer isso, elas tornam os sistemas mais transparentes e, talvez, mais democráticos". Isso pode reverter séculos de centralização, desfazer o relacionamento entre cidadãos e governos e acabar com a burocracia como a conhecemos.

A beleza da blockchain é que ela permite todos os tipos de extensões laterais. Um possível desenvolvimento combinaria moedas digitais com smart contracts, gestão de registros digitais e organizações autônomas descentralizadas, nas quais as decisões são tomadas fora das estruturas hierárquicas usuais — todas suportadas pela blockchain. "A ideia é que as blockchains possam rastrear todos os direitos e obrigações de um determinado contrato e acionar pagamentos automaticamente, à medida que o contrato avança, sem que ninguém precise realizar pagamentos offline", escreve Mike Orcutt na *MIT Technology Review*. A cobrança de impostos também pode ser menos complexa, deduzindo automaticamente a participação do governo de todas as transações registradas na blockchain. Em geral, a gestão das cadeias de suprimentos seria simplificada e acelerada por meio de uma combinação dos mecanismos que envolvem execução de contratos, manutenção de registros, rastreamento, coleta de pagamentos e reabastecimento.

As tecnologias blockchain também podem ser usadas para rastrear a origem de certos produtos, e os consumidores estão exigindo cada vez mais essa transparência em uma época repleta de histórias de exploração corporativa de pessoas e recursos. Na indústria de vestuário, por exemplo, algumas empresas estão atribuindo a cada peça de roupa um token digital exclusivo, que permite aos consumidores conhecer toda a cadeia de suprimentos, desde o fornecimento de materiais até a operação de distribuição, ajudando, assim, a interromper a prática de trabalho infantil ou o uso de algum material proibido.

Um de meus ex-alunos, Michal Benedykcinski, lançou a Dexio, empreendimento que usa a tecnologia blockchain para rastrear a origem de diamantes, fornecendo garantias aos clientes que desejam evitar "diamantes de sangue" — o nome associado às pedras preciosas obtidas pela exploração e pelos deslocamentos da guerra. Outro aluno, Ajay Anand, se concentrou em garantir que todos saibam exatamente o que estão comprando, ao comprar um anel de noivado. Ao realizar a pesquisa para escrever um artigo, ele viajou com outros colegas de classe para Índia, Bangladesh e Filipinas, a fim de aprender sobre práticas de trabalho infantil. Eles se encontraram com o ativista dos direitos da criança Kailash Satyarthi (que mais tarde ganhou o Prêmio Nobel da Paz, em 2014). Esse trabalho levou Ajay a pensar de forma empreendedora. Inspirado por um estágio nas Nações Unidas, ele lançou a Systmapp, uma empresa dedicada à otimização de práticas de gestão para organizações sem fins lucrativos. Atualmente, está presente em cinquenta países e recebe financiamento da Fundação Bill e Melinda Gates. E os anéis? Bem, um pensamento ocorreu a Ajay quando ele decidiu ficar noivo. Ele achou extremamente difícil e demorado decidir qual anel de diamante comprar. Ele ficou impressionado com a opacidade do mercado, com pessoas buscando desesperadamente informações sobre preços e qualidade. Ele decidiu usar a IA e o aprendizado de máquina para analisar as tendências do mercado, lançando o empreendimento Rare Carat em outubro de 2016. "Podemos prever os preços dos diamantes", afirma ele, "com mais precisão do que a Zillow[4] pode prever os preços das casas". Ele apresentou sua ideia no concurso IBM Global Entrepreneurship, terminou entre os cinquenta primeiros, e recebeu financiamento. Então, ele usou a blockchain para tornar as informações no comércio de diamantes mais transparentes. Hoje, sua empresa tem trinta funcionários e mais de US$100 milhões em receita.

4 NT: empresa norte-americana de banco de dados de imóveis online.

Uma Combinação Perfeita no Paraíso da Criptografia

Até a revolução digital facilitar o roubo de software, vídeo, música e outros tipos de bens e serviços digitalizados, o antigo sistema de proteção — patente, marca comercial e direitos autorais — era relativamente eficaz. Já não é mais assim. E, à medida que o ritmo da inovação tecnológica se acelera, o fluxo de pedidos de patentes, marcas comerciais e direitos autorais também aumenta. Em 2018, a revista *Forbes* perguntou: "Como podemos tornar os direitos de propriedade intelectual 'mais inteligentes' com a blockchain?"

Um dos principais desafios envolve o tipo de plataformas de compartilhamento que discutimos no Capítulo 7. O conteúdo original de música ou vídeo não sujeito a uma licença pode ser compartilhado online, com os *royalties* alocados e distribuídos por meio de uma blockchain que monitora o que está disponível e quantas pessoas o utilizam. As empresas também estão explorando a possibilidade de usar a blockchain como um meio de transferir direitos de propriedade para outra parte, garantindo seu pagamento em troca. A tecnologia blockchain "pode ajudar a minimizar as infrações e fornecer uma cadeia de custódia eletrônica para cada peça de propriedade intelectual [PI]". Dessa forma, o público pode julgar "a força e o valor de qualquer trabalho em particular", escreve Andrew Rossow na *Forbes*. De acordo com Tracy Reilly, professora de direito da Universidade de Dayton, "embora a digitalização das músicas com direitos autorais não seja novidade em plataformas como Grokster, Napster e iTunes, o que é novo e muito interessante para os proprietários de direitos autorais é o vasto potencial por meio do qual a tecnologia blockchain poderá, em breve, criar uma pegada digital funcional, que ajudaria na melhor implementação de usos digitais não autorizados... particularmente no que diz respeito aos sites de mídias sociais". Além disso, a blockchain pode facilitar o processo de licenciamento pelo qual todos os artistas, cineastas e produtores passam como parte de seu trabalho.

Birgit Clark, advogada da Barker McKenzie, argumenta que blockchain e PI são "uma combinação perfeita no paraíso da criptografia". Na sua opinião, os usos potenciais da blockchain incluem "evidência de criação e autenticação de origem, registro e liberação de direitos de PI; controle e rastreamento da distribuição de PI (não) registrada; fornecimento de evidências de utilização séria o e/ou primeiro uso na negociação e/ou comércio; gestão de direitos digitais (por exemplo, sites de música online); estabelecimento e cumprimento de acordos de PI, licenças ou redes de distribuição exclusivas por meio de contratos inteligentes e transmissão de pagamentos em tempo real aos proprietários de PI". A ideia é utilizar uma blockchain na qual é possível encontrar um registro imutável de toda a história dos eventos relacionados a uma parte específica da propriedade.

O atual conjunto de reguladores e autenticadores de propriedade intelectual foi criado durante a era pré-digital, em uma época em que ninguém poderia prever a rápida evolução da tecnologia. Escrevendo na *Information Age*, Nick Ismail argumenta que a blockchain pode ajudar a otimizar todo o ciclo de inovação, da geração de ideias ao estabelecimento da propriedade e ao licenciamento. Esse é especialmente o caso de produtos complexos, como carros ou computadores, e também de conteúdo intangível, como software, música e vídeo.

"Gerenciar a PI em uma economia globalizada é extremamente desafiador", argumenta ele. "As empresas precisam decidir onde buscar proteção para as ideias e, em seguida, solicitar proteção individualmente nas geografias relevantes." A principal vantagem é que um registro digitalizado "oferece a oportunidade de colocar uma ideia inicial em uma blockchain e atualizá-la". Essa nova tecnologia pode se tornar parte integrante do processo criativo. "Por fim, a blockchain pode ter mais impacto no setor de PI do que nos setores de serviços financeiros", observa ele. "O desafio será criar o caminho certo para a adoção da tecnologia."

Reduzindo a Burocracia

Outra aplicação lateral da blockchain estaria relacionada à interação entre agências e cidadãos do governo, entre corporações e acionistas, ou entre partidos e membros políticos, e governos e eleitores. A maioria das eleições, por exemplo, ainda é realizada em todo o mundo usando cédulas de papel ou máquinas de votação muito rudimentares. A votação eletrônica habilitada para blockchain eliminaria a necessidade de postos de votação, tornando-a mais conveniente. Cada cidadão inscrito para votar teria um registro na blockchain. Ele poderia exercer seu direito de voto após a autenticação, usando uma chave pessoal. Alguns partidos políticos na Dinamarca usaram esse sistema para votação interna e, na Estônia, as empresas o utilizam para coletar os votos dos acionistas. Outra grande vantagem do voto eletrônico seria a eliminação da intimidação de eleitores. O envolvimento e a participação podem aumentar, embora a possibilidade de que o desnível na acessibilidade digital possa aumentar a desigualdade seja uma preocupação. De fato, com a tecnologia blockchain, a participação dos eleitores pode ser ainda maior entre grupos de indivíduos com melhor escolaridade e mais sofisticados, para os quais as taxas de participação já são mais altas. Para as eleições nacionais, os riscos seriam altos. "Não basta que o resultado seja justo e válido", argumenta um estudo publicado pelo Parlamento Europeu. "Todo o eleitorado, mesmo decepcionado com o resultado, deve aceitar que o processo foi legítimo e confiável. Como tal, além de fornecer segurança e precisão reais, [o voto eletrônico] também deve inspirar confiança."

E se pensássemos lateralmente? Considere uma oportunidade tentadora: e se usássemos a tecnologia blockchain para forçar os funcionários do governo a agir automaticamente conforme as promessas da campanha sob certas condições pré-acordadas? Por exemplo, após uma eleição, certas políticas poderiam ser implementadas por meio de "smart contracts" ou dinheiro alocado para categorias orçamentárias específicas. Ou os cidadãos poderiam rastrear quanto o governo está gastando e se está cumprindo suas promessas ou não. Os smart contracts poderiam ser usados em toda a economia, e não apenas no contexto da formulação de políticas governamentais. Eles incluem um conjunto de instruções acordadas pelas partes, em uma transação que seria acionada automaticamente se determinadas condições fossem atendidas. Um exemplo simples seria um contrato de empréstimo pelo qual um prêmio de seguro mais baixo em uma hipoteca é ativado se a taxa de juros do mercado cair. Tal contrato seria, de acordo com o Parlamento Europeu, "autossuficiente, autorrealizado e autoaplicado", embora seja necessário incorporar nele a exigência de que "a lei local sempre prevaleça sobre a 'lei' inscrita no código".

"Os algoritmos que permitem sua criação [das blockchains] são inovações poderosas e disruptivas", diz a primeira frase de um relatório de 2016 do principal consultor científico do governo do Reino Unido. As blockchains "podem transformar a entrega de serviços públicos e privados e aumentar a produtividade por meio de uma ampla gama de aplicativos". Em particular, o relatório propôs o uso da tecnologia blockchain para melhorar os serviços governamentais, reduzindo custos, dando suporte à conformidade e fomentando a responsabilidade. Também ajudaria a coletar impostos, pagar benefícios e tornar mais fluidas as interações com os cidadãos.

Repúblicas Digitais

Se você quiser ver como será a interação entre os cidadãos e seu governo em 2030, visite a Estônia, lar do governo eletrônico mais avançado do mundo, tanto que ela se apresenta ao mundo como "e-Estônia". Os cidadãos deste pequeno país de 1,3 milhão de habitantes podem solicitar benefícios, obter receitas médicas, abrir suas empresas, votar e acessar quase 3 mil outros serviços digitais do governo de forma online. A revista *Wired* chamou a Estônia de "a sociedade digital mais avançada do mundo". Ao escrever para a *New Yorker*, Nathan Heller a apelidou de "República Digital", dizendo que "seu governo é virtual, sem fronteiras, baseado em blockchains e seguro". Ele se refere a ela como "um esforço governamental coordenado, para transformar o país, de um Estado em uma sociedade digital".

O modelo da Estônia tem muitos imitadores em potencial. O governo autônomo catalão procurou aprender com a Estônia como estabelecer estruturas estatais enxutas e digitalizadas como parte de sua tentativa fútil de se tornar um Estado-nação independente — um esforço em contradição direta com o que os estonianos realmente estão tentando fazer, que é ir além das antigas concepções de "Estado". É evidente que o país possui um programa de "'residência' digital, que permite a estrangeiros conectados que consigam acessar alguns serviços da Estônia, como bancos, como se estivessem morando no país", certamente uma conveniência para alguns usuários e uma fonte de receita para a Estônia, mas potencialmente também a fonte de muitos riscos imprevistos. Os estonianos estão, de fato, criando o primeiro país virtual sem fronteiras, pós-moderno. Até agora, quase 30 mil estrangeiros solicitaram a residência eletrônica. A Estônia inovou ao pensar nas aplicações laterais da blockchain em toda a economia e sociedade.

Como acontece com os pagamentos móveis e a agricultura urbana, alguns países africanos, incluindo Gana e Quênia, estão na vanguarda dos esforços globais para aproximar o governo das pessoas por meio da tecnologia. De acordo com o Banco Mundial, "o projeto eGhana representou um pioneirismo para projetos de TIC [tecnologia da informação e comunicação], com o objetivo de reduzir a burocracia e aproximar os serviços do público, que está sendo replicado em vários países africanos". Uma equipe de pesquisa independente avaliou os esforços do Quênia e concluiu que o país "criou um ambiente político, jurídico e comercial favorável, adequado à implementação do... governo eletrônico", trazendo benefícios como "redução da burocracia, acessibilidade ininterrupta aos serviços, transações rápidas e convenientes, maior transparência e responsabilidade, maior produtividade da equipe e fácil fluxo de informações". Gana e Quênia continuam na vanguarda com relação ao uso da tecnologia da informação, especialmente nas áreas de saúde, dinheiro móvel e administração pública. A questão do abismo digital permanece, no entanto. "Existe um grupo de pessoas nas áreas rurais que são desprovidas de privilégios por não terem habilidades e infraestrutura para acessar os serviços online oferecidos pelo governo", segundo o estudo.

Os governos estão capitalizando um recurso central da blockchain. Como acontece no mundo dos negócios, "o fato de os dados na blockchain serem imutáveis... fornece transparência e responsabilidade", argumenta o estudo do Parlamento Europeu. Contanto que a privacidade e a proteção de dados sejam garantidas, a blockchain poderá facilitar a vida dos cidadãos e simplificar os trabalhos dos funcionários do governo — embora talvez deixando alguns deles redundantes, como veremos em breve. Assim como na votação, os mais instruídos e aqueles com acesso mais fácil à internet podem se beneficiar mais, situação que só pode ser superada com renovados esforços de inclusão digital.

"Uma Solução Blockchain Para o Controle de Armas"[5]

Esse é o título de um artigo publicado em novembro de 2017 por Thomas Heston, professor de saúde pública na Universidade Estadual de Washington, propondo outra aplicação lateral da blockchain. "A tecnologia blockchain pode ser utilizada para melhorar o controle de armas sem alterar as leis existentes", ele escreveu, observando que "com um melhor rastreamento das armas e uma melhor triagem dos indivíduos de alto risco, esse avanço tecnológico... melhorará as verificações de antecedentes dos indivíduos e o rastreamento de armas usadas em crimes". Ele pensou, inocentemente, que "um cofre digital para armas baseado em blockchain melhoraria a implementação das leis sobre armas existentes, mantendo a privacidade e melhorando o controle de armas".

A realidade é que os Estados Unidos carecem de um registro centralizado de armas, o que limita seriamente a capacidade da polícia de prevenir e investigar crimes em um país com 4,5% da população mundial, mas com 42% das armas de propriedade civil. Os defensores dos direitos das armas não confiam na posse desse banco de dados pelo governo federal. "Qual é a solução natural para a centralização do registro? É a descentralização do registro", disse Luke Strgar, estudante de ciência da computação da Universidade da Califórnia em Berkeley. "É construir uma plataforma em que os registros podem ser mantidos pela comunidade de proprietários de armas, por assim dizer." Seu objetivo é encontrar uma solução que possa agradar aos dois lados do debate sobre controle de armas.

5 NT: "A Blockchain Solution to Gun Control", em tradução livre.

Até agora, porém, não houve sucesso — exceto que o *lobby* dos direitos pró-armas parece estar profundamente preocupado. Vários legisladores pareciam tão alarmados com a ideia que decidiram agir. Em abril de 2017, o Arizona aprovou uma lei proibindo o uso de qualquer tipo de aplicativo blockchain para rastrear armas, o primeiro estado a fazê-lo. Nick Schroer, um representante do estado de Missouri que patrocinou um projeto semelhante no final daquele ano, argumentou que "os membros do legislativo ainda estão incrivelmente desconfortáveis com o pensamento de ter um terceiro ou um 'big brother' monitorando quantos tiros você dispara em diferentes momentos". A promessa da tecnologia blockchain para o controle de armas continua sendo impedida, assim como outras tentativas de controlar a disponibilidade de armas em todos os Estados Unidos.

Tokens Contra a Pobreza

Ao escrever para a *MIT Technology Review*, Mike Orcutt observou que "Satoshi Nakamoto inventou a blockchain de bitcoin como uma maneira de as pessoas fazerem transações financeiras sem a necessidade de recorrer a bancos ou governos", e acrescenta, "É irônico que um dos maiores incentivadores de blockchains do mundo... é o Banco Mundial". O Banco Mundial está usando a blockchain para permitir aos doadores que vejam como seu dinheiro está sendo usado para promover a educação. Também lançou um título baseado em blockchain para arrecadar US$80 milhões para iniciativas de desenvolvimento sustentável. O Banco Mundial arrecada US$60 bilhões anualmente na forma de títulos para financiar projetos de desenvolvimento, e a blockchain pode reduzir o número de intermediários necessários nesse processo de captação de recursos e garantir que a maior parte do dinheiro arrecadado realmente beneficie as pessoas no local. A tecnologia também pode ajudar os municípios carentes, simplificando seus procedimentos de coleta, cobrança e pagamento de impostos.

Um grande impedimento ao desenvolvimento econômico é a falta de acesso da maioria das pessoas no mundo ao setor financeiro formal. Em partes da África e do sul da Ásia, menos de 5% da população e apenas metade das micro e pequenas empresas possuem uma conta bancária. A Fundação Bill e Melinda Gates lançou o Level One Project[6] como parte de seu programa Financial Services for the Poor[7], com o objetivo de criar sistemas nacionais de pagamentos digitais baseados na blockchain. Ao contrário dos pagamentos feitos pelos telefones celulares nos sistemas existentes, a blockchain permitiria a pessoas e pequenas empresas que movimentassem dinheiro, independentemente da empresa de telecomunicações da qual fossem assinantes. "Meu sonho é que toda a África seja uma grande plataforma de pagamento interoperável", diz Kosta Peric, líder do projeto.

Na Somália, um caso de "Estado falido", quase 60% da população é nômade ou seminômade. Mesmo assim, as plataformas de pagamento móvel se tornaram populares. Nove em cada dez somalis com 16 anos ou mais possui um telefone celular, e sete em cada dez usam seu telefone para realizar pagamentos móveis pelo menos uma vez por mês. Como o país não possui um sistema bancário operacional, os somalis não têm alternativa senão aderir aos pagamentos móveis. A desvantagem é que o sistema também é usado para lavagem de dinheiro e financiamento do terrorismo. A responsabilidade e rastreabilidade limitadas dos telefones celulares podem ser melhoradas com um registro descentralizado baseado em blockchain.

Salvando o Planeta

Em 2018, uma baleia azul de 15 metros foi arrastada para a costa atlântica do Chile. Gabriela Garrido, pesquisadora do Museu de História Natural Río Seco, observou, incrédula, as pessoas escalarem o mamífero morto para tirar *selfies* e grafitar seu corpo, o que se tornou uma história viral em todo o mundo. Alessandro Roberto, ativista de espécies ameaçadas de extinção em Porto Rico, pergunta: "Como podemos proteger essas espécies dos seres humanos?" A ONG ugandense Care for the Uncared[8] está usando a tecnologia blockchain para rastrear, marcar e proteger espécies ameaçadas,

---

6 NT: iniciativa que fornece uma estrutura para os países nivelarem as condições de concorrência nos serviços financeiros por meio da criação de uma única troca nacional de pagamentos digitais.

7 NT: programa que apoia parceiros do governo e do setor privado em um esforço compartilhado para estabelecer serviços financeiros para os mais pobres do mundo, a fim de construir vidas mais prósperas e seguras para si, suas famílias e suas comunidades.

8 NT: Cuidar dos negligenciados, em tradução livre.

como a baleia azul, o tigre indiano, a lontra-do-mar, o elefante asiático e o panda gigante. "Este registro seria acessível ao público do bloco", diz Bale Kabumba, porta--voz da organização. "Isso mudará a maneira como nos comportamos e interagimos com a natureza. Esse registro poderia ajudar a entender os fatores determinantes na extinção de espécies." A Care for the Uncared também está lançando uma plataforma de bitcoin para obter doações.

Em combinação com a Internet das Coisas, composta de chips e sensores interconectados, as blockchains também podem ajudar na proteção ambiental. Uma proposta potencialmente importante é incentivar o comportamento ambientalmente consciente por parte de empresas e indivíduos, permitindo a eles que transformem créditos de carbono em tokens digitais, que podem ser negociados em uma bolsa.

A blockchain também pode ser usada para beneficiar o meio ambiente de outras maneiras, se pensarmos lateralmente. Por exemplo, ela pode ajudar a facilitar o processo de venda da energia solar excedente gerada pelos proprietários, sem a incômoda burocracia envolvida no trato com a sua concessionária local. A startup europeia We Power propõe "tornar esse poder negociável e acessível a qualquer pessoa" por meio de uma rede ponto a ponto, escreve Ben Schiller na *Fast Company*. "Está dando mais controle às pessoas". Nick Martyniuk, um de seus cofundadores, argumenta que "a natureza cada vez mais descentralizada da produção de energia verá a grade se tornar mais descentralizada e a natureza da *blockchain* significa que os dois empreendimentos andam de mãos dadas."

A Energi Mine, outra startup, usa a blockchain para fornecer às pessoas "estrelas douradas" na forma de tokens, se elas reduzirem suas pegadas de carbono usando transporte público, substituindo seus aparelhos antigos por outros mais eficientes ou melhorando o isolamento térmico de suas casas. "Como [os tokens] têm um valor de mercado, eles podem ser resgatados para pagamento de contas de energia, recarga de veículos elétricos, ou podem ser trocados por moedas 'regulares' (não digitais)", informou a *Forbes*. Outras startups estão criando blockchains para ajudar as empresas a gerenciar seus créditos de carbono, para que possam ser negociadas mais facilmente. Os créditos de carbono impõem um preço sobre as reduções nas emissões de carbono, mas "sem uma contabilidade universal, não é fácil rastrear quanto carbono você usou ou — se você o compensar — qual o impacto da sua redução em um nível concreto", diz Lisa Walker, CEO da Ecosphere+. Tanto empresas quanto governos poderão monitorar o tamanho da pegada de carbono que seus produtos e serviços produzem. Os consumidores poderiam, então, entender as consequências ambientais de suas escolhas. "Com milhões de microtransações em expansão para causar um enorme impacto coletivo", argumenta Walker, "a blockchain poderia contribuir muito para impedir a mudança climática".

Mas há um lado sombrio no uso das tecnologias da informação para salvar o planeta — elas são as principais contribuidoras para as mudanças climáticas. As previsões indicam que, em 2030, mais de 20% da eletricidade será usada para alimentar a infraestrutura de informações e telecomunicações, informou a *Nature*. "Os centros de dados contribuem com cerca de 0,3% nas emissões globais de carbono, enquanto o ecossistema de tecnologia da informação e comunicação (TIC) como um todo — sob uma ampla definição, que abrange dispositivos digitais pessoais, redes de telefonia móvel e televisões — responde por mais de 2% das emissões globais. Isso coloca a pegada de carbono das TIC em pé de igualdade com as emissões de combustível da indústria da aviação." E isso nem está levando em conta o aumento previsto no comércio de criptomoedas, que tem um consumo extremo de energia. "Somos uma sociedade com muita fome de dados, estamos usando cada vez mais dados e tudo isso está usando cada vez mais energia." Mais de um terço do tráfego de dados nos Estados Unidos está ligado ao streaming da Netflix, e uma fatia semelhante está relacionada ao compartilhamento de fotografias de alta definição. A pegada de carbono só pode ser atenuada se houver um compromisso de ser ecológico. As maiores empresas digitais norte-americanas operam seus centros de dados principalmente com energia solar e eólica. Até agora, no entanto, esse não é o caso na China.

Os Tokens Acabarão Com o Setor Bancário (e Com Outras Indústrias Também)?

"O Vale do Silício está chegando", escreveu Jamie Dimon em sua carta anual de 2015 aos acionistas da JPMorgan Chase. "Existem centenas de startups com muito cérebro e dinheiro trabalhando para criar várias alternativas aos bancos tradicionais." Milhões de empregos no setor bancário estão em risco por causa da automação e do uso da blockchain. "À medida que os computadores se tornam mais inteligentes, não precisamos mais dos humanos como intermediários", argumenta Amy Webb, fundadora do Future Today Institute. "As profissões cuja base está nas transações serão interrompidas pelas máquinas — não há dúvida. E isso vai acontecer rápido." Especialistas observam que, entre os bancos, serviços bancários e banqueiros de hoje, apenas um deles sobreviverá à revolução da blockchain. Os bancos estão ameaçados por causa da tecnologia blockchain em sua área administrativa e porque as gerações mais jovens preferem usar aplicativos, enquanto os empregos dos banqueiros podem ser robotizados, como atesta a tendência de "aconselhamento robótico". Os serviços bancários podem acontecer no futuro sem bancos ou banqueiros.

O impacto das blockchains no mercado de trabalho será tão profundo quanto o da robótica, conforme discutimos no Capítulo 6, precisamente porque muda as regras do jogo. Historicamente, o capitalismo liberal, baseado em leis contratuais e registros, deu origem a muitos tipos diferentes de ocupações, que atuam como intermediários para lidar com diversos aspectos de transações econômicas e financeiras, como comércio, compensação, verificação, cumprimento, liquidação, e manutenção de registros. Essas ocupações empregam dezenas de milhões de pessoas em todo o mundo. Uma blockchain pública descentralizada e distribuída, *online* e acessível a todos, levaria muitos dos intermediários a sair do mercado, simplesmente desviando-se deles. O setor de serviços financeiros, incluindo alguns empregos bem remunerados, pode ser alterado para sempre.

Smart contracts baseados em blockchain, como os mencionados anteriormente neste capítulo, podem tornar redundantes legiões de advogados e contadores. As matrículas nas faculdades de direito dos EUA caíram 29% desde 2010, em parte devido a soluções de inteligência artificial para descoberta de documentos que, em parte, contribuíram para um excedente de advogados humanos, uma tarefa anteriormente desempenhada por jovens advogados. Os smart contracts podem dar uma abocanhada adicional no mercado de trabalho jurídico, embora alguns especialistas discordem. "Advogados se preocupavam em perder seus empregos para robôs; na verdade, você está fazendo algo que é, em sua maioria, complementar a um smart contract", alerta Nick Szabo, cofundador da empresa de ativos criptográficos Global Financial Access. "Os smart contracts estão tornando possível realizar o que nunca foi feito antes." Para ele, "a lei tradicional é manual, local e muitas vezes incerta", enquanto "as blockchains públicas são automatizadas, globais e previsíveis em suas operações".

Os empregos na área de contabilidade serão severamente afetados pela blockchain. Segundo o Statista, havia cerca de 1,3 milhão de pessoas empregadas como contadores ou auditores nos Estados Unidos em 2018. Alguns serviços de baixo nível, como reconciliação de contas, confirmações, contas a receber e contas a pagar, podem ser gerenciados pela blockchain em vez de pessoas. Outras tarefas, como auditoria, certificados e relatórios fiscais, podem ser executadas com mais eficiência com o auxílio de uma blockchain, embora ainda precisem de contadores e auditores. "Blockchain é um tópico que inspira partes iguais de medo e entusiasmo entre profissionais de contabilidade", observou o *Accounting Today*, "mas não precisa ser algo que fique desconhecido para sempre."

A blockchain mudará o mundo de 2030, pois eliminará muitos registros e grandes quantidades de papel — e empregos.

Um Futuro Composto de Blockchains e Criptomoedas?

Tudo começou com a transformação de dinheiro em tokens criptografados. Por mais importantes que as moedas digitais possam ser em 2030, as aplicações potenciais da blockchain em campos tão diversos quanto serviços governamentais, propriedade intelectual, transações comerciais, regulamentação de falsificação, controle de armas, alívio da pobreza e proteção ambiental, para citar apenas alguns, são tentadoras, e todos elas são produtos do pensamento lateral. Eu afirmo que as criptomoedas vão capturar a imaginação de um grande número de usuários — e talvez reguladores — apenas se transformarem a maneira como pensamos sobre o dinheiro e como o usamos, se abrirem novos horizontes e possibilidades, não apenas para fazer negócios ou gerenciar nossas finanças pessoais, mas para melhorar nossas vidas. Se as moedas digitais simplesmente substituírem o dinheiro, podemos ficar desapontados. Mas se pudermos acabar com os altos custos de movimentação do dinheiro e, ao mesmo tempo, incentivar as pessoas a preservar recursos ou diminuir sua pegada de carbono, poderemos testemunhar uma mudança tectônica no mundo das finanças — e salvar o planeta ao mesmo tempo. O truque será vincular a adoção de criptomoedas a alguma mudança comportamental desejável. As pessoas precisam receber algum benefício imediato (como facilidade de uso ou custo reduzido por transação), além do benefício a longo prazo para todos na sociedade (uma redução nas emissões de carbono). Por exemplo, os juros pagos pelas minhas participações em criptomoedas devem ser maiores se eu reduzir meu comportamento esbanjador com relação a alimentos e roupas, compartilhando esses itens em uma plataforma digital.

Como pretendi mostrar ao longo deste livro, no entanto, forças demográficas, geopolíticas e tecnológicas estão em movimento, gostemos ou não, e estão intimamente entrelaçadas. A forma como lidamos com elas será um dos testes definidores deste novo mundo que está por vir.

CONCLUSÃO

Dicas e Truques para Sobreviver a 2030

Se você luta contra [as tendências externas], provavelmente está lutando contra o futuro. Aceite-as e você será recompensado com ventos favoráveis.

— Jeff Bezos, fundador e CEO da Amazon

Em 2019, uma equipe de cientistas chocou o mundo ao anunciar que havia produzido a primeira evidência fotográfica de um buraco negro, mais de cem anos depois de Einstein ter proposto sua teoria da relatividade geral pela primeira vez, em 1915. O instantâneo era, na verdade, uma imagem composta feita de inúmeras fotos tiradas ao longo de um período de quatro dias, de uma rede internacional de oito radiotelescópios. "Vimos o que pensávamos ser invisível", proclamou Sheperd Doeleman, o astrofísico que liderou o esforço.

Ver o invisível tem sido minha missão neste livro — o esforço para visualizar um buraco negro metafórico, se preferir, de um mundo emergente refeito pela mudança demográfica, pelo aquecimento global, pela disrupção tecnológica e pela desordem geopolítica. Estamos condenados?

Nenhum de nós pode prever o futuro, mas podemos abordá-lo com sabedoria. Para fazer isso, devemos pensar lateralmente, continuamente. A seguir, há sete princípios que mostram como fazer isso, que explorarei em detalhes posteriormente:

1. Afaste-se da margem
2. Diversifique com propósito
3. Para ter sucesso, comece pequeno

4. Antecipe becos sem saída
5. Aborde com otimismo a incerteza
6. A escassez não é assustadora
7. Aproveite a corrente

Afaste-se da Margem

"Não se pode nadar para novos horizontes", escreveu William Faulkner uma vez, "sem ter a coragem de perder o litoral de vista." O medo do desconhecido impede que as pessoas aproveitem as oportunidades incorporadas nas transformações maciças que virão em 2030 e além. Deixe-me ilustrar esse pensamento com a conquista espanhola do México, uma das missões mais perigosas e improváveis de todos os tempos. Depois que o cruel Hernán Cortés desembarcou em Veracruz, em 1519, a caminho da capital asteca de Tenochtitlán, onde hoje é a atual Cidade do México, ele ordenou que seus onze navios fossem afundados. Ele queria garantir que nenhum de seus mais de duzentos homens tentasse "retornar a Cuba", segundo um de seus soldados. Ele queria que eles "confiassem em nossas próprias boas espadas e corações fortes".

O soldado-cronista era Bernal Díaz del Castillo, nascido não muito longe da minha cidade natal, no noroeste da Espanha. Ele partiu para as Américas em 1514, aos 18 anos, e escreveu sobre suas muitas aventuras ao longo de sua vida. Seu relato revela como Cortés, com apenas uma compreensão superficial do terreno, tanto física quanto politicamente, mobilizou suas tropas contra adversidades avassaladoras. Cortés desobedeceu às ordens diretas de Diego Velázquez de Cuéllar, governador de Cuba, de dar meia volta e voltar à segurança. Velázquez "enviou dois de seus servos o mais rápido possível... com ordens e autoridade para cancelar a nomeação de Cortés, deter a frota, prender Cortés e enviá-lo como prisioneiro para Santiago", segundo relato de Díaz del Castillo.

Mas Cortés não era um tolo imprudente. Ele estava sempre jogando com caminhos laterais de ação que lhe permitiam encobrir seus rastros, caso o empreendimento falhasse. "A questão de destruir os navios, que sugerimos a Cortés durante nossa conversa", escreveu Díaz del Castillo, "já havia sido decidida por ele, mas ele queria que parecesse que a ideia tivesse partido de nós para que, se alguém lhe pedisse para arcar com o prejuízo relacionado à perda dos navios, ele pudesse dizer que havia agido de acordo com nosso conselho e que todos estaríamos implicados em seu pagamento." Sua barganha ousada valeu a pena. Ele chegou a Tenochtitlán em 8 de novembro de 1519, quase um ano depois de partir de Cuba. Após uma série de conflitos, decepções e intrigas, a varíola fez sua aparição fatídica e o Império Asteca entrou em colapso, em agosto de 1521.

O crescimento populacional na África, a imigração, a automação ou as criptomoedas atingem a maioria dos norte-americanos como acontecimentos traiçoeiros, repletos de desafios e ameaças. Algumas dessas preocupações podem não ser infundadas, mas o medo delas mais impede do que permite a adaptação a novas circunstâncias. A lição de Cortés é superar o medo olhando para o futuro, afastando-se da margem. Em vez de presumir que os imigrantes competem por empregos, uma dose de pensamento lateral revela suas muitas contribuições para a economia; em vez de nos sentirmos pessimistas em relação ao futuro da África, podemos formar parceria com eles para educar os 450 milhões de bebês que nascerão lá antes que a década termine. As forças por trás da automação e das criptomoedas parecem avassaladoras, mas talvez possamos aceitar a realidade da disrupção tecnológica, abraçar a inovação e garantir que ninguém seja deixado para trás.

Diversifique com Propósito

Em meio à incerteza, o medo leva as pessoas a diversificar — diluir sua exposição à ameaça percebida. É o velho ditado sobre não colocar todos os ovos em uma única cesta. Investidores, gerentes e aqueles de nós que têm a sorte de ter um fundo de pensão usam essa dica diariamente para navegar pelas águas turbulentas de um mercado incerto. Mas o princípio é útil em muitas outras circunstâncias, desde que se diversifique com propósito.

Considere o caso da Lego, uma empresa cujos produtos hipnotizaram gerações de crianças e adultos. Nos anos 1990, essa empresa familiar sediada em uma pitoresca vila dinamarquesa estava sofrendo com o sucesso dos videogames e outros tipos de brinquedos eletrônicos. Ela decidiu se reinventar como uma empresa de "estilo de vida", aventurando-se em roupas, joias e relógios da marca Lego. Eles também fundaram sua própria empresa de videogames e uma divisão de parques temáticos. Todos os esforços falharam miseravelmente. Um novo executivo-chefe nomeado em 2001, Jørgen Vig Knudstorp, mudou de rumo, voltou ao mercado e se comprometeu novamente com a diversificação, desta vez com propósito. Funcionou. As vendas dispararam a tal ponto que a Lego se tornou a maior empresa de brinquedos do mundo, superando a Hasbro e a Mattel. Foi apelidada de "a Apple dos brinquedos". O que eles fizeram de diferente?

A diversificação falha se você perder de vista seu público — e aquilo que lhe deu um trunfo no início de tudo. Fundada em 1932, a Lego começou a fabricar seus tijolos de plástico exclusivos em 1949, depois que o filho do fundador, Godtfred Christiansen, aprimorou um "tijolo de construção autotravante" existente. A empresa solicitou uma patente dos EUA para seu brinquedo em 1958. A ideia básica por trás disso era a compatibilidade. "Antes da Lego, realmente não havia um sistema de brinquedos que funcionassem juntos", escreve Will Reed, professor de matemática, escritor e entusiasta de Lego. "A versatilidade desse sistema permite que o usuário construa praticamente tudo o que sonhar: dinossauro, carro, edifício, até algo que só existe no mundo do amanhã." A ideia foi altamente dinâmica. "Apenas seis tijolos produzem mais de 915 milhões de combinações possíveis", escreveu David Robertson no livro *Brick by Brick: How LEGO Rewrote the Rules of Innovation and Conquered the Global Toy Industry*[1]. A Lego redefiniu o mundo dos brinquedos e jogos. "Trata-se de resolução de problemas. Trata-se de colaboração. Trata-se de adquirir habilidades que os ajudarão a ser mais fortes e mais bem-sucedidos no mundo", diz Julia Goldin, diretora de marketing da empresa. "Acreditamos que temos um papel enorme a desempenhar na vida das crianças em termos de desenvolvimento."

A Lego percebeu que a fórmula para o sucesso sustentável era preencher a lacuna entre gerações, um ponto de aprendizado fundamental para 2030. Eles seguiram com *action figures* edificáveis, jogos de tabuleiro e filmes e séries em estilo familiar, como *Uma Aventura LEGO, Lego Star Wars, Lego Batman* e *Lego Ninjago*. "Independentemente de idade ou habilidade, qualquer um pode pegar peças de Lego e deixar sua imaginação correr solta", observa John Hanlon, produtor de TV que lançou o YouTube da Lego junto com seu irmão Joshua, em 2011. "A Lego reúne jovens e idosos para uma diversão saudável e não eletrônica."

Mas há uma maneira mais profunda na qual devemos diversificar com propósito, a fim de prosperar após 2030. "As ideias são como coelhos", escreveu John Steinbeck. "Pega-se um casal para cuidar, e logo se tem uma dúzia." Nesse sentido, a mais ousada diversificação da Lego teve a ver com suas fontes de inspiração — algo que todos precisaremos abordar no futuro. Eles têm quase um milhão de adultos na sua

1 NT: sem tradução para o português.

comunidade online, a Lego Ideas. Foi assim que eles incorporaram a revolução digital em seus negócios — envolvendo os usuários, em vez de mudar seus produtos. A Lego está confiando na "sabedoria das multidões", parafraseando James Surowiecki, que usou o termo como o título de seu livro mais vendido. "Se você deseja atuar em um mundo que está em constante disrupção", diz Lars Silberbauer, diretor de mídia social e vídeo da Lego, "você precisa ter muitas perspectivas diferentes sobre o que está fazendo no momento." Eles implementaram uma variante do financiamento coletivo para capacitar seus clientes a definir os desejos e as necessidades do principal público da Lego.

Enfrentar 2030 exige que abramos nossas mentes para uma infinidade de novas ideias. É simplesmente enganoso acreditar que seguir nossas antigas crenças e formas de agir nos ajudará a navegar pelas implicações do aumento sustentado da expectativa de vida, do envelhecimento da população e da inteligência artificial. Quando existem tantos elementos móveis no mundo, "comprovado pelo tempo" significa, na verdade, "desatualizado". Daí a necessidade de acolher novas perspectivas sobre como, digamos, reinventar a aposentadoria ou as descrições de empregos na era da máquina inteligente.

Para Ter Sucesso, Comece Pequeno

Outra crença contraproducente ao lidar com mudanças em larga escala é que o sucesso deve advir de grandes movimentos. Quando somos assolados pelo medo, tendemos a reagir exageradamente. A Apple — a primeira empresa a atingir uma avaliação de mercado de US$1 trilhão — ilustra que começar com pequenas ideias e avançar gradualmente por meio de iterações e pensamentos laterais repetidos a cada passo é uma abordagem muito melhor do que tentar uma grande inovação. A Apple é a empresa que causou a disrupção de tudo, de computação e telecomunicações a música e entretenimento, trazendo-nos uma série de engenhocas que não podemos mais dispensar. E, no entanto, sua abordagem se baseia em pequenas mudanças incrementais nos produtos e serviços existentes, sempre procurando novas combinações, permutações e conexões laterais. Em um ensaio da *New Yorker* intitulado "The Tweaker"[2], Malcolm Gladwell reflete sobre a biografia de Steve Jobs escrita por Walter Isaacson, observando que Jobs não inventou o reprodutor de música digital, o smartphone ou o tablet. Em vez disso, ele os tornou melhores, "forçando os de-

2 NT: Uma pessoa que faz ajuste atrás de ajuste.

senvolvedores a fazer outra versão, e depois outra, cerca de vinte iterações ao todo, insistindo em um pequeno ajuste após o outro". A Apple, essencialmente, promete a seus clientes que seus produtos melhorarão continuamente ao longo do tempo. Cada melhoria incremental é conduzida não por um grande plano, mas antecipando novas mudanças tecnológicas e de mercado e agindo de acordo com a resposta dos clientes. É como um ciclo de respostas contínuo entre projeto e realidade. Jobs sabia que a melhor maneira de lidar com um cenário em rápida mudança não é planejar antecipadamente todos os movimentos, mas estar alerta para saber como melhorar as coisas ao longo do caminho.

A abordagem incremental pode não funcionar para você, a menos que esteja aberto a reconhecer quando e onde errou. Fique atento à resposta que não se encaixa no seu modelo de realidade, leve-a a sério e mude de rumo nesse sentido. Isso é chamado de "atualização dos seus antecedentes" — estando disposto a incorporar novas informações à medida que você prossegue.

Pense em como é problemático continuar teimosamente no mesmo caminho, mesmo diante de evidências de que o que você está fazendo não está funcionando. Essa abordagem pouco eficaz é chamada de "escalada de comprometimento", termo cunhado pelo psicólogo de Berkeley, Barry Staw. Em termos simples, isso significa que, quando confrontado com resultados negativos, você dobra a aposta na tomada de decisões — por meio da racionalização ou da autojustificativa — mesmo que isso leve apenas a resultados mais negativos. A opção de mudar de rumo e, assim, produzir um resultado desejável, nunca passa pela sua cabeça. Ela cai diretamente no seu ponto cego.

Um grande exemplo dos perigos da escalada de comprometimento sem mudar de rumo é a longa série de intervenções estrangeiras fracassadas no Afeganistão. Os britânicos, os soviéticos e os norte-americanos intensificaram seu envolvimento neste vasto e acidentado país da Ásia Central, apesar do conselho do duque de Wellington, o gênio militar que derrotou Napoleão em Waterloo, levando a ilustre carreira do francês ao seu fim. Wellington observou que, no Afeganistão, "um pequeno exército seria aniquilado e um grande morreria de fome". Todos os exércitos que invadiram o Afeganistão ignoraram esse conselho. Enquanto as guerras continuavam indefinidamente sem fim à vista, os invasores comprometiam cada vez mais tropas, sem sucesso. Nenhum poder externo foi capaz de subjugar esse complicado país, porque eles se mantiveram obstinadamente em uma derrotada linha de ação. Os generais sucumbiram a um dos erros mais básicos que um jogador pode cometer no cassino, ao pensar que, perseverando, é possível acabar com uma série de derrotas. Mesmo se você perder dez vezes seguidas, jogando no vermelho na roleta, não há garantia de que a roleta cairá no vermelho na próxima vez que for girada. À medida que 2030 se aproxima, não presuma que a escalada funcionará. Grandes mudanças exigem adaptação incremental, não obstinação.

Antecipe Becos sem Saída

Movimentos laterais e correções incrementais de curso não podem ocorrer se você estiver em um beco sem saída, contra a parede — uma situação que tende a provocar medo. Ao manter em aberto suas opções, você garante a adaptação conforme as regras do jogo. Esse princípio contraria a sabedoria convencional apresentada em muitos pensamentos e práticas de liderança e em inúmeros livros que fornecem conselhos para situações da vida cotidiana. Por exemplo, a manchete de um artigo da *Fast Company*, de 2011, foi "Por que manter em aberto suas opções é uma ideia muito, muito ruim"[3]. Eu diria que mantê-las em aberto é uma ideia muito, muito boa. E se você estiver enfrentando uma incerteza esmagadora? E se você não tiver certeza das implicações das mudanças demográficas, econômicas e tecnológicas em larga escala? Manter em aberto suas opções não é uma maneira razoável de prosseguir quando você não pode ter certeza sobre as coisas, quando não se consegue fazer suposições seguras sobre o futuro estado do mundo? Você não prefere ser capaz de mudar de direção se seus antecedentes sobre o futuro estiverem errados?

A ideia de que ter opções é prejudicial faz referência à pesquisa do professor de psicologia de Harvard, Dan Gilbert, que demonstrou que decisões reversíveis resultam em níveis mais baixos de satisfação. Aparentemente, os humanos estão sempre tentando descobrir se fizeram a escolha certa, o que desperdiça suas energias e os leva a pensar se estão no caminho certo. Manter suas opções em aberto resulta em menor desempenho, porque seu compromisso com qualquer uma delas não está firmado.

Será mesmo?

Deixe-me ilustrar como o "pensamento de opções" funciona com um exemplo da minha infância. Minha família costumava passar a maioria dos verões na casa de nossos avós. Quando os adultos nos deixavam sozinhos em casa, convidávamos nossos primos e as crianças do bairro para brincar de esconde-esconde. Para tornar

3 NT: tradução livre do original em inglês "Why Keeping Your Options Open Is a Really, Really Bad Idea".

o jogo mais emocionante, brincávamos no escuro. Trinta ou quarenta crianças, com idades entre 5 e 15 anos, apagavam todas as luzes e começavam a brincar de esconde-esconde. Era assustador. Mas havia outra fonte de incerteza e medo que nada tinha a ver com a ausência de luz. As crianças mais velhas mudavam completamente as regras do jogo, perseguindo as mais jovens pela casa, assustando-as. A escuridão já era ruim o suficiente, mas as crianças mais novas ainda tinham que lidar com o verdadeiro terror.

Brincar de esconde-esconde com visibilidade limitada ou inexistente é uma metáfora para a situação de muitas pessoas que se assustam com o fato de serem pegos desamparados em uma economia em rápida mudança, sujeitos a ameaças desconhecidas. Pense em uma criança de 5 anos em pânico, com medo de ser pega pelas crianças mais velhas. Ela entra em uma sala, vai para o armário e se esconde lá. Inevitavelmente, a criança mais nova será encontrada e sofrerá um impiedoso ataque de cócegas proporcionado pelas crianças mais velhas, sem opção de escapar.

E se, para evitar esse destino, a criança recorresse aos consultores da McKinsey para aconselhamento, o que você acha que eles sugeririam?

Bem, há várias coisas que podem melhorar a situação da criança. A primeira é escolher uma sala grande em vez de uma pequena e, de preferência, com mais de uma porta. O próximo passo seria manter as portas abertas e ficar a uma distância igual de cada uma delas, não se esconder debaixo de uma mesa ou dentro do armário. Ao seguir essa cadeia de decisões, a criança maximizaria o valor de suas opções, enquanto se esconder dentro do armário reduziria essas opções a zero.

É isso que significa manter em aberto suas opções. Nunca tome decisões que o levem a um canto, sem uma rota de fuga. Nunca faça algo que impeça um movimento lateral. Evite tomar decisões irreversíveis ou caras de se reverter. Invista em opções reais, que são semelhantes às opções financeiras, pois aumentam em valor à medida que a maior incerteza se aproxima.

Vamos ouvir um consultor da McKinsey explicar a lógica. "As opções reais podem ser valiosas, porque permitem aos tomadores de decisão uma nova otimização ao longo do tempo, sem incorrer em custos irrecuperáveis substanciais", argumenta Hugh Courtney, diretor associado na prática estratégica da empresa. O truque consiste em superar o dilema do "tudo ou nada, agora ou nunca", reconhecendo que existem diferentes tons de cinza entre os extremos de não fazer nada e se jogar de cabeça. "As opções preservam a vantagem potencial que uma maior incerteza cria, enquanto limitam a desvantagem." De certa forma, o pensamento de opções é uma abordagem mais geral, que inclui o comprometimento com uma linha de ação, como um caso especial de uma gama mais ampla de opções. "Os melhores tomadores de decisão estratégicos", conclui Courtney, "devem, então, abordar sistematicamente as opções reais e as alternativas de comprometimento total, e 'manter em aberto suas opções' quando se tratar de decidir se devem ou não 'manter em aberto suas opções'." A lição aqui é que cada um de nós deve se concentrar em preservar nossas opções, listar as transformações à nossa frente, que nos pegam desprevenidos e nos fazem acabarmos presos a lugar nenhum.

Aborde a Incerteza Com Otimismo

"Todo dia é uma nova oportunidade", disse o lendário arremessador de beisebol, Bob Feller. "Você pode consolidar o sucesso de ontem ou deixar as falhas para trás e começar de novo." O medo do incerto é um estressor tão formidável que até atletas experientes são confrontados pela "ansiedade da competição", especialmente quando são perturbados por uma virada inesperada dos eventos em campo — talvez quando o adversário marca um ponto duvidoso ou quando um erro espontâneo os coloca na defensiva. Músicos e atores chamam isso de "medo do palco".

Como os atletas de elite e virtuosos da música, nos sentimos mais ansiosos com o nosso próprio futuro quando percebemos que perdemos o controle sobre o nosso ambiente. A ansiedade pelo fracasso nos induz a tentar evitar perdas, em vez de tentar obter vitórias. Esse fenômeno é chamado de "viés de aversão à perda", como vimos no Capítulo 1. Lembre-se de que esse viés leva as pessoas a preferir evitar as perdas do que obter ganhos equivalentes.

A conclusão é que quanto mais nos concentramos na oportunidade e não na desvantagem, maiores são nossas chances de nos adaptarmos com sucesso aos desafios de 2030. Como Winston Churchill disse uma vez: "O pessimista vê dificuldade em cada oportunidade, enquanto que o otimista vê oportunidade em cada dificuldade"[4]. As mudanças climáticas, por exemplo, parecem um problema difícil, mas todo problema apresenta uma oportunidade de ação.

4 NT: tradução livre do original em inglês "The pessimist sees difficulty in every opportunity, while the optimist sees opportunity in every difficulty".

A Escassez Não é Assustadora

Em 2030, teremos que enfrentar a escassez de água doce, ar limpo e terras acolhedoras. Talvez possamos aprender um ou dois truques laterais com as sociedades mais antigas, que tiveram que superar suas próprias crises ambientais significativas. Considere Rapa Nui, mais conhecida como Ilha de Páscoa, frequentemente mencionada como o lugar habitado mais remoto do mundo. Esse pequeno refúgio vulcânico de cerca de 163,6 quilômetros quadrados já foi o lar de uma civilização impressionante, de notáveis conquistas artísticas, religiosas e políticas, incluindo a construção de quase mil estátuas gigantescas, conhecidas como moai, a maior delas com mais de oitenta toneladas e medindo quase dez metros de altura.

A civilização Rapa Nui entrou em colapso depois de esgotar sua base de recursos, muito antes da chegada dos europeus, em 1722. "Os paralelos entre a Ilha de Páscoa e o mundo moderno são assustadoramente óbvios", escreve Jared Diamond em seu perspicaz livro best-seller, *Colapso — Como as Sociedades Escolhem o Fracasso ou o Sucesso*. "A Ilha de Páscoa polinésia estava tão isolada no oceano Pacífico como a Terra está hoje no espaço", sem possibilidade de fuga ou assistência externa. "Essas são as razões pelas quais as pessoas veem o colapso da sociedade da Ilha de Páscoa como uma metáfora, um cenário de pior caso, para o que pode estar à nossa frente em nosso próprio futuro."

A história convencional, apresentada por Diamond e outros, é motivada pela competição fanática entre uma dúzia de clãs territoriais na ilha. "O aumento no tamanho das estátuas ao longo do tempo sugere a competição entre chefes rivais, que encomendavam as estátuas para superar-se uns aos outros... Não posso resistir ao pensamento de que elas foram produzidas como uma demonstração de superioridade." A cadeia de argumentação de Diamond começa com o crescimento populacional e a criação de moais competitivos, seguidos pela derrubada de florestas para agricultura intensiva e para o transporte das estátuas, perdas de biodiversidade, declínio na produção de alimentos e, finalmente, "fome, a queda da população e o declínio ao canibalismo".

O antropólogo Terry Hunt e o arqueólogo Carl Lipo contam uma história diferente em seu livro *The Statues that Walked: Unraveling the Mystery of Easter Island*[5]. "Não foi uma obsessão imprudente pelos moais que acabou com a floresta da ilha e inclinou as escalas ecológicas em direção a uma catástrofe." As florestas foram

5 NT: sem tradução para o português.

destruídas não pelos seres humanos, mas principalmente pelos ratos que viajavam com eles em suas canoas quando colonizaram a pequena ilha. Eles não lutaram entre si, como indicado pela escassez de armas encontradas e a relativa escassez de esqueletos com evidências de violência. E eles se empenharam em criar inovações laterais para alimentar uma população crescente em um pedaço de terra tão árido. "Pouco a pouco, a ilha foi transformada em uma série interminável de jardins", cerca de 2.500 deles, cercados por paredes de proteção.

Independentemente de qual narrativa você ache mais convincente, o essencial é entender que essa civilização da Idade da Pedra floresceu, mas não porque eles tivessem acesso a recursos abundantes, pois isso nunca aconteceu. "A história de Rapa Nui não é de suicídio ecológico, mas de persistência e resiliência, na qual os ilhéus empregaram abordagens inovadoras." O verdadeiro enigma, então, não é o motivo pelo qual essa sociedade polinésia entrou em colapso, mas como eles conseguiram se sair tão bem ao longo de centenas de anos, em uma ilha pequena e isolada, sem recursos naturais significativos.

A capacidade de inovação do povo de Rapa Nui é mais bem exemplificada pelas técnicas por trás do projeto e do transporte dos enormes moais, sem rodas ou animais de tração. Pesquisas experimentais indicam que equipes de não mais de vinte pessoas podem fazer as estátuas "andarem" na vertical por quilômetros a partir da única pedreira da ilha, ao longo de estradas cuidadosamente construídas, usando cordas metodicamente para balançar lateralmente os monólitos de várias toneladas, como se fossem um pêndulo inverso. Muito provavelmente, eles não usaram madeira para trenós, rolamentos ou controles deslizantes.

Não é de surpreender que o aquecimento global represente atualmente a maior ameaça à cultura Rapa Nui. Os moais nas plataformas próximas à água correm o risco de serem inundados pelo aumento do nível do mar. "Você se sente impotente, por não poder proteger os ossos de seus próprios ancestrais", diz Camilo Rapu, líder da organização indígena que administra o Parque Nacional Rapa Nui. "Dói demais." Mas Sebastián Paoa, chefe de planejamento, é cautelosamente otimista. "Eles sabiam que seu ambiente estava desmoronando, mas isso não os impediu de persistir aqui", disse ele. "Acontece o mesmo com as mudanças climáticas hoje." Globalmente, a atual crise climática significa que teremos que nos virar com menos recursos e menos emissões de gás, mesmo com o consumo global da classe média e as cidades continuando a crescer.

Talvez o arqueólogo Paul Bahn e o botânico John Flenley tenham explicado melhor ao escreverem que há uma dupla mensagem na história de Rapa Nui. "Há uma lição para o nosso planeta, mas ao mesmo tempo há um exemplo esperançoso da capacidade dos humanos de inovar e superar as adversidades... Os ilhéus conseguiram se adaptar com sucesso às novas circunstâncias." A lição única de Rapa Nui, concluem Bahn e Flenley, não tem a ver com seu declínio, mas com o fato de que "a paz parece ter reinado por um milênio". Segundo o antropólogo Dale Simpson Jr., os diferentes clãs territoriais não pareciam estar em competição ou conflito entre si. Em vez disso, um "padrão contínuo de fontes mínimas/uso máximo sugere uma forma de colaboração", segundo a qual os clãs territoriais compartilham recursos conforme necessário. "Acho que isso contraria o modelo de colapso que diz que tudo o que eles estavam fazendo era competir para construir estátuas maiores", afirma Simpson.

Em sua busca pela sobrevivência, os rapanui chegaram a mudar sua cultura — algo que talvez tenhamos de fazer também. Eles mudaram de "uma religião baseada em ancestrais divinizados (um padrão típico da Polinésia) para uma única divindade, o criador da humanidade e deus da fertilidade Makemake, com a maioria dos rituais e cerimônias centradas na fecundidade e fertilidade, incluindo a fertilidade humana". A nova prática cultural incluía uma competição anual ou "corrida ritual pelo primeiro ovo" para selecionar o "homem-pássaro", que governaria o ano seguinte, uma maneira bastante pacífica e eficaz de lidar com uma base de recursos em declínio. Portanto, os ilhéus já haviam começado a se afastar da tarefa colossal e consumidora da criação de moais muito antes da chegada dos europeus. "Estima-se que nenhuma outra estátua, ou muito poucas delas, foram erigidas após 1500." A competição do homem-pássaro foi uma solução de governança para a distribuição dos escassos recursos entre os clãs territoriais, não muito diferentes dos propostos por Elinor Ostrom, a fim de superar a tragédia dos comuns. Talvez possamos concluir, com o geólogo David Bressan, que o Rapa Nui pré-histórico é um exemplo de "uma sociedade privada de muitas possibilidades futuras" — exatamente como a nossa.

Ao nos aproximarmos de 2030, nossa mentalidade deve ser a de evitar reduzir nossas opções, inovando e preservando nossas riquezas finitas. As adaptações mundanas e o pensamento lateral ajudarão bastante a deter as mudanças climáticas e outras ameaças globais se adotarmos comportamentos mais ecológicos.

Aproveite a Corrente

As regras do jogo continuam mudando. Embora a única resposta possível à mudança seja a própria mudança, não se pode responder com êxito a qualquer transformação — grande ou pequena — apenas tentando minimizar as perdas ou superando as escassezes, uma de cada vez, à medida que se manifestam. O sétimo e último princípio é nos tornarmos "surfistas" e nos organizarmos para enfrentar as ondas de mudanças demográficas, econômicas, culturais e tecnológicas, à medida que elas surgirem. No *Júlio César* de Shakespeare, Brutus expressou esse princípio em termos muito simples: "E devemos pegar a corrente quando ela atende, ou perder nossas aventuras."[6]

A importância de surfar a onda de mudança se manifesta em muitas áreas da economia e da tecnologia. Frequentemente nos perguntamos qual será o próximo grande negócio ou avanço tecnológico. No entanto, a história da invenção está repleta de exemplos de ideias cujo momento brilhante ainda não havia chegado porque não havia tendência para servir como um vento favorável. De fato, muitos empreendedores obtêm sucesso resgatando do esquecimento algum conhecimento ou dispositivo há muito esquecido, apenas para infundi-lo com uma vida nova anos, décadas ou mesmo séculos depois de sua primeira idealização ou descoberta. "Quando você observa a indústria da tecnologia por tempo suficiente", escrevem Ron Miller e Alex Wilhelm, "você começa a ver algumas das mesmas ideias recicladas. Talvez elas não tenham sido aproveitadas na primeira vez porque era muito cedo." A WebVan fracassou nos anos 1990 no negócio de entregas em domicílio, duas décadas antes de uma torrente de startups conquistar esse espaço; o smartphone IBM Simon, equipado com um teclado touchscreen, lançado em 1992, quinze anos à frente do iPhone; o conceito de "gestão de direitos de informação" surgiu alguns anos antes de a computação em nuvem se disseminar; o Tablet PC da Microsoft antecedeu o iPad em uma década; e a PointCast surgiu com a ideia de impor limites de caracteres ao tamanho das mensagens uma década antes do Twitter. "Só porque uma ideia não é original, não significa que não terá sucesso", concluem Miller e Wilhelm. "O mundo pode estar mais preparado para esses conceitos do que quando as primeiras empresas fizeram suas primeiras tentativas." Empresas precoces frequentemente definham, enquanto aquelas que esperam o momento certo são bem-sucedidas. "Nada é mais poderoso do que uma ideia que chegou no tempo certo", alertou Victor Hugo.

---

6 NT: tradução livre do original em inglês "And we must take the current when it serves, or lose our ventures".

* * *

Ainda não é tarde para se preparar para 2030. O primeiro passo indispensável é perceber que o mundo como o conhecemos vai irremediavelmente desaparecer em algum momento de nossa vida, provavelmente dentro de dez anos. Essa consciência deve conduzir ao desafio do conhecimento transmitido, em vez de continuar a honrar as suposições e os modos de pensar dos nossos antepassados. Em vez disso, busque conexões laterais, diversificando suas ideias, dando passos incrementais, mantendo em aberto suas opções, concentrando-se na oportunidade, considerando a escassez um incentivo e aproveitando os ventos favoráveis.

Não sobreviveremos aos desafios de 2030 a menos que mudemos nossa mentalidade tradicional, que é linear demais e vertical demais para nos ajudar. Não é tarde demais para se preparar para as transformações que vêm pela frente. O sucesso exigirá um equilíbrio delicado em torno de cada uma das sete dicas e truques laterais. E lembre-se: não há como voltar atrás. O mundo como o conhecemos está prestes a mudar e não voltará tão cedo a ser como antes, se é que algum dia voltará. As regras estão mudando — definitivamente.

"É um ótimo jogo — a busca da felicidade", escreveu o dramaturgo Eugene O'Neill.

Abrace 2030 e aproveite as oportunidades que virão.

POSFÁCIO

Como Um Evento Completamente Improvável Como a COVID-19 Afeta as Tendências Discutidas no livro 2030

Em 17 de novembro de 2019, o primeiro caso de COVID-19, uma doença infecciosa causada por uma nova cepa de coronavírus, foi detectado na província de Wuhan, na China. Em meados de março, o patógeno já havia se espalhado para mais de cem países, e a Organização Mundial da Saúde declarou esse fato como uma emergência global de pandemia. Até o momento da redação deste artigo (março de 2020), a escala da pandemia ainda não era totalmente conhecida, mas certamente afetará centenas de milhares, senão milhões de pessoas em todo o mundo. Seu impacto significativo nos mercados financeiro e de consumo já levou os governos a desenvolver políticas fiscais e monetárias drásticas para minimizar os danos. É bem possível que, quando o livro for publicado, uma prolongada recessão e um aumento acentuado do desemprego façam parte da nossa realidade global. Como eu disse na Introdução, é impossível saber o que o futuro nos reserva, mas a crise da COVID oferece um estudo de caso exclusivo sobre como um fenômeno surpreendente, com consequências globais, afeta os argumentos deste livro.

A maioria das pessoas acredita que uma grande crise interrompe as tendências atuais, como se houvesse claramente um "antes" e um "depois". A pandemia de coronavírus é uma dessas crises, mas, contrariamente ao senso comum, ela provavelmente intensificará e acelerará — em vez de inviabilizar — as tendências analisadas aqui. Considere a taxa decrescente de fertilidade discutida no capítulo 1. Existem três razões pelas quais uma pandemia acelerará essa tendência. Primeiro, as pessoas geralmente adiam decisões importantes (como ter um bebê) quando confrontadas com a incerteza. Segundo, ter um bebê é um compromisso financeiro, e a ameaça de uma recessão obrigará muitas pessoas a reconsiderar se o momento é oportuno. Vimos isso durante a Grande Depressão, na década de 1930, e após a Crise Financeira de 2008. Terceiro, eventos trágicos, como guerra, desastres naturais e pandemias, interrompem nossas rotinas e prioridades diárias, e isso inclui nossas decisões sobre fertilidade.

A divergência de experiências geracionais, discutida no Capítulo 2, é outra tendência que se acelerará. Até o momento em que este artigo foi escrito, o vírus era considerado letal para pessoas imunocomprometidas, o que inclui pessoas com mais de 60 anos e pessoas com comorbidades pré-existentes. Também parece que o vírus afeta diferentes faixas etárias de formas diferentes, o que é ainda mais preocupante, quando consideramos o quanto a mistura de gerações é comum hoje em dia. Também aumentará a desigualdade: é improvável que os trabalhadores pobres e os sem-teto tenham acesso a bons cuidados de saúde, e seu sistema imunológico já pode estar comprometido devido a uma dieta pobre ou a condições de vida insalubres. Embora o vírus não faça distinção entre renda ou cobertura de assistência médica, as pessoas na parte inferior da pirâmide socioeconômica estão muito mais expostas às consequências da infecção.

Também existem graves consequências econômicas a serem consideradas para esta crise. Por exemplo, a pandemia ocorre no pior momento de muitos países europeus, que ainda estão se recuperando da crise financeira de 2008. A Itália e a Espanha, em particular, estão entre os países mais afetados e, com seu setor público gravemente subfinanciado, ficarão limitadas com relação às ações que podem tomar. A classe média da Europa já está ficando atrás da classe média dos mercados emergentes, como vimos no Capítulo 3, e essa tendência só se acelera durante a pandemia. Para países que já são politicamente instáveis ou economicamente vulneráveis, como o Irã, a crise será um teste severo à liderança, pois a pressão, imposta por um público já ansioso, aumentará de todos os lados.

Como sociedade, geralmente estamos preparados para lidar com desastres naturais familiares, como terremotos ou furacões. Existem diretrizes a serem seguidas pelas pessoas e empresas. Nossa infraestrutura, como edifícios comerciais e residências, é construída para suportar tais catástrofes. Estamos equipados para lidar da mesma forma com as pandemias? A Organização Mundial da Saúde registrou 1.307 surtos epidêmicos regionais entre 2011 e 2017. De modo geral, o mundo enfrenta uma pandemia global a cada 40-70 anos: a terceira pandemia de peste negra de 1855, a gripe espanhola de 1918, a pandemia de AIDS no início dos anos 1980 e agora a COVID-19, em 2020. Terremotos relevantes ocorrem aproximadamente nos mesmos intervalos. Por exemplo, na área da Baía de São Francisco, os dois últimos grandes terremotos ocorreram em 1906 e 1989. De maneira semelhante aos nossos planos de contingência para terremotos, os setores público e privado devem ter protocolos para controlar efetivamente o momento em que uma epidemia se torna uma pandemia, o que ajuda a aliviar a histeria e a preocupação públicas. Isso inclui, é claro, um sistema de assistência médica que dispõe de pessoal suficiente e esteja equipado para lidar com uma crise de saúde pública e dimensionar adequadamente seus esforços.

Além das decisões políticas, soluções de responsabilidade pessoal, como distanciamento social e “isolamento” para limitar a disseminação coletiva, são mais importantes em áreas densamente povoadas, como as cidades (que, como vimos no Capítulo 5, é onde a maioria das pessoas estará em 2030 e além). Isso intensificará várias tendências em andamento: compras online (a Amazon, sentindo o aumento da demanda, começou a contratar e aumentou o pagamento de horas extras para todos os funcionários do depósito); comunicação virtual (do trabalho remoto à preservação das interações sociais, quase todo mundo recorreu a serviços de telecomunicações como o Zoom ou o Whatsapp para manter contato); e entretenimento digital (produtores de filmes, livros e música, por exemplo, serão forçados a encontrar seus clientes online, e não em estabelecimentos físicos de varejo). A economia do compartilhamento, que já é uma força disruptiva, se acelerará ainda mais devido à crise, e as indústrias que sofrerão consequências (como o transporte) e as que viverão uma expansão (como as plataformas digitais) terão efeitos duradouros na maneira como vivemos, trabalhamos e interagimos uns com os outros e com a economia no futuro próximo.

A forma como todas essas tendências se intensificam e se adaptam a algo como o coronavírus está se desenrolando diante de nossos olhos. A maioria das tendências — do declínio da fertilidade à dinâmica entre gerações e ao uso da tecnologia — se acelerará devido à pandemia. Mas a questão principal que devemos levantar é se algo como a COVID-19 (ou a próxima crise imprevista) nos preparará melhor ou nos cegará para as mudanças coletivas já em andamento que, como eu argumento, atingirão um ponto de inflexão na próxima década.

FONTES

Alguns Fatos e Números

Todos os sites foram acessados pela última vez em 1 de novembro de 2019.

Sobre a agricultura africana, consulte o Banco Africano de Desenvolvimento, "Africa Agribusiness", https://www.afdb.org/en/news-and-events/africa-agribusiness-a-us-1-trillion-business-by-2030-18678.

As projeções sobre a riqueza das mulheres vêm da Capgemini e da RBC Wealth Management, *World Wealth Report*, 2014, https://worldwealthreport.com/wp-content/uploads/sites/7/2018/10/2014-World-Wealth-Report-English.pdf.

As projeções sobre fome e obesidade são da ONU, "Goal 2: Zero Hunger", https://www.un.org/sustainabledevelopment/hunger; ONU, "Pathways to Zero Hunger" https://www.un.org/zerohunger/content/challenge-hunger-can-be-eliminated-our-lifetimes; T. Kelly et al., "Global Burden of Obesity in 2005 and Projections to 2030", *International Journal of Obesity* 32, nº 9 (2008): 1431-1437; OMS, "Obesity and Overweight," 16 de fevereiro de 2018, https://www.who.int/news-room/fact-sheets/detail/obesity-and-overweight##targetText=Some%20recent%20WHO%20global%20estimat es,%25%20of%20women)%20were%20overweight. Consulte também as fontes do Capítulo 5.

Os dados sobre as cidades são do Capítulo 5; consulte as fontes desse capítulo.

Os dados e as projeções sobre bebês são do Capítulo 1; consulte as fontes desse capítulo.

Os dados e as projeções sobre a classe média são do Capítulo 3; consulte as fontes desse capítulo.

Introdução: O Tempo Está Passando

Todos os sites foram acessados pela última vez em 22 de setembro de 2019.

As estatísticas mencionadas nesta introdução são referenciadas nos capítulos seguintes.

As palavras do Juiz Taylor, no filme de Harper Lee, *To Kill a Mockingbird*, estão no Capítulo 17.

O orçamento da missão em Marte indiana é discutido em Ipsita Agarwal, "These Scientists Sent a Rocket to Mars for Less than It Cost to Make 'The Martian'", *Wired*, 17 de março de 2017. Consulte também Jonathan Amos, "Why India's Mars Mission Is So Cheap — and Thrilling", BBC, 24 de setembro de 2014, https://www.bbc.com/news/science-environment-29341850.

Sobre a descoberta indiana de água na Lua e a confirmação da NASA, consulte Helen Pidd, "India's First Lunar Mission Finds Water on Moon", *Guardian*, 24 de setembro de 2009; Jesse Shanahan, "NASA Confirms the Existence of Water on the Moon", *Forbes*, 22 de agosto de 2018.

A citação de De Bono é de Shane Snow, "How to Apply Lateral Thinking to Your Creative Work", 2014, https://99u.adobe.com/articles/31987/how-to-apply-lateral-thinking-to-your-creative-work.

O título do livro de George Day e Paul J. H. Schoemaker é *Peripheral Vision: Detecting the Weak Signals That Will Make or Break Your Company* (Boston: Harvard Business School Press, 2006).

A citação de Proust é de seu livro *A Prisioneira*, que é o quinto volume de *Em Busca Do Tempo Perdido*, publicado em 1923. O texto completo está disponível em http://gutenberg.net.au/ebooks03/0300501h.html.

Capítulo 1: Siga os Bebês

Todos os sites foram acessados pela última vez em 12 de maio de 2019.

A citação de Edwin Cannan é de V. C. Sinha e Easo Zacharia, *Elements of Demography* (Nova Déli: Allied Publishers, 1984), 233.

O livro de Paul R. Ehrlich e Anne Ehrlich, *The Population Bomb*, foi publicado em 1968 pela Sierra Club/Ballantine Books. Por alguma razão, ela não era creditada como autora. Um guia conciso das diferentes teorias da população pode ser encontrado em http://www.economicsdiscussion.net/theory-of-population/top-3-theories-of-population-with-diagram/18461. Uma boa introdução às teorias e tendências demográficas é mostrada no Capítulo 4 do *Global Turning Points*, por Mauro F. Guillén e Emilio Ontiveros, 2ª ed. (Cambridge: Cambridge University Press, 2016). Os dados e as previsões sobre população, fertilidade e expectativa de vida são compilados e atualizados regularmente pela Divisão de População das Nações Unidas, http://www.un.org/en/development/desa/population. Os dados para o primeiro gráfico deste capítulo foram calculados usando a projeção da população média.

A citação de Malthus vem de *An Essay on the Principle of Population*, publicado originalmente em 1798, http://www.esp.org/books/malthus/population/malthus.pdf, 44. Sobre o declínio do apetite por sexo nos Estados Unidos, consulte Jean M. Twenge, Ryne A. Sherman e Brooke E. Wells, "Declines in Sexual Frequency Among American Adults, 1989-2014", *Archives of Sexual Behavior* 46, nº 8 (2017): 2389-2401.

Sobre os apagões de energia e seus efeitos sobre a fertilidade, consulte A. Burlando, "Power Outages, Power Externalities, and Baby Booms", *Demography* 51, nº 4 (2014): 1477-1500; e Amar Shanghavi, "Blackout Babies: The Impact of Power Cuts on Fertility," *CentrePiece* (London School of Economics), outono de 2013.

A pesquisa e os exemplos pessoais dos motivos por que os norte-americanos não estão tendo tantos bebês quanto no passado são discutidos em Claire Cain Miller, "Americans Are Having Fewer Babies. They Told Us Why," *New York Times*, 5 de julho de 2018. As estimativas de quanto custa criar um filho nos Estados Unidos estão resumidas em Abha Bhattarai, "It's More Expensive than Ever to Raise a Child in the U.S.", *Washington Post*, 10 de janeiro de 2017.

As teorias demográficas de Gary Becker são adequadamente resumidas por Matthias Doepke, "Gary Becker on the Quantity and Quality of Children", *Journal of Demographic Economics* 81 (2015): 59-66. A citação vem de Gary Becker, *A Treatise on the Family* (Cambridge, MA: Harvard University Press, 1991), 144.

Os dados sobre a fertilidade chinesa nas áreas rurais e urbanas antes e depois da adoção da política do filho único são de Junsen Zhang, "The Evolution of China's One-Child Policy and Its Effects on Family Outcomes", *Journal of Economic Perspectives* 31, nº 1 (2017): 141-160. Os mitos em torno da política do filho único são discutidos em Martin King Whyte, Wang Feng e Yong Cai, "Challenging Myths About China's One-Child Policy", *China Journal* 74 (2015): 144-159, e por Amartya Sen, "Women's Progress Outdid China's One-Child Policy", *New York Times*, 2 de novembro de 2015.

O excedente de poupança na China devido à política do filho único é avaliado em Shang-Jin Wei e Xiaobo Zhang, "The Competitive Savings Motive: Evidence from Rising Sex Ratios and Savings Rates in China", Documento de trabalho do NBER nº 15093, 2009; Taha Choukhmane, Nicolas Coeurdacier e Keyu Jin, "The One-Child Policy and Household Savings", 18 de setembro de 2014, https://economics.yale.edu/sites/default/files/tahamaclunch100214_2.pdf.

Os dados sobre serviços de namoro digital são da Statista, *eServices Report 2017* (Hamburgo: Statista, 2017). O experimento na plataforma de namoro chinesa foi conduzido por David Ong e Jue Wang, "Income Attraction: An Online Dating Field Experiment", *Journal of Economic Behavior and Organization* 111 (2015): 13-22.

A escassez de homens na Sibéria e o estudo de Caroline Humphrey foram relatados em Mira Katbamna, "Half a Good Man Is Better than None at All", *Guardian*, 26 de outubro de 2009. Consulte também Kate Bolick, "All the Single Ladies", *Atlantic*, novembro de 2011.

As histórias de Samuel Owiti Awino, Celestina Mumba, Felix Afolabi e outros agricultores africanos são recontadas no site da African Agricultural Technology Foundation, https://www.aatf-africa.org/fieldstories.

Sobre os 54 estados soberanos da África, consulte o Center for Systemic Peace, Global Report 2017, www.systemicpeace.org/vlibrary/GlobalReport2017.pdf

Sobre o cultivo de mandioca na África, veja Emiko Terazono, "African Farming: Cassava Now the Centre of Attention", *Financial Times*, 21 de janeiro de 2014. A história de Naomi Wanjiru Nganga é contada em Harry McGee, "How the Mobile Phone Changed Kenya", *Irish Times*, 14 de maio de 2016. As iniciativas de saúde eletrônica no Quênia são descritas em Martin Njoroge, Dejan Zurovac, Esther A. A. Ogara, Jane Chuma e Doris Kirigia, "Assessing the Feasibility of eHealth and mHealth: A Systematic Review and Analysis of Initiatives Implemented in Kenya", *BMC Research Notes* 10 (2017): 90-101.

Os dados, as análises e as citações sobre as características dos imigrantes são do *UN Migration Report 2015* (Nova York: Nações Unidas, 2015); OCDE, *Is Migration Good for the Economy?* (Paris: OCDE, 2014): Giovanni Peri, "Immigrants, Productivity, and Labor Markets", *Journal of Economic Perspectives* 30, nº 4 (2016): 3-30; David H. Autor, "Why Are There Still So Many Jobs?", *Journal of Economic Perspectives* 29, nº 3: 3-30; e National Academies of Sciences, Engineering and Medicine, *The Economic and Fiscal Consequences of Immigration* (Washington, DC: National Academies Press, 2017).

Para estatísticas sobre trabalhadores nascidos no exterior nos Estados Unidos, consulte Nicole Prchal Svajlenka, "Immigrant Workers Are Important to Filling Growing Occupations", Center for American Progress, 11 de maio de 2017, https://www.americanprogress.org/issues/immigration/news/2017/05/11/431974/immigrant-workers-important-filling-growing-occupations. A pesquisa de Britta Glennon é descrita em Stuart Anderson, "Restrictions on H-1B Visas Found to Push Jobs Out of the U.S.", *Forbes*, 2 de outubro de 2019.

Os dados e as análises de empreendimentos e empresas fundados por imigrantes vêm de Stuart Anderson, *American Made 2.0: How Immigrant Entrepreneurs Continue to Contribute to the U.S. Economy* (Washington, DC: Associação Nacional de Capital de Ventura, 2015); Stuart Anderson, *Immigrant Founders and Key Personnel in America's 50 Top Venture-Funded Companies* (Arlington, VA: National Foundation for American Policy, 2011); e Stuart Anderson, *Immigrants and Billion Dollar Startups* (Arlington, VA: National Foundation for American Policy, 2016).

Os dados sobre trabalhadores estrangeiros no setor de saúde dos EUA vêm do Instituto de Pesquisa de Imigração da George Mason University, "Immigrants in Healthcare", junho de 2016; Anupam B. Jena, "U.S. Immigration Policy and American Medical Research: The Scientific Contributions of Foreign Medical Graduates", *Annals of Internal Medicine* 167, nº 8 (2017): 584-586.

Sobre o viés de aversão à perda, consulte Daniel Kahneman e Amos Tversky, "Choices, Values, and Frames", *American Psychologist* 39, nº 4 (1984): 341-350; Daniel Kahneman e Amos Tversky, "Advances in Prospect Theory: Cumulative Representation of

Uncertainty", *Journal of Risk and Uncertainty* 5, nº 4 (1992): 297-323; Thea Wiig, "Can Framing Change Individual Attitudes Towards Migration?", tese de mestrado, Universidade de Bergen, 2017, https://pdfs.semanticscholar.org/f48f/2aac7860277f9fb97e234f-0d28963b5d 618d.pdf; Mehtap Akgüç et al., "Risk Attitudes and Migration", *China Economic Review* 37, nº C (2016): 166-176; William A. V. Clark e William Lisowski, "Prospect Theory and the Decision to Move or Stay" *Proceedings of the National Academy of Sciences* 114, nº 36 (2017): E7432-E7440; Mathias Czaika, "Migration and Economic Prospects", *Journal of Ethnic and Migration Studies* 41, nº 1 (2015): 58-82; James Surowiecki, "Losers!", *New Yorker*, 30 de maio de 2016.

Sobre o impacto da imigração na Seguridade Social, consulte *The 2018 Report of the Board of Trustees of the Federal Old-Age and Survivors Insurance and Federal Disability Insurance Trust Funds* (Washington, DC: Social Security Administration, 2018), https://www.ssa.gov/OACT/TR/2018/tr2018.pdf; Andrew Cline, "Social Security and Medicare Are Slowly Dying, but No One in Washington Will Lift a Finger", *USA Today*, 13 de junho de 2018; Alexia Fernández Campbell, "Why Baby Boomers Need Immigrants to Fund Their Retirement", *Vox*, 23 de outubro de 2018, https://www.vox.com/2018/8/1/17561014/immigration-social-security; Nina Roberts, "Undocumented Immigrants Quietly Pay Billions into Social Security and Receive No Benefits", Marketplace, 28 de janeiro de 2019, https://www.marketplace.org/2019/01/28/undocumented-immigrants-quietly-pay-billions-social-security-and-receive-no.

O conceito de "circulação de capital humano" foi desenvolvido em AnnaLee Saxenian, "From Brain Drain to Brain Circulation: Transnational Communities and Regional Upgrading in India and China", *Studies in Comparative International Development* 40 (2005): 35-61. O estudo do Banco Mundial sobre empreendedores transnacionais foi publicado como *Diaspora Networks and the International Migration of Skills* (Washington, DC: Banco Mundial, 2006). Sobre Miin Wu, consulte AnnaLee Saxenian, "Brain Circulation: How High-Skill Immigration Makes Everyone Better Off", Instituição Brookings, 2002, https://www.brookings.edu/articles/brain-circulation-how-high-skill-immigration-makes-everyone-better-off. Sobre James Joo-Jin Kim, consulte Tim Hyland, "Kim: 'There Is Much to Be Done'", *Wharton Magazine*, Verão de 2010, http://whartonmagazine.com/issues/summer-2010/kim-there-is-much-to-be-done/#sthash.bepdPPNK.dpbs.

O estudo do Conference Board do Canadá pode ser encontrado em https://www.conferenceboard.ca/press/newsrelease/2018/05/15/imagining-canada-s-economy-without-immigration?AspxAutoDetectCookieSupport=1.

Capítulo 2: Grisalho é o Novo Preto

Todos os sites foram acessados em 9 de julho de 2019.

Ao longo do capítulo, os dados sobre o número de pessoas em diferentes faixas etárias são das Nações Unidas, World Population Prospects, 2019 Revision, https://population.un.org/wpp.

A citação de Morgan Stanley é de John Gapper, "How Millennials Became the World's Most Powerful Consumers", *Financial Times*, 6 de junho de 2018. As manchetes da mídia sobre os millennials são compiladas em Carly Stern, "'I Wanted to Make a Memorial of All Our Destruction'", *Daily Mail*, 17 de agosto de 2017.

Os gastos com saúde nos Estados Unidos por faixa etária são analisados em Tate Ryan-Mosley, "U.S. Health-Care Costs Are Soaring, but Don't Blame Old People", *MIT Technology Review*, setembro-outubro de 2019, 57.

Sobre a riqueza da população idosa, consulte AARP e Oxford Economics, *The Longevity Economy: How People over 50 Are Driving Economic and Social Value in the US*, setembro de 2016, https://www.aarp.org/content/dam/aarp/home-and-family/personal-technology/2016/09/2016-Longevity-Economy-AARP.pdf.

As citações de Neil Howe e os dados sobre riqueza do Sistema de Reserva Federal dos Estados estão em Neil Howe, "The Graying of Wealth". *Forbes*, 16 de março de 2018. A citação de John Dos Passos pode ser encontrada em https://www.brainyquote.com/quotes/john_dos_passos_402864. O artigo de Linda Bernstein "What to Say When They Blame It on the Boomers" foi publicado na *Forbes*, 15 de novembro de 2016.

As teorias das gerações citadas no texto vêm de Karl Mannheim, "The Problem of Generations", em *Essays on the Sociology of Knowledge*, editado por Paul Kecskemeti (Londres: Routledge & Kegan Paul, 1952), 276-322; Pierre Bourdieu, *Outline of a Theory of Practice* (Cambridge, Reino Unido: Cambridge University Press, 1977).

A citação de Peggy Noonan é de https://www.brainyquote.com/quotes/peggy_noonan_159262.

O artigo de Stefano Hatfield foi publicado como "Why Is Advertising Not Aimed at the Over-50s?", *Guardian*, 3 de dezembro de 2014. O artigo da AARP "Selling Older Consumers Short" pode ser encontrado em https://www.aarp.org/money/budgeting-saving/info-2014/advertising-to-baby-boomers.html.

Sobre idosos como um grupo consumidor, consulte Paul Irving, "Aging Populations: A Blessing for Business", *Forbes*, 23 de fevereiro de 2018; "The Grey Market", *Economist*, 7 de abril de 2016; Elizabeth Wilson, "Find Hidden Opportunities in the Senior Market", *Entrepreneur*, 16 de abril de 2019. O artigo sobre Wilson inclui a citação de Maria Henke, enquanto o artigo sobre a Chanel é de Ben Cooper, "Analysis: Why Retailers Should be Engaging the Aging", *Retail Week*, 28 de julho de 2017.

As citações de Jeff Beer, Sarah Rabia e Nadia Tuma são de Jeff Beer, "Why Marketing to Seniors Is So Terrible", *Fast Company*, 6 de junho de 2019.

As citações sobre máquinas de lavar são de Nellie Day, "Elder Friendly Guide to Top-Loading Washing Machines", Elder Gadget, 1 de dezembro de 2019, http://eldergadget.com/eldergadget-guide-to-top-loading-washing-machines.

Os dados sobre qualidade de vida dos idosos são da "The United States of Aging Survey," https://www.aarp.org/content/dam/aarp/livable-communities/old-learn/research/the-united-states-of-aging-survey-2012-aarp.pdf.

O localizador de academias próprias para idosos do International Council on Active Aging está em https://www.icaa.cc/facilitylocator/facilitylocator.php.

Os dados do eMarketer sobre compras online feitas pelos idosos podem ser encontrados em https://www-statista-com.proxy.library.upenn.edu/statistics/868862/online-shopping-buying-related-activities-internet-users. Os dados sobre gastos desnecessários são da Fung Global Retail and Technology, *The Silver Wave: Understanding the Aging Consumer*, 2016, https://www.fbicgroup.com/sites/default/files/Silver%20Wave%20The%20 Aging%20 Consumer%20Report%20by%20Fung%20Global%20 Retail%2 0Tech%20May%2023%202016_0.pdf.

A seção sobre a Philips é baseada nas informações do Philips Museum (https://www.philips.nl/en/a-w/philips-museum.html),além de outras fontes online.

As citações de Jennifer Jolly são de seu artigo "Best New Tech to Help Aging Parents", *USA Today*, 11 de maio de 2014.

Sobre o uso da internet e a depressão, consulte Shelia R. Cotton, George Ford, Sherry Ford e Timothy M. Hale, "Internet Use and Depression Among Retired Older Adults in the United States", *Journals of Gerontology, Series B,* 69, nº 5 (setembro de 2014): 763-771. As citações de Annena McCleskey são de Robin Erb, "Teaching Seniors to Use Internet Cuts Depression Risk", *USA Today*, 22 de abril de 2014.

A seção sobre a Rendever é baseada em Gökay Abacı, "Reconnecting the Elderly with the Joys of Everyday Life Through Virtual Technology", *Medium*, 8 de agosto de 2018, https://medium.com/@MassChallengeHT/reconnecting-the-elderly-with-the-joys-of-everyday-life-through-virtual-reality-277bf957483e. Sobre os exoesqueletos, consulte Jonas Pulver, "An Ageing Japan Looks to Mechanical Exoskeletons for the Elderly", *World Weekly*, 4 de fevereiro de 2016.

O estudo sobre os índices preço/lucro nos mercados acionários dos EUA é de Zheng Liu e Mark M. Spiegel, "Boomer Retirement: Headwinds for U.S. Equity Markets?", FRBSF Economic Letter 2011-26, Federal Reserve Bank de San Francisco, 22 de agosto de 2011, http://www.frbsf.org/publications/economics/letter/2011/el2011-26.html.

As citações de Lau, Kotansky, Flax e Tischler são de Penny Crosman, "6 Fintechs Targeting Seniors and Their Families", *American Banker*, 20 de junho de 2018.

Sobre idosos como empreendedores, consulte: Lauren Smiley, "Late-Stage Startup", *MIT Technology Review*, setembro-outubro de 2019; Roger St. Pierre, "Oder Entrepreneurs Can Age to Their Advantage", *Entrepreneur*, 26 de maio de 2017.

Sobre abuso financeiro de idosos, consulte Sara Zeff Geber, "Hot Tech Solutions to Keep Older Adults Safe from Financial Abuse", *Forbes*, 23 de abril de 2019; Victoria Sackett, "New Law Targets Elder Financial Abuse", AARP, 24 de maio de 2018, https://www.aarp.org/politics-society/government-elections/info-2018/congress-passes-safe-act.html. Sobre a EverSafe, consulte a Financial Solutions Lab, "EverSafe," http://finlab.finhealthnetwork.com/challenges/2017/eversafe.

As citações de Collinson e Weinstock são de Kenneth Terrell, "Why Working After Retirement Works", AARP, 13 de agosto de 2018, https://www.aarp.org/work/working-at-50-plus/info-2018/why-work-after-retirement.html.

Sobre as equipes intergeracionais da BMW, veja Helen Dennis, "The HR Challenges of an Ageing Workforce", *HR Magazine*, 16 de fevereiro de 2016; Robert M. McCann, "Aging and Organizational Communication" *Oxford Research Encyclopedias: Communication*, agosto de 2017, doi: 10.1093/acrefore/9780190228613.013.472.

As diferentes visões sobre os millennials aparecem em Jean Twenge, *Generation Me: Why Today's Young Americans Are More Confident, Assertive, Entitled—and More Miserable than Ever Before* (Nova York: Free Press, 2006); *PR Newswire*, 20 de outubro de 2016; William Strauss e Neil Howe, *Millennials Rising: The Next Great Generation* (Nova York: Vintage Original, 2000); David Burstein, *Fast Future: How the Millennial Generation Is Shaping Our World* (Boston: Beacon Press, 2013); Eric Hoover, "The Millennial Muddle", *Chronicle of Higher Education*, 11 de outubro de 2009; Jia Tolentino, "Where Millennials Come From", *New Yorker*, 27 de novembro de 2017; Council of Economic Advisers, *15 Economic Facts About Millennials*, outubro de 2014, https://obamawhitehouse.archives.gov/sites/default/files/docs/millennials_report.pdf; World Values Survey, http://www.worldvaluessurvey.org/WVSContents.jsp?CMSID=Findings; Kathleen Shaputis, *The Crowded Nest Syndrome* (Nova York: Clutter Fairy, 2004).

Sobre os millenials e a poupança: Josh Zumbrun, "Younger Generation Faces a Savings Deficit" *Wall Street Journal*, 9 de novembro de 2014; Bank of America, *2018 Better Money Habits Millennial Report*, https://bettermoneyhabits.bankofamerica.com/content/dam/bmh/pdf/ar6vnln9-boa-bmh-millennial-report-winter-2018-final2.pdf.

Sobre a geração Z: Fundação Varkey, "Generation Z", janeiro de 2017, https://www.varkeyfoundation.org/what-we-do/policy-research/generation-z-global-citizenship-survey.

Sobre os idosos chineses: Chong Koh Ping, "China's Elderly: Old and Left Behind", *Straits Times*, 28 de outubro de 2017; Jieyu Liu, "Ageing, Migration, and Familial Support in Rural China", *Geoforum* 51 (janeiro de 2014): 305-312.

Sobre o dormitório/casa de repouso, consulte Tiffany R. Jansen, "The Nursing Home That's Also a Dorm", Citylab, 2 de outubro de 2015, https://www.citylab.com/equity/2015/10/the-nursing-home-thats-also-a-dorm/408424.

A citação de Levine vem de Bridey Heing, *Critical Perspectives on Millennials* (Nova York: Enslow, 2018), 23.

O projeto Wired-Pfizer sobre o envelhecimento pode ser encontrado em "The Future of Getting Old: Rethinking Old Age", *Wired*, abril de 2018, https://www.wired.com/brandlab/2018/04/the-future-of-getting-old.

As opiniões de Laura Carstensen vêm de seu artigo "What Millennials Already Know About Growing Old", *Time*, 16 de junho de 2016.

Capítulo 3: Acompanhando os Singhs e os Wangs

Todos os sites foram acessados pela última vez em 29 de agosto de 2019.

As opiniões de Margaret Halsey sobre a classe média são de seu livro *The Folks at Home* (Nova York: Simon & Schuster, 1952).

A história do Tata Nano é contada em "Ratan Tata Hands Over First Three Nano Cars to Customers", *Economic Times*, 17 de julho de 2009; Saurabh Sharma, "How a Scooter on a Rainy Day Turned into Ratan Tata's Dream Project Nano", *Business Today*, 14 de abril de 2017; Kamalika Ghosh, "It's Time to Say Ta-Ta to the World's Cheapest Car", *Quartz*, 13 de julho de 2018. Sobre o sucesso do churrasco da Weber-Stephen na Índia, consulte Dave Sutton, "8 Common Mistakes When Expanding into Emerging Markets", TopRight, 20 de abril de 2017, https://www.toprightpartners.com/insights/8-common-mistakes-expanding-emerging-markets; Natasha Geiling, "The Evolution of American Barbecue", *Smithsonian.com*, 18 de julho de 2013; Shrabonti Bagchi e Anshul Dhamija, "Licence to Grill: India Takes to the Barbecue" *Times of India*, 18 de novembro de 2011.

Os dados sobre o poder aquisitivo da classe média em todo o mundo vêm de Homi Kharas, "The Unprecedented Expansion of the Global Middle Class", Instituição Brookings, fevereiro de 2017, https://www.brookings.edu/wp-content/uploads/2017/02/global_20170228_global-middle-class.pdf. A comparação de vendas durante o Dia dos Solteiros, a Black Friday e a Cyber Monday pode ser encontrada em Niall McCarthy, "Singles' Day Sets Another Sales Record", Statista, 12 de novembro de 2018, https://www.statista.com/chart/16063/gmv-for-alibaba-on-singles-day.

A citação de Charles Dickens é de uma carta a William C. Macready, datada de outubro de 1855, http://www.victorianweb.org/authors/dickens/ld/bezrucka1.html. A citação de George Orwell é do último parágrafo de *The Road to Wigan Pier*, http://gutenberg.net.au/ebooks02/0200391.txt. A citação de Clive Bell é de Clive Crook, "The Middle Class", *Bloomberg*, 2 de março de 2017, https://www.bloomberg.com/quicktake/middle-class. A citação de J. K. Rowling é de https://www.stylist.co.uk/people/life-according-to-jk-rowling-harry-potter-books/18793. Sobre o status econômico de Homer Simpson, consulte "Homer Simpson: An Economic Analysis", publicada pela Vox no YouTube em 16 de setembro de 2018, https://youtu.be/9D420SOmL6U.

A citação de Margaret Halsey é de *The Folks at Home* (Nova York: Simon & Schuster, 1952), e a citação de Gertrude Stein é de *Three Lives* (Nova York: Pocket Books, 2003), 250.

A ideia de conformidade foi testada por Damon J. Phillips e Ezra W. Zukerman em "Middle-Status Conformity: Theoretical Restatement and Empirical Demonstration in Two Markets", *American Journal of Sociology* 107, nº 2 (setembro de 2001).

O estudo sobre a violação da lei é P. Piff et al., "Higher Social Class Predicts Increased Unethical Behavior", *Proceedings of the National Academy of Sciences of the United States of America*, 109, nº 11 (2012): 4086-4091.

A história de Zhou Yuanyan foi publicada em David Pilling, "Asia: The Rise of the Middle Class", *Financial Times* (4 de janeiro de 2011), e a história de John Monday foi publicada em Norimitsu Onishi, "Nigeria Goes to the Mall", *New York Times*, 5 de janeiro de 2016.

O estudo da Deloitte, "Africa: A 21st Century View", pode ser encontrado em https://www2.deloitte.com/content/dam/Deloitte/ng/Documents/consumer-business/the-deloitte-consumer-review-africa-a-21st-century-view.pdf, e a classificação da Brand Africa em http://www.brandafrica.net/Rankings.aspx.

A troca Gates-Jobs é relatada por Walter Isaacson, *Great Innovators* (Nova York: Simon & Schuster, 2011), Capítulo 16. Os dados sobre patentes são da Organização Mundial da Propriedade Intelectual, "World Intellectual Property Indicators 2017", 12, http://www.wipo.int/edocs/pubdocs/en/wipo_pub_941_2017.pdf.

A história da Hooker Furniture Corporation é contada em Jason Margolis, "North Carolina's Fight to Keep Its Foothold on Furniture", *The World*, 2 de maio de 2018, https://www.pri.org/stories/2018-05-02/north-carolina-s-fight-keep-its-foothold-furniture. Outros dados vêm de Hooker Furniture, "Creating Opportunities: 2018 Annual Report," furniture.com/static-files/3551b-785-4637-4d55-a5b7-8221c1b15164

O estudo do Pew, "The American Middle Class Is Losing Ground", pode ser encontrado em http://www.pewsocialtrends.org/2015/12/09/the-american-middle-class-is-losing-ground.

Os dados sobre as vendas do Spotify podem ser encontrados no arquivo IPO da empresa: https://www.sec.gov/Archives/edgar/data/1639920/000119312518063434/d494294df1.htm. Os dados sobre a Netflix são de Louis Brennan, "How Netflix Expanded to 190 Countries in 7 Years", *Harvard Business Review*, 12 de outubro de 2018; Manish Singh, "Netflix Will Roll Out a Lower-Priced Subscription Plan in India", TechCrunch, 17 de julho de 2019, https://techcrunch.com/2019/07/17/netflix-lower-price-india-plan; e P.

R. Sanjai, Lucas Shaw e Sheryl Tian Tong Lee, "Netflix's Next Big Market Is Already Crowded with Cheaper Rivals", *Economic Times*, 20 de julho de 2019, https://economictimes.indiatimes.com/industry/media/entertainment/media/netflixs-next-big-market-is-already-crowded-with-cheaper-rivals/articleshow/70287704.cms.

Os exemplos das reviravoltas das empresas norte-americanas em todo o mundo são de "10 Successful American Businesses That Have Failed Overseas", International Business Degree Guide, 12 de setembro de 2013, https://www.internationalbusinessguide.org/10-successful-american-businesses-that-have-failed-overseas.

As histórias e citações sobre o comportamento indulgente dos jovens consumidores chineses são de Yiling Pan, "Why Chinese Millennials Are Willing to Max Out Their Cards for Luxury Goods", publicado originalmente em 2 de janeiro de 2019, na *Jing Daily*, e disponível em inglês em https://www.scmp.com/magazines/style/people-events/article/2178689/can-chinas-debt-ridden-millennial-and-gen-z-shoppers; e de Stella Yifan Xie, Shan Li e Julie Wernau, "Young Chinese Spend Like Americans — and Take on Worrisome Debt", *Wall Street Journal*, 29 de agosto de 2019.

Os problemas de reciclagem entre a China e os EUA são abordados em: Cassandra Profita, "Recycling Chaos in U.S. As China Bans 'Foreign Waste'", *Morning Edition*, NPR, 9 de dezembro de 2017, https://www.npr.org/2017/12/09/568797388/recycling-chaos-in-u-s-as-china-bans-foreign-waste; Sara Kiley Watson, "China Has Refused to Recycle the West's Plastics. What Now?", NPR, 28 de junho de 2018, https://www.npr.org/sections/goatsandsoda/2018/06/28/623972937/china-has-refused-to-recycle-the-wests-plastics-what-now; and Amy L. Brooks, Shunli Wang e Jenna R. Jambeck, "The Chinese Import Ban and Its Impact on Global Plastic Waste Trade", *ScienceAdvances* 4, nº 6 (2018), http://advances.sciencemag.org/content/4/6/eaat0131.

As publicações do Reddit podem ser encontradas em https://www.reddit.com/r/jobs/comments/6e6p3n/is_it_really_that_hard_to_find_a_job_as_a. O estudo da OCDE é *Under Pressure: The Squeezed Middle Class* (Paris: OECD Publishing, 2019). As citações são de 26, 57 e 69.

A peça de Patrick Coleman apareceu como "America's Middle-Class Parents Are Working Harder for Less", Fatherly, 15 de maio de 2019, https://www.fatherly.com/love-money/american-middle-class-parents-cant-afford-kids.

A recuperação de Buffalo é discutida em David Russell Schilling, "Buffalo: The Best Designed & Planned City in the United States", Industry Tap, 25 de janeiro de 2015, http://www.industrytap.com/buffalo-best-designed-planned-city-united-states/26019; Courtney Kenefick, "Buffalo, New York, Is Stating a Comeback", *Surface*, 26 de junho de 2017, https://www.surfacemag.com/articles/architecture-buffalo-newyork-urban-renewal; David A. Stebbins, "Buffalo's Comeback", *Urbanland* (blog), Urban Land Institute, 17 de outubro de 2014, https://urbanland.uli.org/development-business/buffalos-comeback; e Jesse McKinley, "Cuomo's 'Buffalo Billion: Is New York Getting Its Money's Worth?", *New York Times*, 2 de julho de 2018. O estudo da Brookings de Alan Berube e Cecile Murray, "Renewing America's Economic Promise Through Older Industrial Cities", abril de 2018, pode ser encontrado em https://www.brookings.edu/wp-content/uploads/2018/04/2018-04_brookings-metro_older-industrial-cities_full-report-berube_murray_-final-version_af4-18.pdf#page=16.

O artigo de Daniel Raff apareceu como "Wage Determination Theory and the Five-Dollar Day at Ford", *Journal of Economic History* 48, nº 2 (junho de 1988): 387-399. John Dos Passos, *The Big Money* (Nova York: New American Library, 1979), foi publicado originalmente em 1936; a citação está em 73. O material de The Henry Ford pode ser encontrado em https://www.thehenryford.org/explore/blog/fords-five-dollar-day. Sobre o salário de US$15 na Amazon, consulte Louise Matsakis, "Why Amazon Really Raised Its Minimum Wage to $15", *Wired*, 2 de outubro de 2018. O artigo de Nathan Heller, "Who Really Stands to Win from Universal Basic Income?" foi publicado no *New Yorker*, 9-16 de junho de 2018.

Os resultados do projeto-piloto da administração Johnson sobre um imposto de renda negativo são resumidos por Jodie T. Allen, "Negative Income Tax". *Encyclopedia of Economics*, http://www.econlib.org/library/Enc1/NegativeIncomeTax.html.

As citações e estudos sobre a renda básica universal são de Catherine Clifford, "Why Everyone Is Talking About Free Cash Handouts — an Explainer on Universal Basic Income", CNBC, 27 de junho de 2019, https://www.cnbc.com/2019/06/27/free-cash-handouts-what-is-universal-basic-income-or-ubi.html. O estudo do Bureau Nacional de Pesquisa Econômica do Alasca foi criado por Damon Jones e Ioana Elena Marinescu, "The Labor Market Impacts of Universal and Permanent Cash Transfers: Evidence from the Alaska Permanent Fund", Documento de trabalho do NBER nº w24312, fevereiro de 2018. O estudo mais pessimista é o de Hilary W. Hoynes e Jesse Rothstein, "Universal Basic Income in the U.S. and Advanced Countries", Documento de trabalho do NBER nº 25538, fevereiro de 2019. O estudo dos efeitos sociais do dividendo no Alasca é de Mouhcine Chettabi, "What Do We Know about the Effects of the Alaska Permanent Fund Dividend?", Institute of Social and Economic Research, Universidade do Alasca, em Anchorage, 20 de maio de 2019, https://pubs.iseralaska.org/media/a25fa-4fc-7264-4643-ba46-1280f329f33a/2019_05_20-EffectsOfAKPFD.pdf.

Capítulo 4: O Fim do Segundo Sexo?

Todos os sites foram acessados pela última vez em 6 de setembro de 2019.

O discurso de Margaret Atwood no evento Power of Women da *Variety* em 2018 pode ser encontrado em https://variety.com/2018/tv/features/margaret-atwood-power-of-women-handmaids-tale-1202751729.

Os dados sobre a condição social e econômica das mulheres, utilizados neste capítulo, incluem Sarah Jane Glynn, "Breadwinning Mothers Are Increasingly the U.S. Norm", Center for American Progress, 2016, https://www.americanprogress.org/issues/women/reports/2016/12/19/295203/breadwinning-mothers-are-increasingly-the-u-s-norm; Capgemini e RBC Wealth Management, *World Wealth Report*, 2014, https://worldwealthreport.com/wp-content/uploads/sites/7/2018/10/2014-World-Wealth-Report-English.pdf; Equal Measures 2030, "Harnessing the Power of Data for Gender Equality: Introducing the EM2030 SDG Gender Index", 2019, https://data.em2030.org/2019-global-report; Alexandre Tanzi, "U.S. Women Outpacing Men In Higher Education". Bloomberg, 6 de agosto de 2018, https://www.bloomberg.com/news/articles/2018-08-06/u-s-women-outpacing-men-in-higher-education-demographic-trends.

O Harvard-Yale Study de Neil G. Bennett, David E. Bloom e Patricia H. Craig apareceu como "The Divergence of Black and White Marriage Patterns" *American Journal of Sociology* 95, nº 3 (novembro de 1989): 692-722. O artigo que desencadeou a tempestade foi escrito por Lisa Marie Petersen, "They're Falling in Love Again, Say Marriage Counselors", *Advocate* (Stamford, CT), 14 de fevereiro de 1986, A1 e A12. A capa da *Newsweek* apresenta, "The Marriage Crunch", publicada na edição de 2 de junho de 1986. Uma análise crítica da controvérsia foi escrita por Andrew Cherlin, "A Review: The Strange Career of the 'Harvard-Yale' Study". *Public Opinion Quarterly* 54, nº 1 (1990): 117-124.

As estatísticas de consumo, poupança e investimento por gênero são de "Sales Share of the Luxury Goods Market", https://www.statista.com/statistics/246146/sales-of-the-luxury-goods-market-worldwide-by-gender; S. A. Grossbard e A. Marvao Pereira, "Will Women Save More than Men? A Theoretical Model of Savings and Marriage", Documento de trabalho nº 3146, Ifo Instituto de Pesquisa Econômica, Munique, 2010; Gary Charness e Uri Gneezy, "Strong Evidence for Gender Differences in Risk Taking", *Journal of Economic Behavior and Organization* 83, nº 1 (2012): 50-58.

As experiências divergentes de mulheres como Groff e Scanlon são de Quoctrung Bui e Claire Cain Miller, "The Age That Women Have Babies", *New York Times*, 4 de agosto de 2018. A mãe solteira anônima é destaque em Mike Dang, "A Conversation with a Single Mom Living on $40,000 a Year", Billfold, 22 de abril de 2013, https://www.thebillfold.com/2013/04/a-conversation-with-a-single-mom-living-on-40000-a-year. A informação sobre divórcios vem de Pamela J. Smock, Wendy D. Manning e Sanjiv Gupta, "The Effect of Marriage and Divorce on Women's Economic Well-Being", *American Sociological Review* 64, nº 6 (dezembro de 1999): 794-812; Jay L. Zagorsky, "Marriage and Divorce's Impact on Wealth". *Journal of Sociology* 41, nº 4 (2005): 406-424.

As histórias e dados sobre mães adolescentes são do CDC, "About Teen Pregnancy", https://www.cdc.gov/teenpregnancy/about/index.htm; Jamie Jamie Rush, como dito para Debra Immergut, "My Life as a Teen Mom", https://www.parents.com/parenting/dynamics/single-parenting/my-life-as-a-teenage-mom; Kevin Ryan e Tina Kelley, "Out of the Shelter: How One Homeless Teenage Mother Built a Life of Her Own", *Atlantic*, 16 de novembro de 2012; Paul Heroux, "Two Stories of Homeless, Teenage Mothers", *Huffington Post*, 9 de julho de 2016, https://www.huffingtonpost.com/paul-heroux/homeless-teenagemothers_b_7758958.html; Poverty USA, "Facts: The Population of Poverty USA," https://povertyusa.org/facts.

Sobre mulheres e homens sem filhos, consulte o Departamento do Censo dos Estados Unidos, "Childlessness Rises for Women in Their Early 30s", 3 de maio de 2017, https://www.census.gov/newsroom/blogs/random-samplings/2017/05/childlessness_rises.html; Lindsay M. Monte e Brian Knop, "Men's Fertility and Fatherhood: 2014", Current Population Reports, P70-162, junho de 2019, https://www.census.gov/content/dam/Census/library/publications/2019/de mo/P70-162.pdf; Claire Cain Miller, "They Didn't Have Children, and Most Said They Don't Have Regrets", *New York Times*, 23 de julho de 2018; Sian Cain, "Women Are Happier Without Children or a Spouse, Says Happiness Expert", *Guardian*, 25 de maio de 2019; Jennifer Glass, Robin W. Simon e Matthew A. Anderson, "Parenthood and Happiness," *American* 122, nº 3 (novembro de 2016: 886-929).

Sobre esposas e mães menores de idade, consulte Girls Not Brides, "Child Marriage Around the World", https://www.girlsnotbrides.org/where-does-it-happen; Escritório do Alto Comissário das Nações Unidas para os Direitos Humanos, "Ending Forced Marriage Worldwide", 21 de novembro de 2013, https://www.ohchr.org/EN/NewsEvents/Pages/EnforcedMarriages.aspx; Fundo de População das Nações Unidas, "Female Genital Mutilation", https://www.unfpa.org/female-genital-mutilation.

Sobre mulheres e empreendedorismo, consulte Ester Boserup, *Woman's Role in Economic Development* (Londres: Earthscan, 1970); UNIFEM, *Annual Report 2009-2010* (Nova York: Fundo de Desenvolvimento das Nações Unidas para a Mulher, 2010), com a citação de Clark aparecendo em 3; Monitoramento de empreendedorismo global, https://www.gemconsortium.org. As histórias de Kisyombe, Sambo, Fahmy, Wu, Dionne, Roa, Kasuri, Kkubana e Zamora são recontadas em Mauro F. Guillén, ed., *Women Entrepreneurs: Inspiring Stories from Emerging Economies and Developing Countries* (Nova York: Routledge, 2013). O estudo do Banco Mundial sobre a condição legal das mulheres é *Women, Business, and the Law* (Washington, DC: Banco Mundial, 2010).

A discussão e as citações sobre o equilíbrio entre trabalho e família são baseadas em "5 Women, 5 Work-Life Balance Tales", *Forbes*, 29 de maio de 2013; "If I Think about My Money Problems Too Much, I'll Miss My Babies Growing Up", *HuffPost*, 6 de dezembro de 2017, https://www.huffpost.com/entry/helen-bechtol-working-poor_n_4748631?utm_hp_ref=%40working_poor; Katie Johnston, "The Working Poor Who Fight to Live on $10 an Hour", *Boston Globe*, 17 de agosto de 2014; Adrienne Green, "The Job of Staying Home", *Atlantic*, 30 de setembro de 2016; M. Bertrand, C. Goldin e L. F. Katz, "Dynamics of the Gender Gap for Young Professionals in the Financial and Corporate Sectors", *American Economic Journal*, julho de 2010, 228-255; Emma Johnson, "You Cannot

Afford to Be a SAHM", 20 de junho de 2019, http://www.wealthysinglemommy.com/you-cannot-afford-to-be-a-sahm-mom. Motoko Rich, "Japan's Working Mothers" *New York Times*, 2 de fevereiro de 2019; Wendy J. Casper et al., "The Jingle-Jangle of Work-Nonwork Balance", *Journal of Applied Psychology* 103, nº 2 (2018): 182-214; Nancy Rothbard, Katherine W. Phillips e Tracy L. Dumas, "Managing Multiple Roles: Family Policies and Individuals' Desires for Segmentation", *Organization Science* 16, nº 3 (2005): 243-248; Gøsta Esping-Andersen, *Social Foundations of Postindustrial Economies* (Oxford: Oxford University Press, 1999). A história de Ancharya é de Mauro F. Guillén, ed., *Women Entrepreneurs: Inspiring Stories from Emerging Economies and Developing Countries* (Nova York: Routledge, 2013).

A seção sobre mudanças nas taxas de mortalidade por gênero devido ao trabalho baseia-se nas Nações Unidas, World Population Prospects, 2019 Revision, https://population.un.org/wpp; Bertrand Desjardins, "Why Is Life Expectancy Longer for Women than It Is for Men?", *Scientific American*, 30 de agosto de 2004; Rochelle Sharpe, "Women's Longevity Falling in Some Parts of the U.S., Stress May Be Factor", Connecticut Health I-Team, 12 de novembro de 2012, http://c-hit.org/2012/11/12/womens-longevity-falling-in-some-parts-of-u-s-stress-may-be-factor; Irma T. Elo et al., "Trends in Non-Hispanic White Mortality in the United States by Metropolitan-Nonmetropolitan Status and Region, 1990-2016", *Population and Development Review*, 2019, 1-35; Arun S. Hendi, "Trends in Education-Specific Life Expectancy, Data Quality, and Shifting Education Distributions: A Note on Recent Research", *Demography* 54, nº 3 (2017): 1203-1213; Monica Potts, "What's Killing Poor White Women?", *American Prospect*, 3 de setembro de 2013.

Sobre o telhado de vidro, consulte Justin Wolfers, "Fewer Women Run Big Companies than Men Named John", *New York Times*, 2 de março de 2015. Os dados sobre as proporções de mulheres nos negócios e na política são da OCDE, "Gender Equality" https://www.oecd.org/gender; ILO, *Women in Business and Management: Gaining Momentum,* (Genebra: ILO, 2015), https://www.ilo.org/wcmsp5/groups/public/—dgreports/—dcomm/— publ/documents/publication/wcms_316450.pdf. A citação de Laura Liswood pode ser encontrada em https://www.goodreads.com/quotes/159719-there-s-no-such-thing-as-a-glass-ceiling-for-women.

Sobre Thatcher e Merkel, consulte Judith Baxter, "How to Beat the Female Leadership Stereotypes", *Guardian*, 9 de dezembro de 2013; Daniel Fromson, "The Margaret Thatcher Soft-Serve Myth", *New Yorker*, 9 de abril de 2013; "Nicknames of Margaret Thatcher", *Searching in History* (blog), https://searchinginhistory.blogspot.com/2014/04/nicknames-of-margaret-thatcher.html; Helen Walters, "Ban the Word Bossy. Sheryl Sandberg Lights Up TEDWomen 2013", *TED Blog*, 5 de dezembro de 2013, https://blog.ted.com/sheryl_sandberg_tedwomen2013; "Americans No Longer Prefer Male Boss to Female Boss", Gallup News, 16 de novembro de 2017, https://news.gallup.com/poll/222425/americans-no-longer-prefer-male-boss-female-boss.aspx.

A teoria de Rosabeth M. Kanter foi apresentada pela primeira vez em seu artigo "Some Effects of Proportions on Group Life: Skewed Sex Ratios and Responses to Token Women", *American Journal of Sociology* 82, nº 5 (março de 1977): 965-990.

O conselho em revistas para mulheres chinesas é resumido por Roseann Lake, "China: A Wife Less Ordinary", *The Economist 1843*, abril-maio de 2018, https://www.1843magazine.com/features/a-wife-less-ordinary. As preferências das mulheres sauditas em relação aos automóveis são discutidas em Margherita Stancati, "What Saudi Women Drivers Want: Muscle Cars", *Wall Street Journal*, 18 de julho de 2018.

Pesquisas recentes que documentam o impacto de mais mulheres em posições de poder nos níveis de corrupção e violência incluem Chandan Kumar Jha e

Sudipta Sarangi, "Women and Corruption: What Positions Must They Hold to Make a Difference?", *Journal of Economic Behavior and Organization* 151 (julho de 2018): 219-233; C. E. DiRienzo, "The Effect of Women in Government on Country-Level Peace," *Global Change, Peace and Security* 31, nº 1 (2019): 1-18; Naomi Hossein, Celestine Nyamu Musembi e Jessica Hughes, "Corruption, Accountability and Gender", Programa das Nações Unidas para o Desenvolvimento, 2010, https://www.undp.org/content/dam/aplaws/publication/en/publications/womens-empowerment/corruption-accountability-and-gender-understanding-the-connection/Corruption-accountability-and-gender.pdf.

Sobre o impacto das mudanças climáticas em mulheres e crianças, consulte a OMS, *Gender, Climate Change, and Health* (Genebra: OMS, 2014) https://www.who.int/globalchange/GenderClimateChangeHealthfinal.pdf.

Capítulo 5: As Cidades Afundam Primeiro

Todos os sites foram acessados pela última vez em 12 de setembro de 2019.

As estatísticas sobre cidades, áreas urbanas e mudanças climáticas são das Nações Unidas, "World Urbanization Prospects 2018", https://population.un.org/wup; Rohinton Emmanuel, "How to Make a Big Difference to Global Warming — Make Cities Cooler", The Conversation, 9 de fevereiro de 2015, http://theconversation.com/how-to-make-a-big-difference-to-global-warming-make-cities-cooler-37250; Laura Parker, "Sea Level Rise Will Flood Hundreds of Cities in the Near Future", *National Geographic*, 12 de julho de 2017, https://news.nationalgeographic.com/2017/07/sea-level-rise-flood-global-warming-science; Jonathan Watts, "The Three-Degree World: The Cities That Will be Drowned by Global Warming", *Guardian*, 3 de novembro de 2017; John Englander, "Top 10 Sinking Cities in the World", 7 de janeiro de 2018, http://www.johnenglander.net/sea-level-rise-blog/top-10-sinking-cities-in-the-world.

A citação de Wouters é de Larry O'Hanlon, "Heat Stress Escalates in Cities Under Global Warming", União de Geofísica dos Estados Unidos, 8 de setembro de 2017, https://phys.org/news/2017-09-stress-escalates-cities-global.html.

Os documentos das Nações Unidas sobre mudanças climáticas estão em https://www.un.org/en/sections/issues-depth/climate-change. Seu impacto na arqueologia é discutido por Nick Paumgarten, "An Archeological Space Oddity", *New Yorker*, 8-15 de julho de 2019.

A citação de Churchill foi invocada em várias ocasiões, por exemplo: "Africa as a Frontier Market", https://www.cfr.org/event/africa-frontier-market-0. A citação de Dickens é de uma carta a William C. Macready, datada de outubro de 1855, http://www.victorianweb.org/authors/dickens/ld/bezrucka1.html.

Os dados sobre ricos e pobres nas cidades vêm de *World Ultra Wealth Report 2018*, WealthX, 2018, https://www.wealthx.com/report/world-ultra-wealth-report-2018; Michael Savage, "Richest 1% on Target to Own Two-Thirds of All Wealth by 2030", *Guardian*, 7 de abril de 2018; Economic Analysis Division, Departamento de Censo e Estatística, *Hong Kong Poverty Situation Report 2016* (Hong Kong: Governo da Região Administrativa Especial de Hong Kong, 2017), https://www.povertyrelief.gov.hk/eng/pdf/Hong_Kong_Poverty_Situation_Report_2016(2017.11.17).pdf.

Sobre a pobreza nos Estados Unidos, consulte Allan Mallach, *The Divided City: Poverty and Prosperity in Urban America* (Washington, DC.: Island Press, 2018); Barbara Raab, "Poverty in America: Telling the Story", Talk Poverty, 21 de maio de 2014, https://talkpoverty.org/2014/05/21/raab; Poverty USA, "Facts: The Population of Poverty USA", https://povertyusa.

org/facts; Leon Dash, "Rosa Lee's Story", *Washington Post*, 18-25 de setembro de 1994, https://www.washingtonpost.com/wp-srv/local/longterm/library/rosalee/backgrnd.htm.

A citação de Gatsby está no Capítulo 9 de F. Scott Fitzgerald, *The Great Gatsby*, edição online, https://ebooks.adelaide.edu.au/f/fitzgerald/f_scott/gatsby/contents.html.

A citação de Thorstein Veblen é do Capítulo 4 da *Theory of the Leisure Class*, edição online, http://www.gutenberg.org/files/833/833-h/833-h.htm#link2HCH0004.

Sobre obesidade, consulte Sarah Catherine Walpole et al., "The Weight of Nations: An Estimation of Adult Human Biomass", *BMC Public Health* 12, artigo nº 439 (2012); OMS, "Obesity", https://www.who.int/topics/obesity/en; OCDE, *Obesity Update 2017*, https://www.oecd.org/els/health-systems/Obesity-Update-2017.pdf; Instituto Nacional de Diabetes e Doenças Digestivas e Renais, "Overweight and Obesity Statistics", agosto de 2017, https://www.niddk.nih.gov/health-information/health-statistics/overweight-obesity; "Why the Pacific Islands are the Most Obese Nations in the World", Healthcare Global, 21 de abril de 2015, https://www.healthcareglobal.com/hospitals/why-pacific-islands-are-most-obese-nations-world.

As estatísticas sobre o uso de mídias sociais são de "Digital in 2019", We Are Social, https://wearesocial.com/global-digital-report-2019.

As ideias sobre pequenas mudanças que levam a grandes resultados são de Daniel F. Chambliss, "The Mundanity of Excellence: An Ethnographic Report on Stratification and Olympic Swimmers", *Sociological Theory* 7, nº 1 (1989): 70-86; Richard H. Thaler e Casey R. Sunstein, *Nudge: Improving Decisions About Health, Wealth, and Happiness* (New Haven, CT: Yale University Press, 2008); Olivier Poirier-Leroy, "Mary T. Meagher: Success Is Ordinary", Your Swim Book, https://www.yourswimlog.com/mary-t-meagher-success-is-ordinary.

A seção sobre a água é baseada em "Water: Scarcity, Excess, and the Geopolitics of Allocation", Instituto Lauder, Wharton School, Universidade da Pensilvânia, 2016, https://lauder.wharton.upenn.edu/life-at-lauder/santander-globalization-trendlab-2016; Willa Paterson, et al., "Water Footprint of Cities", *Sustainability* 7 (2015): 8461-8490; ONU – Water Decade Programme on Advocacy and Communication, "Water and Cities: Facts and Figures", 2010, https://www.un.org/waterforlifedecade/swm_cities_zaragoza_2010/pdf/fact s_and_figures_long_final_eng.pdf; *Water Security and the Global Water Agenda: A UN-Water Analytical Brief* (Hamilton, Ontário: Institute for Water, Environment and Health da Universidade das Nações Unidas, 2013); *Towards Green Growth* (Paris: OCDE, 2011); *Water Security and the Global Water Agenda: A UN-Water Analytical Brief* (Hamilton, Ontário: Institute for Water, Environment and Health da Universidade das Nações Unidas, 2013); *Report on Women and Water* (Nova Déli: National Commission for Women, 2018), http://ncw.nic.in/pdfReports/WomenandWater.pdf; Bethany Caruso, "Women Carry More than Their Fair Share of the World's Water", Grist, 22 de julho de 2017, https://grist.org/article/women-carry-more-than-their-fair-share-of-the-worlds-water; Kassia Binkowski, "Clean Water for a Thirsty World: Cynthia Koenig, Founder of Wello", The Good Trade, 2019, https://www.thegoodtrade.com/features/interview-series-cynthia-koenig-wello; Mary Howard, "An Idea That Holds Water", *Trinity Reporter*, primavera de 2017, https://commons.trincoll.edu/reporter-spring2017/features/an-idea-that-holds-water; "Cynthia Koenig, Wello Water", Asia Society, 23 de abril de 2014, https://asiasociety.org/texas/events/cynthia-koenig-wello-water.

Sobre a agricultura nas cidades, veja Christopher D. Gore,"How African Cities Lead: Urban Policy Innovation and Agriculture in Kampala and Nairobi", *World Development* 108 (2018): 169-180; Ravindra Krishnamurthy, "Vertical Farming: Feeding the Cities of the Future?", Permaculture News, 29 de outubro de

2015, https://permaculturenews.org/2015/10/29/vertical-farming-feeding-the-cities-of-the-future; Breana Noble, "Indoor Farms Give Vacant Detroit Buildings New Life", *Detroit News*, 15 de agosto de 2016; "Nigerian Entrepreneur: 'We're Farming in a Shipping Container'", BBC, 2 de fevereiro de 2018, https://www.bbc.com/news/av/business-42919553/nigerian-entrepreneur--we-re-farming-in-a-shipping-container.

Sobre o renascimento de Bilbao, consulte: Herbert Muschamp, "The Miracle in Bilbao", *New York Times Magazine*, 7 de setembro de 1997; Ibon Areso, "Bilbao's Strategic Evolution", *Mas Context* 30 (2017), http://www.mascontext.com/issues/30-31-bilbao/bilbaos-strategic-evolutionthe-metamorphosis-of-the--industrial-city; "The Internationalization of Spanish Companies: Ferrovial, the Rise of a Multinational", MIT, 28 de fevereiro de 2008, https://techtv.mit.edu/videos/16339-the-internationalization-of-spanish--companies-ferrovial-the-rise-of-a-multinational (o comentário de Rafael del Pino aparece em 5'09" do vídeo).

Sobre o renascimento de Pittsburgh e outras cidades dos EUA, consulte Eillie Anzilotti, "American Cities Are Reviving — But Leaving the Poor Behind", *Fast Company*, 5 de julho de 2018; David Rotman, "From Rust Belt to Robot Belt", *MIT Technology Review*, 18 de junho de 2018; Allan Mallach, *The Divided City: Poverty and Prosperity in Urban America* (Washington, DC: Island Press, 2018). A citação *The New Urban Crisis* de Richard Florida (Nova York: Basic Books, 2017) está na pág. 4.

Sobre Chattanooga, consulte David Eichenthal e Tracy Windeknecht, "Chattanooga, Tennessee", Metropolitan Policy Program, Instituição Brookings, 2008, https://www.brookings.edu/wp-content/uploads/2016/06/200809_Chattanooga.pdf; Jason Koebler, "The City That Was Saved by the Internet", *Vice*, 27 de outubro de 2016, https://www.vice.com/en_us/article/ezpk77/chattanooga-gigabit-fiber-network; Bento J. Lobo, "The Realized Value of Fiber Infrastructure in Hamilton Country, Tennessee", Department of Finance, Universidade do Tennessee, Chattanooga, 18 de junho de 2015, http://ftpcontent2.worldnow.com/wrcb/pdf/091515EPBFiberStudy.pdf; Daniel T. Lewis, "A History of the Chattanooga Choo-Choo Terminal", http://lewisdt.net/index.php?option=com_content&view=article&id=77%3Aa-history-of-the-chattanooga-choo-choo-terminal--station-a-trolley&catid=39%3Ahistory-&Itemid=1.

Sobre a cultura de cidades vibrantes e as habilidades de seus moradores, consulte Saskia Sassen, *The Global City* (Princeton, NJ: Princeton University Press, 2001); Richard Florida, "Bohemia and Economic Geography," *Journal of Economic Geography* 2 (2002): 55-71; Richard Florida, "America's Leading Creative Class Cities in 2015", Citylab, 20 de abril de 2015, https://www.citylab.com/life/2015/04/americas-leading-creative-class-cities-in-2015/390852; Richard Florida, "A New Typology of Global Cities", Citylab, 4 de outubro de 2016, https://www.citylab.com/life/2016/10/the-seven-types-of-global-cities--brookings/502994; David J. Deming, "The Growing Importance of Social Skills in the Labor Market". Documento de trabalho do NBER nº 21473, junho de 2017, https://www.nber.org/papers/w21473; World Values Survey, http://www.worldvaluessurvey.org/WVSContents.jsp?CMSID=Findings.

Capítulo 6: Mais Celulares que Vasos Sanitários

Todos os sites foram acessados pela última vez em 21 de setembro de 2019.

Sobre os vasos sanitários, consulte "A Brief History of the Flush Toilet", British Association of Urological Surgeons, https://www.baus.org.uk/museum/164/the_flush_toilet; Nate Barksdale, "Who Invented the Flush Toilet?", History Channel, última atualização em 22 de agosto de 2018, https://www.history.com/news/

who-invented-the-flush-toilet; Lina Zeldovich, "Reinventing the Toilet", Mosaic, 19 de junho de 2017, https://mosaicscience.com/story/poo-toilet-waste-energy-madagascar-loowatt-future; Phoebe Parke, "More Africans Have Access to Cell Phone Service Than Piped Water", CNN, 19 de janeiro de 2016, https://www.cnn.com/2016/01/19/africa/africa-afrobarometer-infrastructure-report/index.html; Universidade das Nações Unidas, "Greater Access to Cell Phones than Toilets in India: UN", comunicado de imprensa, 14 de abril de 2010, https://unu.edu/media-relations/releases/greater-access-to-cell-phones-than-toilets-in-india.html; Pramit Bhattacharya, "88% of Households in India Have a Mobile Phone", LiveMint, 5 de dezembro de 2016, https://www.livemint.com/Politics/kZ7j1NQf5614UvO6WURXfO/88-of-households-in-India-have-a-mobile-phone.html.

Sobre a história do relógio de pulso: Alexis McCrossen, *Marking Modern Times: A History of Clocks, Watches, and Other Timekeepers in American Life* (Chicago: University of Chicago Press, 2013); Michael L. Tushman e Daniel Radov, "Rebirth of the Swiss Watch Industry, 1980–1992 (A)", Harvard Business School, Caso 400-087, junho de 2000.

As citações de Schumpeter sobre empreendedorismo e disrupção são de *Capitalism, Socialism, and Democracy* (Nova York: Harper & Brothers, 1942), 83.

Sobre inteligência artificial, consulte Laura Geggel, "Elon Musk Says 'Humans Are Underrated'", LiveScience, 17 de abril de 2018, https://www.livescience.com/62331-elon-musk-humans-underrated.html; William Fifield, "Pablo Picasso: A Composite Interview", *Paris Review* 32 (Verão-Outono de 1964).

Sobre tecnologia, robótica e empregos, consulte Association for Advancing Automation, "Record Number of Robots Shipped in North America in 2018", 28 de fevereiro de 2019, https://www.a3automate.org/record-number-of-robots-shipped-in-north-america-in-2018; Gabinete Executivo do Presidente, "Artificial Intelligence, Automation, and the Economy", dezembro de 2016, https://obamawhitehouse.archives.gov/sites/whitehouse.gov/files/documents/Artificial-Intelligence-Automation-Economy.PDF; Maximiliano Dvorkin, "Jobs Involving Routine Tasks Aren't Growing", Federal Reserve Bank de St. Louis, 4 de janeiro de 2016, https://www.stlouisfed.org/on-the-economy/2016/january/jobs-involving-routine-tasks-arent-growing; Michael J. Hicks e Srikant Devaraj, "Myth and Reality of Manufacturing in America", Center for Business and Economic Research, Universidade Estadual Ball, 2017; Mark Muro, "Manufacturing Jobs Aren't Coming Back". *MIT Technology Review*, 18 de novembro de 2016; "Automation and Anxiety", *Economist*, 23 de junho de 2016, https://www.economist.com/news/special-report/21700758-will-smarter-machines-cause-mass-unemployment-automation-and-anxiety; Eliza Strickland, "Autonomous Robot Surgeon Bests Humans in World First", IEEE Spectrum, 4 de maio de 2016, https://spectrum.ieee.org/the-human-os/robotics/medical-robots/autonomous-robot-surgeon-bests-human-surgeons-in-world-first; Laura Sydell, "Sometimes We Feel More Comfortable Talking to a Robot", NPR, 24 de fevereiro de 2018, https://www.npr.org/sections/alltechconsidered/2018/02/24/583682556/so metimes-we-feel-more-comfortable-talking-to-a-robot; Eyal Press, "The Wounds of a Drone Warrior", *New York Times*, 13 de junho de 2018; E. Awad et al., "The Moral Machine Experiment", *Nature* 563 (novembro de 2018): 59-64; Mauro F. Guillén e Srikar Reddy, "We Know Ethics Should Inform AI. But Which Ethics?", Fórum Econômico Mundial, 26 de julho de 2018, https://www.weforum.org/agenda/2018/07/we-know-ethics-should-inform-ai-but-which-ethics-robotics.

Sobre impressão 3D, consulte Tim Moore, "This Startup Is Building Houses with the World's Biggest Freeform 3D Printer", Hypepotamous, 9 de abril de 2019, https://hypepotamus.com/companies/branch-technology; Dave Flessner, "3D Printer to Move into

Branch Technology's Riverside Drive Warehouse", *Times Free Press*, 8 de julho de 2018, https://www.timesfreepress.com/news/business/aroundregion/story/2018/ju l/08/branch-technology-expands--beyond-incubator3d/474370; Davide Sher, "Branch Technologies' C-FAB 3D Process Can Build Better Walls . . . on Mars", 3D Printing Media Network, 26 de fevereiro de 2018, https://www.3dprintingmedia.network/branch-technologies-c-fab-3d-process-can--take-us-mars.

Sobre as projeções para a Internet das Coisas, consulte Michelle Manafy, "Exploring the Internet of Things in 5 Charts", Digital Content Next, 13 de outubro de 2015, https://digitalcontentnext.org/blog/2015/10/13/exploring-the-internet-of-things-in-5-charts.

Sobre realidade virtual, consulte Daniel Freeman e Jason Freeman, "How Virtual Reality Could Transform Mental Health Treatment", *Psychology Today*, 13 de maio de 2016, https://www.psychologytoday.com/us/blog/know-your-mind/201605/how-virtual-reality--could-transform-mental-health-treatment; S. M. Jung e W. H. Choi, "Effects of Virtual Reality Intervention on Upper Limb Motor Function and Activity of Daily Living in Patients with Lesions in Different Regions of the Brain", *Journal of Physical Therapy Science* 29, nº 12 (dezembro de 2017): 2103-2106; Juanita Leatham, "How VR Is Helping Children with Autism Navigate the World Around Them", VR Fitness Insider, 22 de junho de 2018, https://www.vrfitnessinsider.com/how-vr-is-helping-children-with-autism-navigate-the-world-around-them.

Sobre as nanotecnologias, consulte "The Price of Fast Fashion" (editorial), *Nature Climate Change* 8, nº 1 (2018); Jelena Bozic, "Nano Insulation Materials for Energy Efficient Buildings", *Contemporary Materials* 6, nº 2 (2015): 149-159; Amy Yates, "Potential Breakthrough in Cancer-Fighting Nanomedicine", National Foundation for Cancer Research, 19 de junho de 2018, https://www.nfcr.org/blog/potential-breakthrough--cancer-fighting-nanomedicine; "MIT Programmable Material Adapts to Temperature Just Like Human Skin", Design Boom, 13 de fevereiro de 2017, https://www.designboom.com/technology/mit-programmable-material-adapts-to-tempterature-02-13-2017; Michael Alba, "The Promise and Peril of Programmable Matter", Engineering.com, 24 de maio de 2017, https://www.engineering.com/DesignerEdge/DesignerEdgeArticles/Article ID/14967/The-Promise-and-Peril-of-Programmable-Matter.aspx.

Sobre livros impressos versus e-books, consulte Edward Tenner, "Why People Stick with Outdated Technology", *Scientific American*, 24 de novembro de 2015; Craig Mod, "Digital Books Stagnate in Closed, Dull Systems, While Printed Books Are Shareable, Lovely and Enduring. What Comes Next?", *Aeon*, 1 de outubro de 2015, https://aeon.co/essays/stagnant-and-dull-can-digital-books-ever-replace-print; Gregory Bufithis, "Books vs. E-Books", 4 de julho de 2016, http://www.gregorybufithis.com/2016/07/04/books--vs-e-books-lets-not-lose-sight-of-the-main-goal-diverse-reading-and-increased-literacy; Ferris Jabr, "The Reading Brain in the Digital Age: The Science of Paper Versus Screens", *Scientific American*, 11 de abril de 2013; Pew Research Center, "Book Reading 2016", https://www.pewinternet.org/2016/09/01/book-reading-2016. O vídeo da menina de um ano está em "A Magazine Is an iPad That Does Not Work.m4v, publicado pela UserExperienceWOrks, 6 de outubro de 2011, https://www.youtube.com/watch?v=aXV-yaFmQNk. As estatísticas são de Amy Watson, "Book Formats in the U.S.", Statista, 11 de janeiro de 2019, https://www.statista.com/topics/3938/book-formats-in-the-us.

Sobre as plataformas de e-book e a educação das crianças, consulte "Revolutionising eBook Access in South African Schools", Montegray Capital, fevereiro de 2015, https://www.montegray.com/our-e-learning-solution-revolutionises-ebook-access-in-south--african-schools; "Worldreader", Center for Education Innovations, https://educationinnovations.org/program/worldreader.

Sobre a inércia estrutural e o "pulo do sapo", consulte Michael Hannan, "Structural Inertia and Organizational Change", *American Sociological Review* 49, nº 2 (1984): 149-164; Conferência das Nações Unidas sobre Comércio e Desenvolvimento, *Technology and Innovation Report 2018* (Genebra: ONU, 2018), https://unctad.org/en/PublicationsLibrary/tir2018_en.pdf.

As vendas de vinhos online são da Euromonitor. Sobre o Reino Unido, consulte Julia Bower, "The Evolution of the UK Wine Market: From Niche to Mass-Market Appeal", *Beverages*, novembro de 2018, https://www.mdpi.com/2306-5710/4/4/87/pdf.

Sobre a tecnologia do volante, consulte Ben Harder, "Reinventing the (Fly)Wheel". *Washington Post*, 18 de abril de 2011.

Capítulo 7: Imagine um Mundo Sem Posses

Todos os sites foram acessados pela última vez em 21 de setembro de 2019.

Sobre a economia gig, consulte: Eileen Appelbaum, Arne Kalleberg e Hye Jin Rho, "Nonstandard Work Arrangements and Older Americans, 2005– 2017" Economic Policy Institute, 28 de fevereiro de 2019, https://www.epi.org/publication/nonstandard-work-arrangements-and-older-americans-2005-2017; "Run, TaskRabbit, Run: July 2030", *Economist*, 7 de julho de 2018; Niam Yaraghi e Shamika Ravi, "The Current and Future State of the Sharing Economy", Brookings Institution, Impact Series Nº 032017, março de 2017; PwC, "The Sharing Economy", 2015, https://www.pwc.fr/fr/assets/files/pdf/2015/05/pwc_etude_sharing_econom y.pdf; Brad Stone, *The Upstarts: How Uber, Airbnb, and the Killer Companies of the New Silicon Valley Are Changing the World* (Nova York: Little, Brown, 2017), edição para Kindle, 32; Shirin Ghaffary, "The Experience Economy Will be a 'Massive Business', According to Airbnb CEO Brian Chesky", *Vox*, 30 de maio de 2018, https://www.recode.net/2018/5/30/17385910/airbnb-ceo-brian-chesky-code-conference-interview; Kari Paul, "Millennials Are Trying to Redefine What It Means to Be an American Tourist Abroad", MarketWatch, 5 de outubro de 2017, https://www.marketwatch.com/story/what-we-can-all-learn-from-millennials-about-travel-2017-10-04.

As citações de Yuval Noah Harari são de "Were We Happier in the Stone Age?", *Guardian*, 5 de setembro de 2014.

Sobre os aspectos políticos e sociais da propriedade, consulte Andrew G. Walder, "Transitions from State Socialism: A Property Rights Perspective", em *The Sociology of Economic Life*, ed. Mark Granovetter e Richard Swedberg (Boulder, CO: Westview, 2011), 510; Nathan Heller, "Is the Gig Economy Working?", *New Yorker*, 15 de maio de 2017.

Sobre o WhatsApp, consulte Jillian D'Onfro, "Facebook Bought WhatsApp One Year Ago Today. Here Are 11 Quotes from Its Billionaire Cofounders", *Business Insider*, 19 de fevereiro de 2015, https://www.businessinsider.com/brian-acton-jan-koum-quotes-whatsapp-2015-2#koum-on-their-no-nonsense-style-neither-of-us-has-an-ability-to-bull—10. A citação de Zuckerberg é de Jillian D'Onfro "11 Mark Zuckerberg Quotes That Show How He Built the Company That Took Over the World", *Business Insider*, 1 de janeiro de 2014, https://www.businessinsider.com/best-mark-zuckerberg-quotes-2013-12?.

Sobre a classificação e a localização dos unicórnios, consulte CB Insights, "The Global Unicorn Club", https://www.cbinsights.com/research-unicorn-companies.

Sobre a cultura do compartilhamento, consulte Rachel Botsman, *What's Mine Is Yours: The Rise of Collaborative Consumption* (Nova York: HarperCollins, 2010); Caren Maio, "Forget the American Dream: For Millennials, Renting is the American Choice", Inman, 30 de agosto de 2016, https://www.inman.com/2016/08/30/forget-the-american-dream-for-millennials-renting-is-the-american-choice/#; Enel, "Millennials: Generation (Car) Sharing", 29 de agosto de 2018, https://www.enel.com/stories/a/2018/08/millennials-sharing-economy; Blake Morgan, "NOwnership, No Problem", *Forbes*, 2 de janeiro de 2019; Anjli Raval, "What Millennial Homes Will Look Like in the Future", *Financial Times*, 30 de julho de 2018; Bernard Marr, "The Sharing Economy — What It Is, Examples, And How Big Data, Platforms and Algorithms Fuel It", *Forbes*, 21 de outubro de 2016; "Uberize", Colllins Dictionary, https://www.collinsdictionary.com/us/dictionary/english/uberize; Gabinete Executivo do Presidente "Artificial Intelligence, Automation, and the Economy", dezembro de 2016, https://obamawhitehouse.archives.gov/sites/whitehouse.gov/files/documents/Artificial-Intelligence-Automation-Economy.PDF; Nielsen, "Global Survey of Share Communities", 2014, https://www.nielsen.com/apac/en/press-releases/2014/global-consumers-embrace-the-share-economy/.

Sobre a tragédia dos comuns e a economia do compartilhamento, consulte Tad Borek, "Uber Exemplifies the Tragedy of the Commons", *Financial Times*, 6 de dezembro de 2017; Arwa Mahdawi, "How to Monetise Your Home", *Guardian*, 28 de outubro de 2018; Garrett Hardin, "The Tragedy of the Commons", *Science* 162, nº 3859 (13 de dezembro de 1968): 1243-1248; Peter Cohen et al., "Using Big Data to Estimate Consumer Surplus: The Case of Uber", Documento de trabalho do NBER nº 22627, 2016, https://www.nber.org/papers/w22627; David Sloan Wilson, "The Tragedy of the Commons: How Elinor Ostrom Solved One of Life's Greatest Dilemmas", Evonomics, 29 de outubro de 2016, https://evonomics.com/tragedy-of-the-commons-elinor-ostrom.

A citação de Adam Smith é de *Wealth of Nations*, Capítulo II (1776), https://www.gutenberg.org/files/3300/3300-h/3300-h.htm.

Sobre a Uber, consulte Andy Kessler, "Travis Kalanick: The Transportation Trustbuster", *Wall Street Journal*, 25 de janeiro de 2013; Marcus Wohlsen, "Uber's Brilliant Strategy to Make Itself Too Big to Ban", *Wired*, 8 de julho de 2014; Sheelah Kolhatkar, "At Uber, a New CEO Shifts Gears", *New Yorker*, 30 de março de 2018; Sam Knight, "How Uber Conquered London", *Guardian*, 27 de abril de 2016; Christopher N. Morrison et al., "Ridesharing and Motor Vehicle Crashes in 4 US Cities: An Interrupted Time-Series Analysis", *American Journal of Epidemiology* 187, nº 2 (2018): 224-232.

Sobre os empregos na economia gig, consulte Matt Williams, "The Evolution of American Labor: A Defense of the Gig Economy", Departamento de Antropologia, Universidade de Notre Dame, abril de 2005, https://anthropology.nd.edu/assets/200504/williamsmatthew.pdf; Robert Reich, "The Share-the-Scraps Economy", 22 de fevereiro de 2015, http://robertreich.org/post/109894095095; Lawrence F. Katz and Alan B. Krueger, "The Rise and Nature of Alternative Work Arrangements in the United States, 1995–2015", https://krueger.princeton.edu/sites/default/files/akrueger/files/katz_krueger_cws_-_march_29_20165.pdf; Guy Standing, *The Precariat: The New Dangerous Class* (Londres: Bloomsbury, 2011); Steven Hill, "Good Riddance, Gig Economy", *Salon*, 27 de março de 2016; Samuel P. Fraiberger e Arun Sundararajan, "Peer-to-Peer Rental Markets in the Sharing Economy", Heartland Institute, 6 de outubro de 2015, https://www.heartland.org/publications-resources/publications/peer-to-peer-rental-markets-in-the-sharing-economy; Juliet B. Schor, "Does the Sharing Economy Increase Inequality Within the Eighty Percent?", *Cambridge Journal of Regions, Economy, and Society* 10, nº 2 (julho de 2017): 263-297; Emma Plumb, "Author Insights: Diane Mulcahy on the Gig Economy", 1 Million for Work Flexibility, 2 de fevereiro de 2017, https://www.workflexibility.org/diane-mulcahy-gig-economy. As citações dos trabalhadores da economia gig estão no artigo de Schor.

Sobre o compartilhamento e o sistema de classes, consulte Julian Brave NoiseCat, "The Western Idea of Private Property Is Flawed. Indigenous People Have It Right", *Guardian*, 27 de março de 2017; Jacob S. Hacker, *The Great Risk Shift* (Nova York: Oxford University Press, 2019). As citações de Fishback vêm de Hill, "Good Riddance, Gig Economy".

Sobre o uso das mídias sociais em campanhas políticas, consulte Lynda Lee Kaid, "Changing and Staying the Same: Communication in Campaign 2008", *Journalism Studies* 10 (2009): 417-423; Derrick L. Cogburn, "From Networked Nominee to Networked Nation: Examining the Impact of Web 2.0 and Social Media on Political Participation and Civic Engagement in the 2008 Obama Campaign", *Journal of Political Marketing* 10 (2011): 189-213.

Sobre os benefícios ambientais do compartilhamento, consulte "Sharing Is Caring", *Scientific American* (10 de outubro de 2013); "How Green is the Sharing Economy?", Knowledge@Wharton, 11 de dezembro de 2015, http://knowledge.wharton.upenn.edu/article/how-green-is-the-sharing-economy; Laura Bliss, "The Ride-Hailing Effect: More Cars, More Trips, More Miles", Citylab, 12 de outubro de 2017, https://www.citylab.com/transportation/2017/10/the-ride-hailing-effect-more-cars-more-trips-more-miles/542592; Benjamin Snyder, "Exclusive: Airbnb Says It's Saving our World with Each Rented Room", *Fortune*, 31 de julho de 2014; Andrew Simon, "Using Airbnb Is Greener than Staying in Hotels", Grist, 31 de julho de 2014, https://grist.org/business-technology/using-airbnb-is-greener-than-staying-in-hotels; Martin J. Smith, "Don't Toss That Lettuce — Share It", Stanford Graduate School of Business, 23 de outubro de 2017, https://www.gsb.stanford.edu/insights/dont-toss-lettuce-share-it; "The *Real* Sustainable Fashion Movement," Rent the Runway, https://www.renttherunway.com/sustainable-fashion?action_type=footer_link.

Capítulo 8: Mais Moedas que Países

Todos os sites foram acessados pela última vez em 22 de setembro de 2019.

A seção sobre dinheiro e moedas é baseada em Walter Bagehot, *Lombard Street: A description of the money market* (Londres: Henry S. King, 1873); "The Invention of Money" *New Yorker*, 5-12 de agosto de 2019; Dante Bayona, "The Fed and the 'Salvador Dalí Effect'", Mises Institute, 19 de agosto de 2014, https://mises.org/library/fed-and-%E2%80%9Csalvador-dali-effect%E2%80%9D; Barry Eichengreen, "Number One Country, Number one Currency?", *World Economy* 36, nº 4 (2013): 363-374; Milton Friedman, *Inflation: Causes and Consequences* (Nova York: Asia Publishing House, 1963), 39; Milton Friedman, *There is No Such Thing as a Free Lunch* (Chicago: Open Court, 1975); Deroy Murdock, "The Friedmans, Up Close: An Interview with Rose and Milton Friedman", *National Review*, 11 de maio de 2001.

Sobre a superioridade do dólar na economia global, consulte Emine Boz, Gina Gopinath e Mikkel Plagborg-Moller, "Global Trade and the Dollar", 31 de março de 2018, https://scholar.harvard.edu/files/gopinath/files/global_trade_dollar_201803 31.pdf; Gita Gopinath, "Dollar Dominance in Trade", Exim Bank of India, 21 de dezembro de 2017, https://www.eximbankindia.in/blog/blog-content.aspx?BlogID=9&BlogTitle=Dollar%20Dominance%20in%20Trade:%20Facts%20and%20Implications.

Os Rothschilds são discutidos em Michael A. Hirchubel, *Vile Acts of Evil: Banking in America* (CreateSpace Independent Publishing, 2009), 1:28.

Sobre o bitcoin, consulte Satoshi Nakamoto, "Bitcoin: A Peer-to-Peer Electronic Cash System" (2008), https://bitcoin.org/bitcoin.pdf; Brian Armstrong, "What Is Coinbase's Strategy?", *Medium*, 6 de junho de 2017, https://medium.com/@barmstrong/what-is-coinbases-strategy-1c5413f6e09d; Evelyn Chang e

Kayla Tausche, "Jamie Dimon Says If You're 'Stupid' Enough to Buy Bitcoin, You'll Pay the Price One Day", CNBC, 13 de outubro de 2017, https://www.cnbc.com/2017/10/13/jamie-dimon-says-people-who-buy-bitcoin-are-stupid.html; Ryan Browne, "Roubini Doubles Down on Criticisms of Crypto", CNBC, 12 de outubro de 2018, https://www.cnbc.com/2018/10/12/dr-doom-economist-nouriel-roubini-calls-crypto-stinking-cesspool.html.

Sobre a blockchain, consulte o Parlamento Europeu, *How Blockchain Technology Could Change Our Lives* (Estrasburgo: Parlamento Europeu, 2017); Mike Orcutt, "Hate Lawyers? Can't Afford One? Blockchain Smart Contracts Are Here to Help", *MIT Technology Review*, 11 de janeiro de 2019; Michael Del Castillo, "Relax Lawyers, Nick Szabo Says Smart Contracts Won't Kill Jobs", CoinDesk, última atualização em 11 de agosto de 2017, https://www.coindesk.com/nick-szabo-lawyers-jobs-safe-in-smart-contract-era; Jacob Pramuk, "Trump to Slap 25% Tariffs on Up to $50 Billion of Chinese Goods; China Retaliates", CNBC, 15 de junho de 2018, https://www.cnbc.com/2018/06/15/trump-administration-to-slap-a-25-percent-tariff-on-50-billion-of-chinese-goods-threatens-more.html; Andrew Rossow, "How Can We Make Intellectual Property Rights 'Smarter' with the Blockchain?", *Forbes*, 24 de julho de 2018; Birgit Clark, "Blockchain and IP Law: A Match Made in Crypto Heaven", *WIPO Magazine*, fevereiro de 2018, https://www.wipo.int/wipo_magazine/en/2018/01/article_0005.html; Nick Ismail, "What Is Blockchain's Role in the Future of Intellectual Property?", *Information Age*, 12 de julho de 2018; consultor científico do governo do Reino Unido, *Distributed Ledger Technology: Beyond Block Chain* (Londres: Government Office for Science, 2016); Nathan Heller, "Estonia, the Digital Republic", *New Yorker*, 18-25 de dezembro de 2017; Matt Reynolds, "Welcome to E-stonia", *Wired*, 26 de outubro de 2016; Banco Mundial, "eGhana Additional Financing", http://projects.worldbank.org/P093610/eghana?lang=en; Esther Nderitu Imbamba e Nancy Kimile, "A Review of Status of e-Government Implementation in Kenya", *Regional Journal of Information and Knowledge* 2, nº 2 (2017): 14-28; Sissi Cao, "Blockchain Could Improve Gun Control — But Lawmakers Hate the Idea", *Observer*, 22 de fevereiro de 2018; "Blockchain Could Be Key to Cracking Gun Debate", ScienceBlog, 12 de maio de 2018, https://scienceblog.com/500871/blockchain-could-be-key-to-cracking-gun-debate; Thomas F. Heston, "A Blockchain Solution to Gun Control", PeerJ.com, 13 de novembro de 2017, https://peerj.com/preprints/3407.pdf; Matt Egan, "30% of Bank Jobs Are Under Threat", CNN Money, 4 de abril de 2016, https://money.cnn.com/2016/04/04/investing/bank-jobs-dying-automation-citigroup/index.html; Mike Orcutt, "The World Bank Is a Verified Blockchain Booster", *MIT Technology Review*, 13 de setembro de 2018; Mike Orcutt, "The World Bank Is Betting Big on Blockchain-Based Bonds", *MIT Technology Review*, 10 de agosto de 2018; Elizabeth Woyke, "How Blockchain Can Bring Financial Services to the Poor", *MIT Technology Review*, 18 de abril de 2017, https://www.technologyreview.com/s/604144/how-blockchain-can-lift-up-the-worlds-poor/; Banco Mundial, "Somalia Economic Update: Rapid Growth in Mobile Money", comunicado de imprensa, 13 de setembro de 2018, https://www.worldbank.org/en/news/press-release/2018/09/13/somalia-economic-update-rapid-growth-in-mobile-money; "Endangered Species Protection Finds Blockchain and Bitcoin Love", Bitcoin Warrior, 22 de fevereiro de 2018, https://bitcoinwarrior.net/2018/02/endangered-species-protection-finds-blockchain-and-bitcoin-love; Moe Levin, "Top Five Blockchain Projects That Will Save the Environment", *Medium*, 26 de março de 2018, https://medium.com/@kingsland/top-five-blockchain-projects-that-will-save-the-environment-28a2d4366ec0; Kate Harrison, "Blockchain May Be the Key to a Sustainable Energy Future", *Forbes*, 14 de fevereiro de 2018; Lisa Walker, "This New Carbon Currency Could Make

US More Climate Friendly", Fórum Econômico Mundial, 19 de setembro de 2017, https://www.weforum.org/agenda/2017/09/carbon-currency-blockchain-poseidon-ecosphere; Nicola Jones, "How to Stop Data Centres from Gobbling Up the World's Electricity", *Nature*, 12 de setembro de 2018; Sean Stein Smith, "Tackling Blockchain in the Accounting Profession", *Accounting Today*, 13 de março de 2018.

As citações de Jamie Dimon e Amy Webb são de Egan, "30% of Bank Jobs Are Under Threat".

Conclusão: Dicas e Truques para Sobreviver a 2030

Todos os sites foram acessados pela última vez em 22 de setembro de 2019.

A citação de Bezos sobre ventos favoráveis vem de sua carta de 1997 aos acionistas da Amazon, https://www.sec.gov/Archives/edgar/data/1018724/000119312517120198/ d373368dex991.htm.

O primeiro instantâneo de um buraco negro foi coberto, entre outros, por Dennis Overbye, "Darkness Visible, Finally: Astronomers Capture First Ever Image of a Black Hole", *New York Times*, 10 de abril de 2019.

A citação de Faulkner às vezes é atribuída a Cristóvão Colombo: https://www.quotery.com/quotes/one-doesnt-discover-new-lands.

A crônica da conquista do México é de Bernal Díaz del Castillo, *The True History of the Conquest of New Spain* (Nova York: Penguin, 1963), publicada pela primeira vez em 1632, https://archive.org/stream/tesisnoquepreseOOgarcgoog/tesisnoquepreseOOga rcgoog_djvu.txt. As citações estão nos capítulos LVIIL e XXII.

A seção sobre Lego é baseada em David C. Robertson, *Brick by Brick: How LEGO Rewrote the Rules of Innovation and Conquered the Global Toy Industry* (Nova York: Crown Business, 2013); Mary Blackiston, "How Lego Went from Nearly Bankrupt to the Most Powerful Brand in the World", Success Agency, 27 de fevereiro de 2018, https://www.successagency.com/growth/2018/02/27/lego-bankrupt-powerful-brand; Lucy Handley, "How Marketing Built Lego into the World's Favorite Toy Brand", CNBC, 27 de abril de 2018, https://www.cnbc.com/2018/04/27/lego-marketing-strategy-made-it-world-favorite-toy-brand.html; Johnny Davis, "How Lego Clicked: The Super Brand That Reinvented Itself", *Guardian*, 4 de junho de 2017; Jeff Beer, "The Secret to Lego's Social Media Success Is in the Creative Power of Crowds", *Fast Company*, 20 de junho de 2017; Jonathan Ringen, "How Lego Became the Apple of Toys", *Fast Company*, 1 de agosto de 2015; David Kindy, "How Lego Patents Helped Build a Toy Empire, Brick by Brick", *Smithsonian Magazine*, 7 de fevereiro de 2019.

A citação de Steinbeck sobre ideias e coelhos vem de uma entrevista de 1947: https://smallbusiness.com/monday-morning-motivation/john-steinbeck-quote-ideas-are-like-rabbits.

Sobre Steve Jobs, consulte Malcolm Gladwell, "The Tweaker", *New Yorker*, 14 de novembro de 2011.

Sobre a escalada de comprometimento, consulte Barry M. Staw, "The Escalation of Commitment: An Update and Appraisal", em *Organizational Decision Making*, ed. Zur Shapira (Nova York: Cambridge University Press, 1997), 191-215. A citação de Wellington pode ser encontrada em *The Nineteenth Century: A Monthly Review*, volume XVII (Londres: Kegan Paul, Trench, 1885), 905.

Sobre pensar em opções, consulte Heidi Grant Halvorson, "Why Keeping Your Options Open Is a Really, Really Bad Idea", *Fast Company*, 27 de maio de 2011; Hugh Courtney, "Keeping Your Options Open", *World*

Economic Affairs, inverno de 1999, https://www.mcgill.ca/economics/files/economics/keeping_your_options_open.pdf.

Sobre a "ansiedade da competição", consulte: Nathan Davidson, "The 20 Greatest Sports Psychology Quotes of All Time", Thriveworks, 8 de agosto de 2017, https://thriveworks.com/blog/greatest-sports-psychology-quotes-of-all-time; Simon M. Rice et al., "Determinants of Anxiety in Elite Athletes: A Systematic Review and Meta-Analysis". *British Journal of Sports Medicine* 53, nº 11 (2019): 722-730.

Sobre Rapa Nui, consulte Jared Diamond, *Collapse* (Nova York: Viking, 2005); Terry Hunt e Carl Lipo, *The Statues That Walked: Unraveling the Mystery of Easter Island* (Berkeley, CA: Counterpoint, 2012), com as citações aparecendo em 53, 92, 155 e 180; Paul Bahn e John Flenley, *Isla de Pascua, Isla de Tierra*, 4ª ed. (Viña del Mar, Chile: Rapanui Press, 2018), com citações de 15, 204, 235, 257; Nicholas Casey e Josh Haner, "Easter Island Is Eroding", *New York Times*, 15 de março de 2018; Megan Gannon, "People of Easter Island Weren't Driven to Warfare and Cannibalism. They Actually Got Along", LiveScience, 13 de agosto de 2018, https://www.livescience.com/amp/63321-easter-island-collapse-myth.html; David Bressan, "Climate, Overpopulation and Environment — The Rapa Nui Debate", Scientific American, 31 de outubro de 2011.

Sobre o renascimento de velhas ideias tecnológicas, consulte Ron Miller e Alex Wilhelm, "With Tech, What's Old Is New Again", TechCrunch, 6 de abril de 2015, https://techcrunch.com/2015/04/06/with-tech-whats-old-is-new-again.

Sobre a citação de O'Neill's, consulte seu *Recklessness: It's a Great Game — The Pursuit of Happiness* (Amazon Digital Services, 2014).

ÍNDICE

ROTAPLAN
GRÁFICA E EDITORA LTDA
Rua Álvaro Seixas, 165
Engenho Novo - Rio de Janeiro
Tels.: (21) 2201-2089 / 8898
E-mail: rotaplanrio@gmail.com